高等院校网络教育系列教材

机械制图及 CAD

郭　慧　主编

华东理工大学工程图学研究室　编著

华东理工大学出版社
EAST CHINA UNIVERSITY OF SCIENCE AND TECHNOLOGY PRESS
·上海·

图书在版编目(CIP)数据

机械制图及 CAD / 郭慧主编. ——上海：华东理工大学出版社，2012.8(2020.8重印)
高等院校网络教育系列教材
ISBN 978 - 7 - 5628 - 3329 - 1

Ⅰ.①机… Ⅱ.①郭… Ⅲ.①机械制图-AutoCAD 软件-高等教育-网络教育-教材 Ⅳ.①TH126

中国版本图书馆 CIP 数据核字(2012)第 162014 号

内 容 提 要

本书根据全国高等工业学校工程制图课程教学指导委员会制订的工程制图课程教学基本要求编写。适宜作工科、理科专业工程制图课程教材，以及高职、高专的工程制图教材，同时也可作为自学考试参考书。

全书共分 7 章，全部采用最新的国家标准和有关的行业标准，每章附有自测题。

本书在编写中，考虑到计算机技术发展，对部分内容作了重组和增减，做到少而精，采用图、表等表达方式，增加了重点提示和知识拓展内容，计算机绘图部分突出了 AutoCAD 绘图软件的应用等。读者可按不同专业和学时数的要求，对内容进行灵活取舍和组合。

高等院校网络教育系列教材

机械制图及 CAD

···

主　　编 /	郭　慧
责任编辑 /	徐知今
责任校对 /	金慧娟
封面设计 /	方　雷
出版发行 /	华东理工大学出版社有限公司
地　　址：	上海市梅陇路 130 号，200237
电　　话：	(021)64250306(营销部)
	(021)64252722(编辑室)
传　　真：	(021)64252707
网　　址：	press.ecust.edu.cn
印　　刷 /	广东虎彩云印刷有限公司
开　　本 /	787 mm×1092 mm　1/16
印　　张 /	13.75
字　　数 /	330 千字
版　　次 /	2012 年 8 月第 1 版
印　　次 /	2020 年 8 月第 2 次
书　　号 /	ISBN 978 - 7 - 5628 - 3329 - 1
定　　价 /	36.00 元

联系我们：电子邮箱 press@ecust.edu.cn
　　　　　官方微博 e.weibo.com/ecustpress

序

　　网络教育是依托现代信息技术进行教育资源传播、组织教学的一种崭新形式，它突破了传统教育传递媒介上的局限性，实现了时空有限分离条件下的教与学，拓展了教育活动发生的时空范围。从1998年9月教育部正式批准清华大学等4所高校为国家现代远程教育第一批试点学校以来，我国网络教育历经了若干年发展期，目前全国已有68所普通高等学校和中央广播电视大学开展现代远程教育。网络教育的实施大大加快了我国高等教育的大众化进程，使之成为高等教育的一个重要组成部分；随着它的不断发展，也必将对我国终身教育体系的形成和学习型社会的构建起到极其重要的作用。

　　华东理工大学是国家"211工程"重点建设高校，是教育部批准成立的现代远程教育试点院校之一。华东理工大学网络教育学院凭借其优质的教育教学资源、良好的师资条件和社会声望，自创建以来得到了迅速的发展。但网络教育作为一种不同于传统教育的新型教育组织形式，如何有效地实现教育资源的传递，进一步提高教育教学效果，认真探索其内在的规律，是摆在我们面前的一个新的、亟待解决的课题。为此，我们与华东理工大学出版社合作，组织了一批多年来从事网络教育课程教学的教师，结合网络教育学习方式，陆续编撰出版一批包括图书、课程光盘等在内的远程教育系列教材，以期逐步建立以学科为先导的、适合网络教育学生使用的教材结构体系。

　　掌握学科领域的基本知识和技能，把握学科的基本知识结构，培养学生在实践中独立地发现问题和解决问题的能力是我们组织教材编写的一个主要目的。系列教材包括了计算机应用基础、大学英语等全国统考科目，也涉及了管理、法学、国际贸易、机械、化工等多学科领域。

　　根据网络教育学习方式的特点编写教材，既是网络教育得以持续健康发展的基础，也是一次全新的尝试。本套教材的编写凝聚了华东理工大学众多在学科研究和网络教育领域中有丰富实践经验的教师、教学策划人员的心血，希望它的出版能对广大网络教育学习者进一步提高学习效率予以帮助和启迪。

华东理工大学副校长　涂善东

前　言

　　工程制图是工科类各专业的一门必修的技术基础课,掌握绘制、阅读工程图样的方法和技能,不仅是工科学生学习后继专业课程的基础,也是从事工程技术工作必备的基本技能。

　　随着学科间相互交叉和计算机技术的广泛应用,对本课程提出了更高要求,根据全国高等工业学校工程制图课程教学指导委员会制订的工程制图课程教学基本要求,在历年出版的教材《大学工程制图》、《工程制图教程》、《工程制图》和多年教改实践的基础上编写了此书,目的在于培养学生绘图和读图的基本技能,满足现代人才知识结构的要求。

　　本书编写的基本思想和特点是:

　　(1) 遵循学以致用原则,对各部分内容的选取努力做到少而精,降低学习起点。

　　(2) 注重题例示例,对学习中的重点难点部分,通过题例中的解题过程帮助学生掌握看图方法,易于学生自学阅读。

　　(3) 尽量采用图、表等表达方式,使教材图文并茂,增强阅读直观性,提高学生学习的积极性。

　　(4) 重点突出,每章设置了学习目标,在注重基本知识及技能培养的同时增加了重点提示和知识拓展内容,使教材内容精而不漏。

　　(5) 计算机绘图一章比较详细地介绍了 AutoCAD 软件功能,通过实例展示其绘图、编辑等各种操作方法和技巧。

　　(6) 标准资料新,书中全部采用新颁布的国家标准和其他一些相关的行业标准。

　　(7) 每章后面附有习题练习,以帮助学生测试学习效果。

　　本书适用于工科、理科专业 36～64 学时的工程制图课程的教学,以及高职、高专的工程制图教学,同时也可作为自学考试参考书。

　　本书在编写中,参考了国内外有关教材和标准,在此一并表示感谢。

　　限于编者水平,且编写时间仓促,书中难免存在缺点和错误,敬请广大读者批评指正。

编　者

2012 年 8 月

目 录

1 制图的基本知识 .... (1)
　1.1 国家标准《机械制图》的基本规定 .... (2)
　1.2 制图的基本方法 .... (9)
2 投影的基本知识及视图的形成 .... (18)
　2.1 投影的基本概念 .... (18)
　2.2 基本几何元素的投影 .... (19)
　2.3 三视图的投影规律 .... (28)
　2.4 基本几何体的投影 .... (31)
3 组合体视图的绘制及阅读 .... (41)
　3.1 切割几何体的视图表达 .... (42)
　3.2 叠加式组合形体的表达 .... (50)
　3.3 组合体视图的绘制 .... (58)
　3.4 形体的尺寸标注 .... (60)
　3.5 视图的阅读 .... (66)
4 机件常用的表达方法 .... (82)
　4.1 视图 .... (82)
　4.2 剖视图 .... (86)
　4.3 断面图 .... (94)
　4.4 局部放大图 .... (97)
　4.5 规定画法和简化画法 .... (98)
　4.6 视图表达方案的探讨 .... (102)
5 零件图 .... (108)
　5.1 零件图的内容 .... (108)
　5.2 零件上的常见结构及画法 .... (109)
　5.3 零件的表达方案选择 .... (115)
　5.4 零件图上的尺寸标注 .... (121)
　5.5 零件图中的技术要求 .... (123)
　5.6 标准件和常用件简介 .... (130)
　5.7 零件图的阅读 .... (137)
6 装配图 .... (142)
　6.1 装配图的作用和主要内容 .... (142)
　6.2 装配关系的表达方法 .... (144)
　6.3 螺纹紧固件的连接和装配画法 .... (146)

  6.4 键、销的装配画法 …………………………………………………… (147)
  6.5 装配图的尺寸标注 …………………………………………………… (149)
  6.6 装配图中的序号、明细栏和技术要求 ……………………………… (149)
  6.7 绘制装配图 …………………………………………………………… (151)
  6.8 阅读装配图 …………………………………………………………… (152)
7 计算机绘图 ……………………………………………………………… (157)
  7.1 基本操作 ……………………………………………………………… (157)
  7.2 绘制图形 ……………………………………………………………… (160)
  7.3 绘图的辅助工具 ……………………………………………………… (167)
  7.4 图层 …………………………………………………………………… (172)
  7.5 图形编辑 ……………………………………………………………… (177)
  7.6 填充 …………………………………………………………………… (186)
  7.7 文字注释 ……………………………………………………………… (188)
  7.8 尺寸标注 ……………………………………………………………… (192)
  7.9 图块与属性 …………………………………………………………… (201)
  7.10 图形输出 …………………………………………………………… (204)
  7.11 零件图的绘制 ……………………………………………………… (205)
参考文献 ………………………………………………………………………… (212)

1 制图的基本知识

本章概要 主要介绍国家标准对机械图样中图幅、比例、字体、线型、尺寸标注等的基本规定,并介绍常见的绘图方式和几何作图方法。

学习目标:
(1) 了解国家标准《技术制图》的基本规定,掌握机械图样中图幅、比例、字体、线型、尺寸标注、圆弧连接等绘图技能。
(2) 正确使用绘图工具并掌握几何作图及平面图形的画法。
(3) 能判别机械图样中不符合国家标准的错误。

工程图样是表达机器、设备、零件等的形状、结构和大小并根据投影原理及有关规定画出的图形,是工程设计、制造时的重要技术文件。图1-1所示的是一搅拌轴的图样,包含了图、尺寸、文字、图框、标题栏等内容。

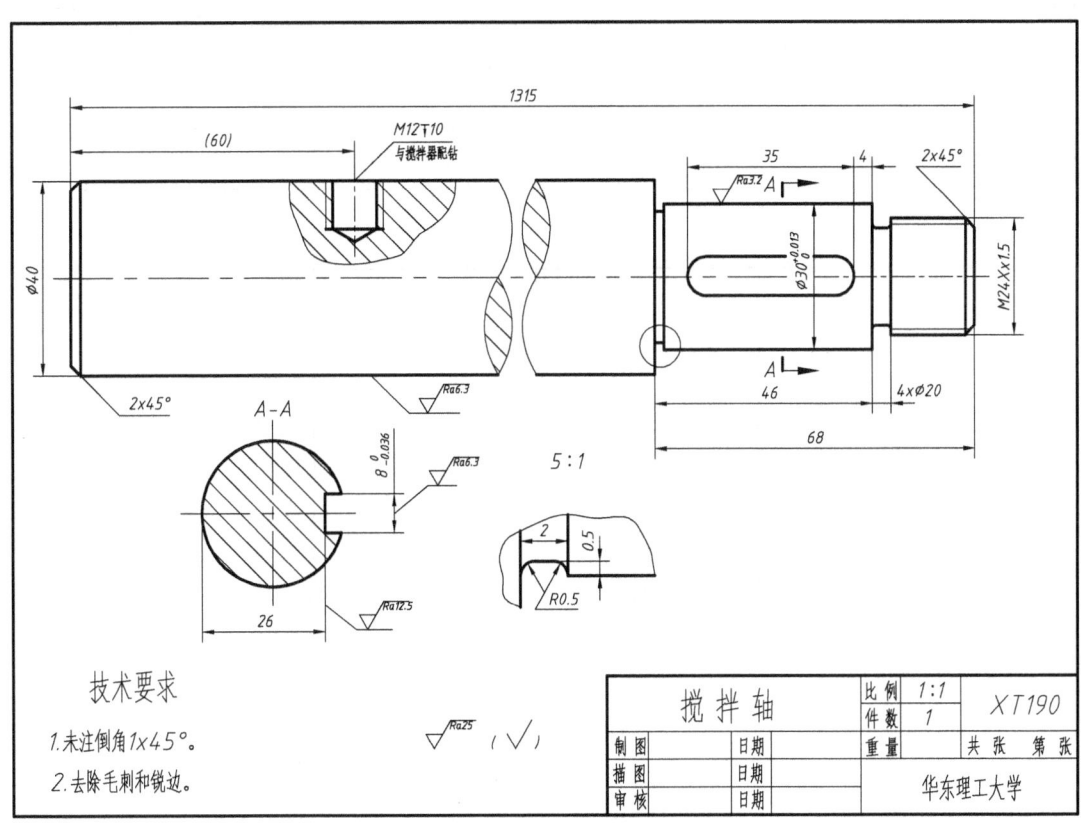

图1-1 搅拌轴图样

为便于生产和技术交流,必须对工程图样内容、格式、画法、尺寸标注等作统一规定。国际上统一制定了"ISO"制图标准,我国也相应制定了与国际标准相统一的《机械制图》国家标准,代号"GB",在绘制工程图样时必须严格遵守国家标准的规定。下面介绍《机械制图》的基本规定。

1.1 国家标准《机械制图》的基本规定

1.1.1 图纸图幅(GB/T 14689—2008)

绘制图样时,图纸幅面和图框尺寸应优先采用表 1-1 所规定的基本图幅尺寸。其中 A0 至 A4 图纸幅面尺寸间的关系如图 1-2 所示。A0 图纸幅面正好是 A1 图纸的两倍。

图样中的图框由内、外两框组成,外框用细实线绘制,大小为幅面尺寸,内框用粗实线绘制,内外框周边的间距尺寸与格式有关。图框格式分为不留有装订边和留装订边两种,如图 1-3、图 1-4 所示。

表 1-1 图纸基本图幅和图框代号

幅面代号	A0	A1	A2	A3	A4
$B \times L$	841×1189	594×841	420×594	297×420	210×297
e	20			10	
c	10			5	
a	25				

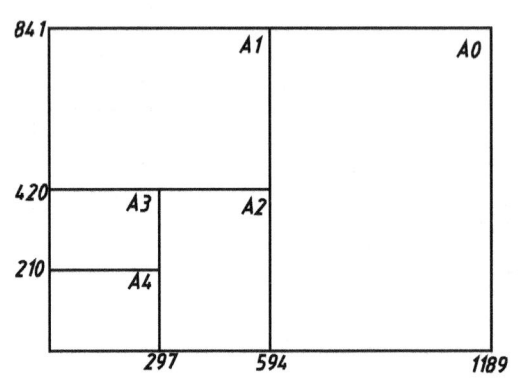

图 1-2 幅面尺寸间的关系

每张图上都必须有标题栏,标题栏的位置位于图纸的右下方,见图 1-3。标题栏中的文字方向为看图方向。标题栏的格式、内容和尺寸在 GB/T 10609.1—2008 中已作了规定,一般零件图建议采用图 1-5 所示的标题栏。

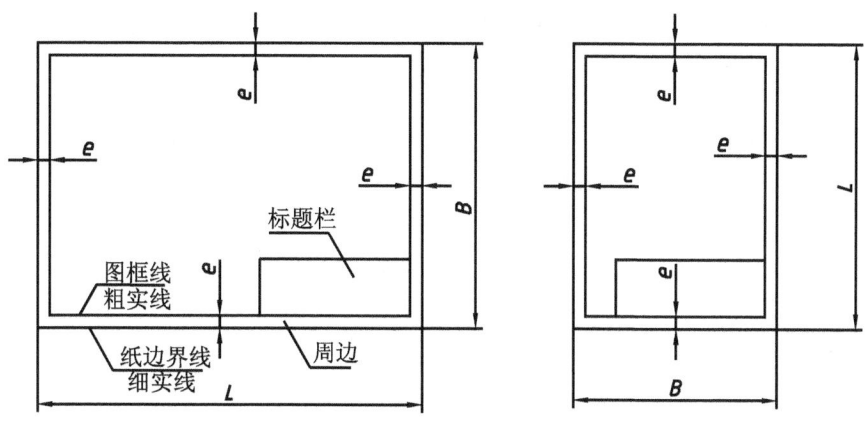

图 1-3 不留装订边的图框格式

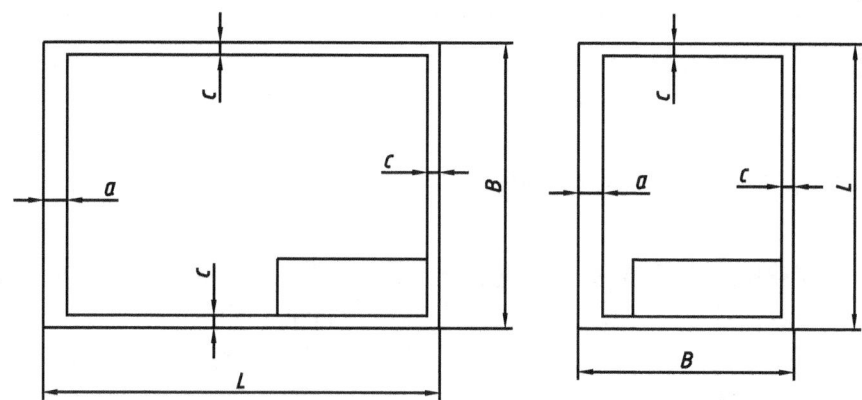

图 1-4 留装订边的图框格式

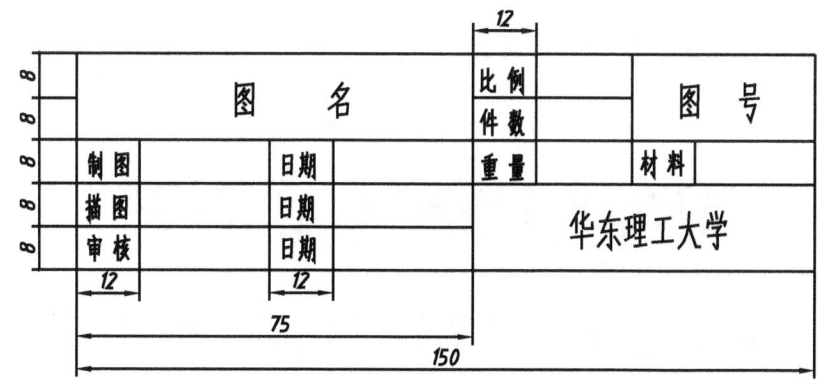

图 1-5 标题栏格式

思考：一张空白的 A1 号图纸可以裁剪成几张 A3 号图纸？

1.1.2 比例(GB/T 14690—1993)

比例是指图中图形与其实物相应要素的线性尺寸之比。国标对可采用的比例系列见表 1-2。表中 n 为正整数。绘制图形时，应首先考虑采用表中规定的优先比例系列。

在绘制同一机件的各个视图时,应采取相同的比例,并在标题栏中填写。当某个视图需要采用不同比例时,必须另行标注。

> 特别提醒的是:其中大于 1 的比例是放大绘图的比例,小于 1 的比例是缩小绘图的比例。图样无论采用缩小或放大的比例,所注尺寸均应是机件的实际尺寸。

表 1-2 绘图比例

原值比例		1∶1		
缩小比例 (<1)	优先	1∶2,1∶2×10^n	1∶5,1∶5×10^n	1∶10,1∶10×10^n
	必要时采用	1∶1.5,1∶1.5×10^n 1∶4,1∶4×10^n	1∶2.5,1∶2.5×10^n 1∶6,1∶6×10^n	1∶3,1∶3×10^n
放大比例 (>1)	优先	5∶1,5×10^n∶1	2∶1,2×10^n∶1	1×10^n∶1
	必要时采用	4∶1,4×10^n∶1	6∶1,6×10^n∶1	

1.1.3 字体(GB/T 14691—1993)

图样中书写的字体必须做到:字体工整、笔画清楚、间隔均匀、排列整齐。

具体规定为:

(1) 字体的高度(h)代表字体的号数。其尺寸系列为:1.8,2.5,3.5,5,7,10,14,20(mm)。

(2) 汉字应写成长仿宋体,高度不应小于 3.5mm,字宽一般为 $h/\sqrt{2} \approx 0.7h$。

(3) 字母和数字分为 A 型(笔画宽度 d=字高 $h/14$)和 B 型(笔画宽度 d=字高 $h/10$)两种。同一图样上,只允许选一种型式的字体。字母和数字可书写成直体或斜体。斜体字头向右倾斜,与水平线成 75°。

(4) 在同一张图纸上用作指数、分数、注脚、极限偏差等的数字和字母一般应采用小一号的字体。

图 1-6 为汉字、字母、罗马数字和阿拉伯数字示例。

图 1-6 汉字、字母和数字示例

1.1.4 图线(GB/T 17450—1998)

GB/T 17450—1998 规定了绘制图样的基本线型:
(1) 机械工程图样上采用的图线分粗、细两种,粗线宽度是细线宽度的两倍。
(2) 图线宽度 d 的推荐系列为 0.13,0.18,0.25,0.35,0.5,0.7,1,1.4,2(mm)。图线宽度应根据图形的大小和复杂程度在 0.5～2 mm 之间选择。一般常用 0.7 mm 或 0.5 mm。避免采用 0.18 mm。同一图样中的同类图线的宽度应基本保持一致。
(3) 图线由线素组成。线素指不连续线的独立部分,如点、长度不同的画、间隔。
(4) 点画线的首末两端是长画,并超出所示要素的图形轮廓 2～5mm,但不能过长。
(5) 当细点画线和双点画线较短如小于 8mm 时,可用细实线代替。
(6) 点画线或双点画线和粗实线相交或与自身相交时,应以画相交。如画圆的中心线时,两条细点画线在圆心处应长画相交。如图 1-7 所示。
(7) 虚线与虚线、虚线与粗实线相交应以画相交;若虚线处于粗实线的延长线上时,粗实线应画到位,而虚线在相连处应留有空隙,如图 1-7 所示。

当几种线条重合时,应按粗实线、虚线、点画线的优先顺序画出。

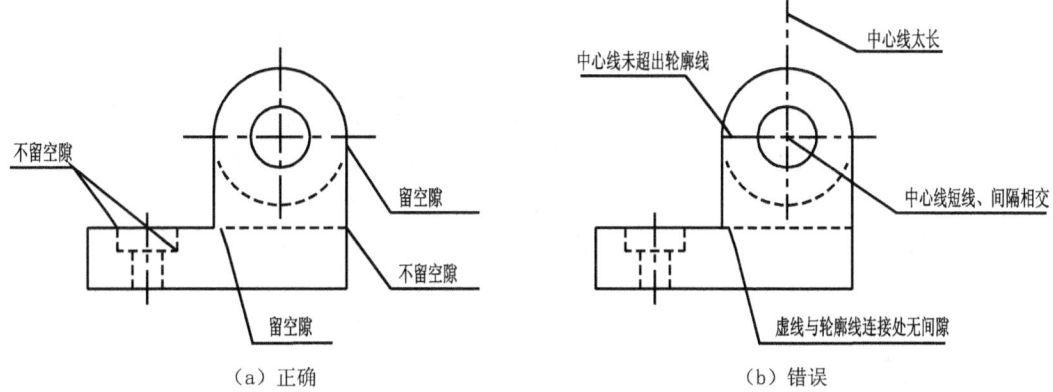

图 1-7 图线的画法

> 提示:图线相交时的画法应注意,点画线或双点画线相交时,不能相交于间隔或点处,应以画相交。

表 1-3 列出了绘制工程图样时常用的八种图线的名称、代号、图线型式、宽度及主要用途。

表 1-3 图线的种类及应用

名称	代号	型式	宽度	主要用途
粗实线	A	——————————	d	可见轮廓线
细实线	B	——————————	$0.5d$	尺寸线、尺寸界线或引出线 剖面线、重合断面的轮廓线 螺纹的牙底线及齿轮的齿根圆线
波浪线	C	∼∼∼∼∼∼		断裂处的边界线 视图和剖视图的分界线

续表

名称	代号	型式	宽度	主要用途
双折线	D			断裂处的边界线 局部剖视图的分界线
虚线	F		0.5d	不可见轮廓线
细点画线	G			轴线、对称中心线 轨迹线、节圆及节线
粗点画线	J		d	有特殊要求的表面的表示线
双点画线	K		0.5d	相邻辅助零件轮廓线 极限位置轮廓线、假象投影轮廓线

1.1.5 尺寸标注

机件的大小由标注的尺寸确定。标注尺寸时,应严格遵照国家标准有关尺寸注法的规定,做到正确、齐全、清晰、合理。

1. 基本规则

(1) 机件的真实大小应以图样上所注的尺寸数值为依据,与图形的大小、绘制的准确性无关。

(2) 图样中(包括技术要求和其他说明)的尺寸,以毫米为单位时,不需标注计量单位的代号或名称,如采用其他单位,则必须注明相应的计量单位的代号或名称。

(3) 图样中所标注的尺寸,为该图样的最后完工尺寸,否则应另加说明。

(4) 机件的每一尺寸,一般只标注一次,并应标注在反映该结构最清晰的图形上。

2. 尺寸要素

完整的尺寸一般由尺寸界线、尺寸线和尺寸数字三个要素组成。

(1) 尺寸界线

尺寸界线表示所注尺寸的界限,用细实线绘制,并应由图形的轮廓线、轴线或对称中心线处引出。也可以利用轮廓线、轴线或对称中心线作尺寸界线。尺寸界线必须超越尺寸线2~5 mm,如图1-8所示。

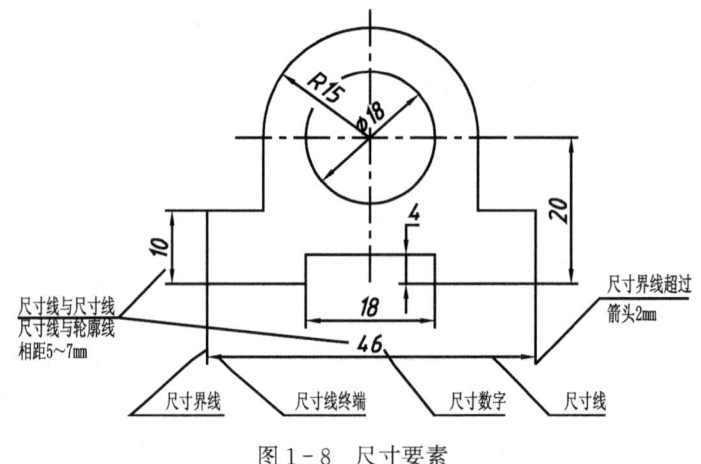

图1-8 尺寸要素

(2) 尺寸线

尺寸线表示所注尺寸的范围,用细实线绘制,不能用其他图线代替,也不得与其他图线重合或画在其延长线上。应尽量避免尺寸线与尺寸线或尺寸界线相交。尺寸线终端有两种形式:

① 箭头　箭头指向尺寸界线并与其接触,且不得超出尺寸界线或留空缺。箭头形式如图 1-9(a)所示,箭头长度是粗实线的宽度的 6 倍左右,其中宽度 d 为粗实线的宽度。在同一张图样上箭头的大小应基本一致。

② 45°斜线　斜线用细实线绘制,其方向和画法如图 1-9(b)所示。当尺寸线的终端采用斜线形式时,尺寸线与尺寸界线相互垂直。

同一张图上的尺寸线终端,一般采用一种形式。

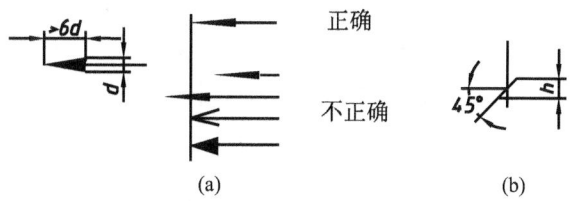

图 1-9　尺寸线终端形式

d=粗实线的宽度　　　h=字体的宽度

(3) 尺寸数字

尺寸数字表示所注尺寸的数值,线性尺寸数字水平标注时应标注在尺寸线的上方,垂直标注时应标注在尺寸线的左方。特殊情况时也允许标注在尺寸线的中断处。尺寸数字不能被任何图线所通过,否则必须将该图线断开,使数字能清晰表现出来。如图 1-8 中所示将穿过尺寸数字 $\phi18$ 的中心线打断。

> 注意:线性尺寸数字的方向应以图纸右下角的标题栏为基准,使水平尺寸字头朝上,铅直尺寸字头朝左。

3. 尺寸注法

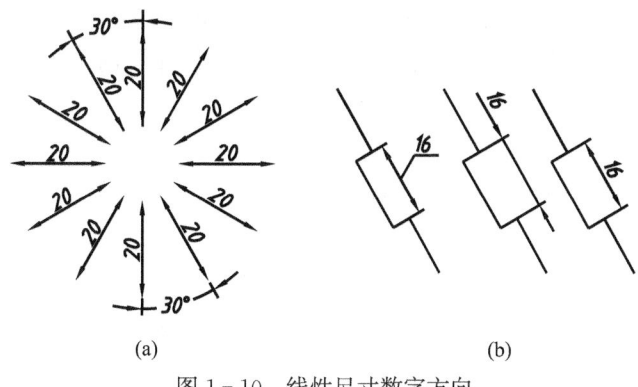

图 1-10　线性尺寸数字方向

(1) 线性尺寸

线性尺寸数字的方向,一般应采用图 1-10(a)所示的方向标注。并尽可能避免在图示

30°范围内标注尺寸,当无法避免时可按图1-10(b)所示的形式标注。

尺寸线必须与所标注的线段平行。当有几条平行的尺寸线时,大尺寸要注在小尺寸的外侧,以避免尺寸线与尺寸界线相交。

(2) 圆及圆弧的尺寸

圆或大于半圆的圆弧应标注其直径,并在数字前面加注符号"ϕ",其尺寸线必须通过圆心。当尺寸线一端无法画出箭头时,尺寸线要超出圆心一段。见图1-11(a)。等于或小于半圆的圆弧应标注其半径,并在数字前加注符号"R",其尺寸线从圆心开始,箭头指向轮廓,见图1-11(b)。当圆弧半径过大,或在图纸范围内无法标出其圆心位置时,可按图1-11(c) 形式标注;不需要标出圆心位置时,可按图1-11(d) 形式标注。

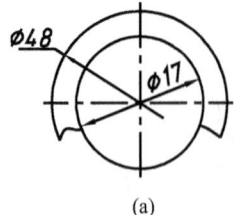 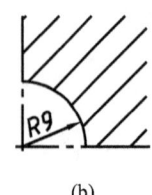 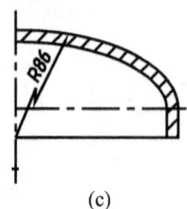 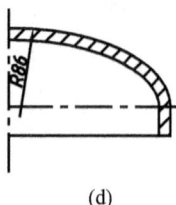

  (a)   (b)   (c)   (d)

图1-11 圆及圆弧尺寸的注法

(3) 球形尺寸

标注球面直径或半径时应在符号"ϕ"、"R"前加注符号"S",如图1-12(a)所示。在不至于引起误解的情况下可省略符号"S",如图1-12(b)螺钉头部的球面尺寸。

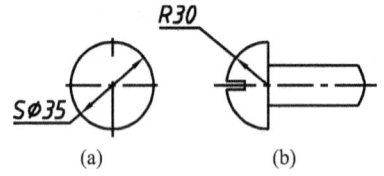  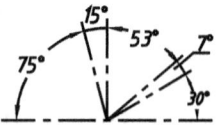

  (a)   (b)

图1-12 球形尺寸标注   图1-13 角度尺寸标注

(4) 角度

标注角度的尺寸界线应沿径向引出,尺寸线应画成圆弧,圆心是角的顶点。标注角度的尺寸数字一律写成水平方向,一般注写在尺寸线的中断处,必要时也可写在尺寸线的上方或外侧,也可引出标注,如图1-13所示。

(5) 小尺寸

在没有足够的位置画箭头或标注数字时,可将箭头或数字布置在外面,如图1-14所示。

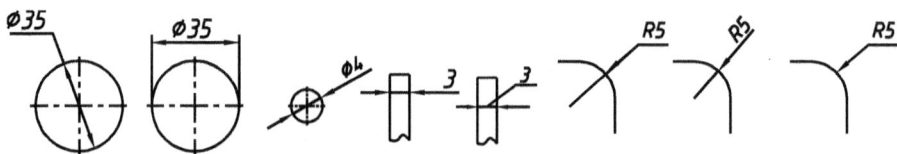

图1-14 小尺寸标注

(6) 尺寸数字前的符号

在标注某些特定形状形体的尺寸时,为了使标注既简单又清楚,常在尺寸数字前注出特定的符号和缩写词。常见的符号和缩写词见表1-4。具体图例见图1-15。

表1-4 常见的符号和缩写词

名 称	符号或缩写词	名 称	符号或缩写词
直径	ϕ	45°倒角	C
半径	R	深度	↧
球直径	$S\phi$	沉孔或平	⌴
球半径	SR	埋头孔	∨
厚度	t	均布	EQS
正方形	□		

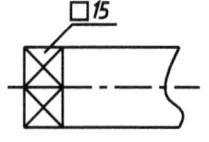
表示正方形边长15mm

表示板厚2mm

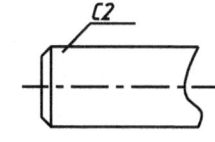
表示倒角2×45°

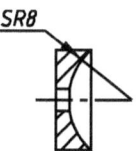
表示球面半径R8

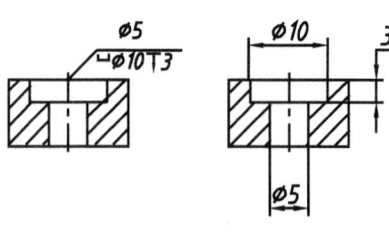
表示沉孔直径φ10,深3,通孔直径φ5

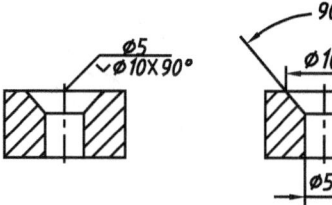
表示埋头φ10×90°,通孔直径φ5

图1-15 尺寸数字前的符号

1.2 制图的基本方法

1.2.1 常用绘图工具及使用

要准确而迅速地绘制图样,必须正确合理地使用绘图工具,常用的主要绘图工具有图板、丁字尺、绘图仪(其中主要有圆规、分规等)、三角板、曲线板等,此外还有铅笔、橡皮、胶带纸等绘图用品。现将几种常用的绘图工具的使用方法在表1-5中分别进行介绍。

表 1-5　常用的绘图工具及其使用方法

名称	图　例	说　明
铅笔	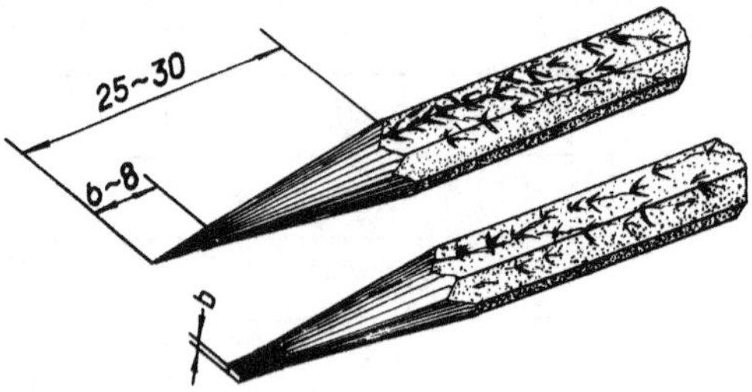	绘图铅笔铅芯的硬、软度分别用符号"H"和"B"表示。"HB"为硬软适中铅芯。绘图时一般用"H"或"2H"画底稿，用"B"或"2B"加深，"HB"用以书写字体。铅笔削成圆锥形。加深用也有削成铲状的，见左图
图板及丁字尺	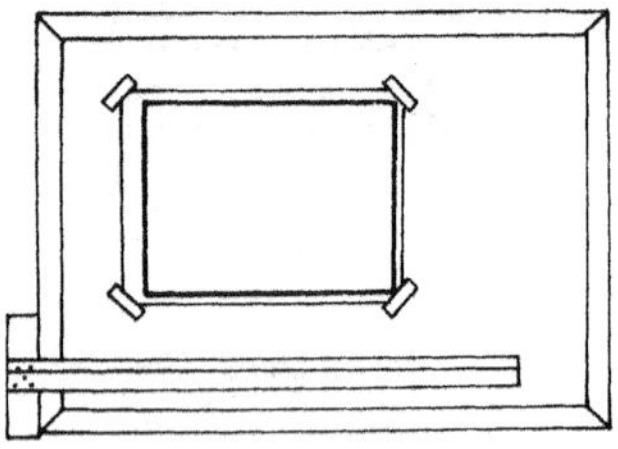  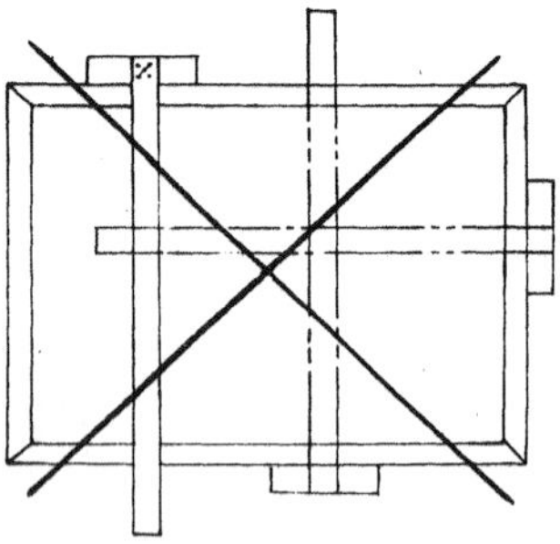	绘图板用以铺放、固定图纸，表面应平坦、光滑，工作导边（左边）要求平直，见左图(a)。 丁字尺用以画水平线。使用时，尺头要紧靠图板左侧工作导边。左手按住尺身，右手执笔，沿丁字尺边缘，自左向右画水平线，见左图(b)。左手推动尺头沿图板导边上、下滑动，可画一系列水平的平行线 图(c)所示使用丁字尺的方法是错误的（因为图板的相邻边不一定互相垂直）

续表

名称	图 例	说 明
三角板	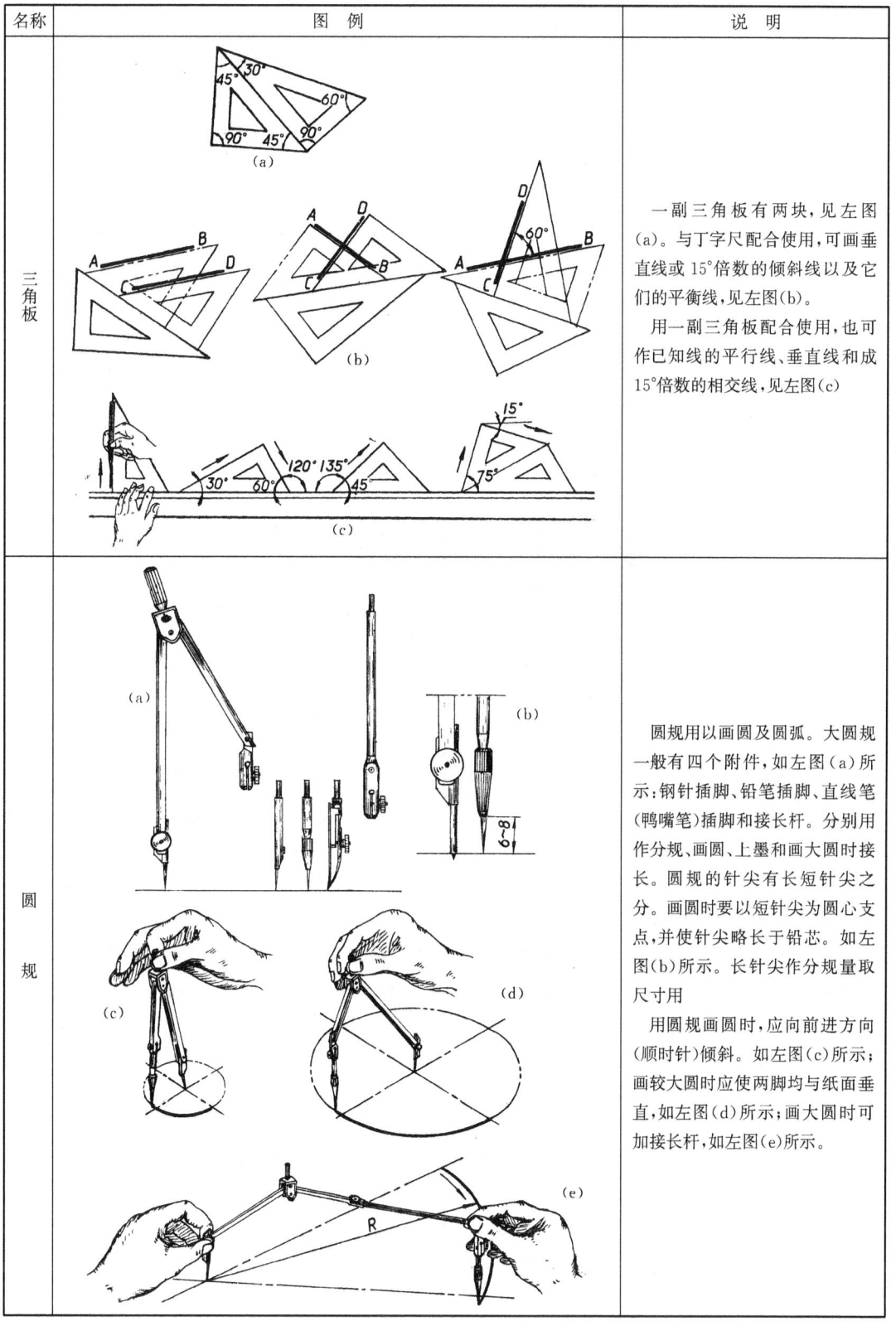	一副三角板有两块，见左图(a)。与丁字尺配合使用，可画垂直线或15°倍数的倾斜线以及它们的平衡线，见左图(b)。 用一副三角板配合使用，也可作已知线的平行线、垂直线和成15°倍数的相交线，见左图(c)
圆规		圆规用以画圆及圆弧。大圆规一般有四个附件，如左图(a)所示：钢针插脚、铅笔插脚、直线笔（鸭嘴笔）插脚和接长杆。分别用作分规、画圆、上墨和画大圆时接长。圆规的针尖有长短针尖之分。画圆时要以短针尖为圆心支点，并使针尖略长于铅芯。如左图(b)所示。长针尖作分规量取尺寸用 用圆规画圆时，应向前进方向（顺时针）倾斜。如左图(c)所示；画较大圆时应使两脚均与纸面垂直，如左图(d)所示；画大圆时可加接长杆，如左图(e)所示。

1.2.2 绘图的基本步骤

绘图时除了必须熟悉制图国家标准、正确使用绘图工具、掌握几何作图方法外,还必须遵循一定的绘图程序,有条不紊地进行工作,才能提高绘图效率,既快又好地画出图样。

(1) 绘图前的准备工作

准备好所需的绘图工具和用品,并用软布擦拭干净。按需要选用不同软硬度的绘图铅笔。圆规铅芯应比绘图铅笔芯软一号。

(2) 固定图纸

按图形大小选择图纸幅面,确定图纸正反面(光滑、不易起毛为正面),将图纸铺放在图板的左方偏上,并用丁字尺检查图纸水平边是否放正,然后用胶带固定四角。如果图纸需要分栏,应用对角线法找出图纸中心,按分栏要求画好分栏线。

(3) 画底稿

先画好图框和标题栏,再根据图形大小布置好图面,然后用 H 或 2H 的铅笔轻而细地画底图。

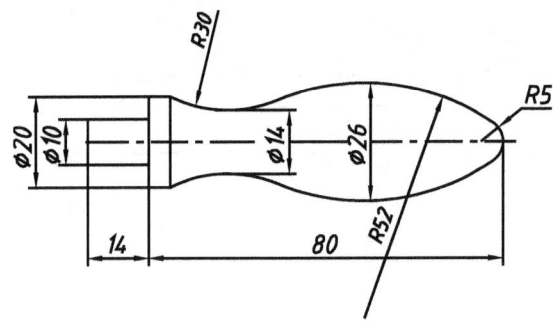

图 1-16 手柄

例如,分析平面图形图 1-16 可以发现,图形中有的线段定形、定位尺寸齐全可以直接画出,例如圆 φ10,长 14 的圆柱。而有的所给条件不足,要利用连接条件才能画出,如圆弧 $R52$,$R30$。通常称前者为已知线段,后者为连接线段。显然,在绘制平面图形时要分析图形后再绘图。

具体绘图步骤如下:

① 阅读图形:根据所注尺寸找出图形中各线段的已知条件,确定已知线段的定形、定位尺寸定出连接线段的连接条件,如确定图 1-16 中连接圆弧 $R52$,$R30$ 的圆心位置;

② 画出中心线、轴线;

③ 画出已知线段;

④ 利用各种连接方法画出连接线段;

⑤ 标注尺寸。

表 1-6 以图 1-16 所示的手柄为例具体说明了平面图形的绘图步骤。

(4) 加深图线

底稿经校核无误后,按线型要求加深全部图线,擦去不必要的图线。加深时应用力均匀使图线浓淡一致。图线修改时可用擦图片控制线条修改范围。加深图线一般按下列原则进行:

① 先画实线、再画虚线；先画粗线、再画细线；
② 先画圆及圆弧、再画直线，以保证连接光滑；
③ 同心圆应先画小圆、再画大圆，由小到大顺次加深圆及圆弧；
④ 从图的左上方开始先顺次向下加深水平线，再从左到右加深垂直线；加深后的效果见图 1-16。

最后画箭头，标注尺寸、技术要求，填写标题栏等。

表 1-6 手柄绘图步骤

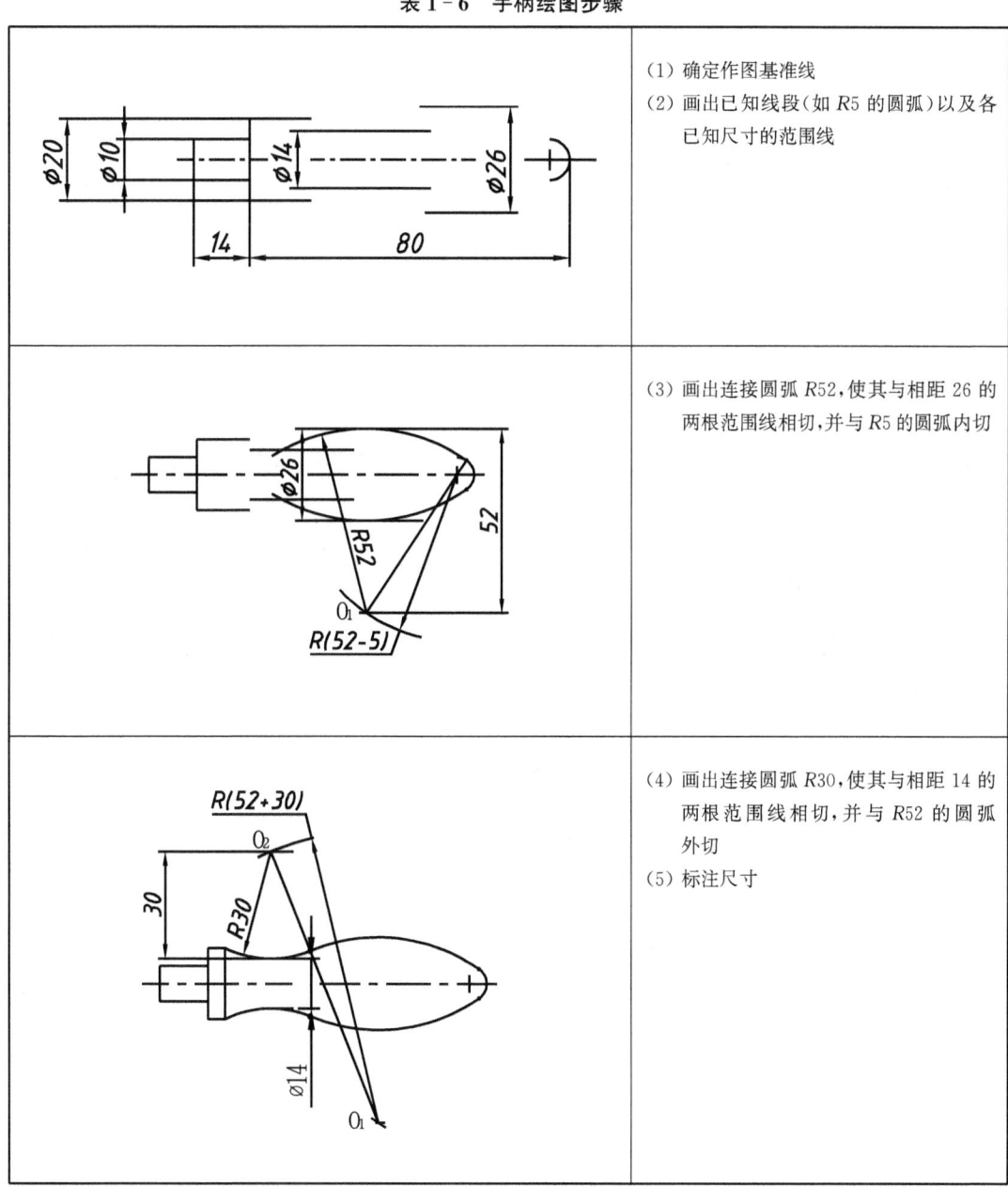

	(1) 确定作图基准线 (2) 画出已知线段（如 $R5$ 的圆弧）以及各已知尺寸的范围线
	(3) 画出连接圆弧 $R52$，使其与相距 26 的两根范围线相切，并与 $R5$ 的圆弧内切
	(4) 画出连接圆弧 $R30$，使其与相距 14 的两根范围线相切，并与 $R52$ 的圆弧外切 (5) 标注尺寸

> **知识拓展**：绘制圆弧连接时要掌握尺寸分析和线段分析的方法，关键在于连接圆弧的圆心和切点要画正确，具体过程如下：
>
> （1）如图 1-17(a)所示，连接圆弧 bc 与已知圆弧 ab 内切时，内切圆弧 bc 的圆心 O 轨迹必定为一个圆：该轨迹圆圆心为已知圆弧 ab 的圆心 O_1，半径为已知圆弧 ab 的半径 R_1 与内切圆弧 bc 的半径 R 之差（R_1-R），切点在两个圆弧圆心的连线 O_1O 上。
>
> （2）如图 1-17(b)所示，连接圆弧 bc 与已知圆弧 ab 外切时，外切圆弧 bc 的圆心 O 轨迹必定为一个圆：该轨迹圆圆心为已知圆弧 ab 的圆心 O_1，半径为已知圆弧 ab 的半径 R_1 与外切圆弧 bc 的半径 R 之和（R_1+R），切点在两个圆弧圆心的连线 O_1O 上。
>
> （3）图 1-16 中连接圆弧 $R52$ 与相距 26 的两根范围线相切，同时与 $R5$ 的圆弧内切。则圆弧 $R52$ 的圆心必须同时满足两个条件：①由于与相距 26 的两根范围线相切，圆弧 $R52$ 的圆心轨迹必定为一根直线（与 26 范围线平行且距离为 52）。②由于与 $R5$ 的圆弧内切，圆弧 $R52$ 的圆心轨迹必定为一个圆（圆心为圆弧 $R5$ 的圆心，半径为 $52-5=47$）。这两条轨迹的交点即圆弧 $R52$ 的圆心。

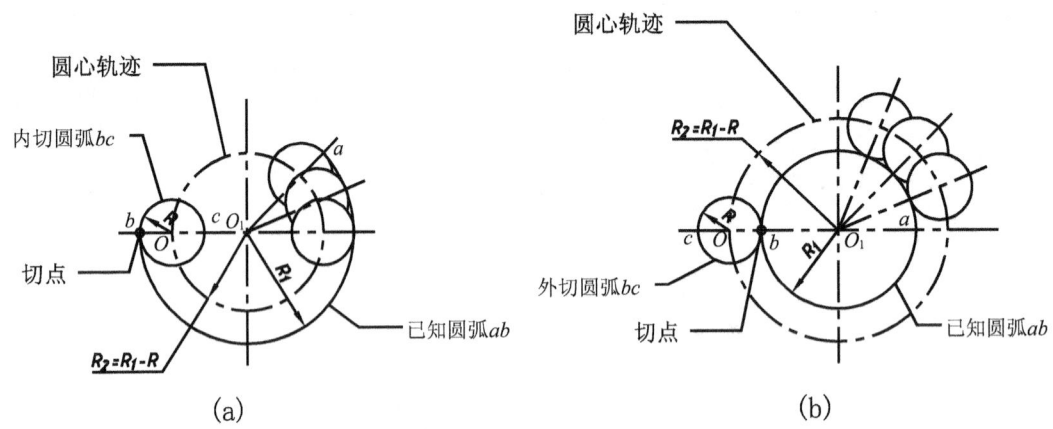

图 1-17　内切圆弧与外切圆弧的圆心轨迹

小结：本章介绍了绘制机械图样的比例线型、图线画法、尺寸标注、绘图工具的使用等绘图技能，为后面绘制机械图样做了准备。

关键概念：图纸幅面、比例、字体、线型、尺寸标注、圆弧连接。

自 测 题

1-1 字体练习：根据国家标准，抄写以下文字。

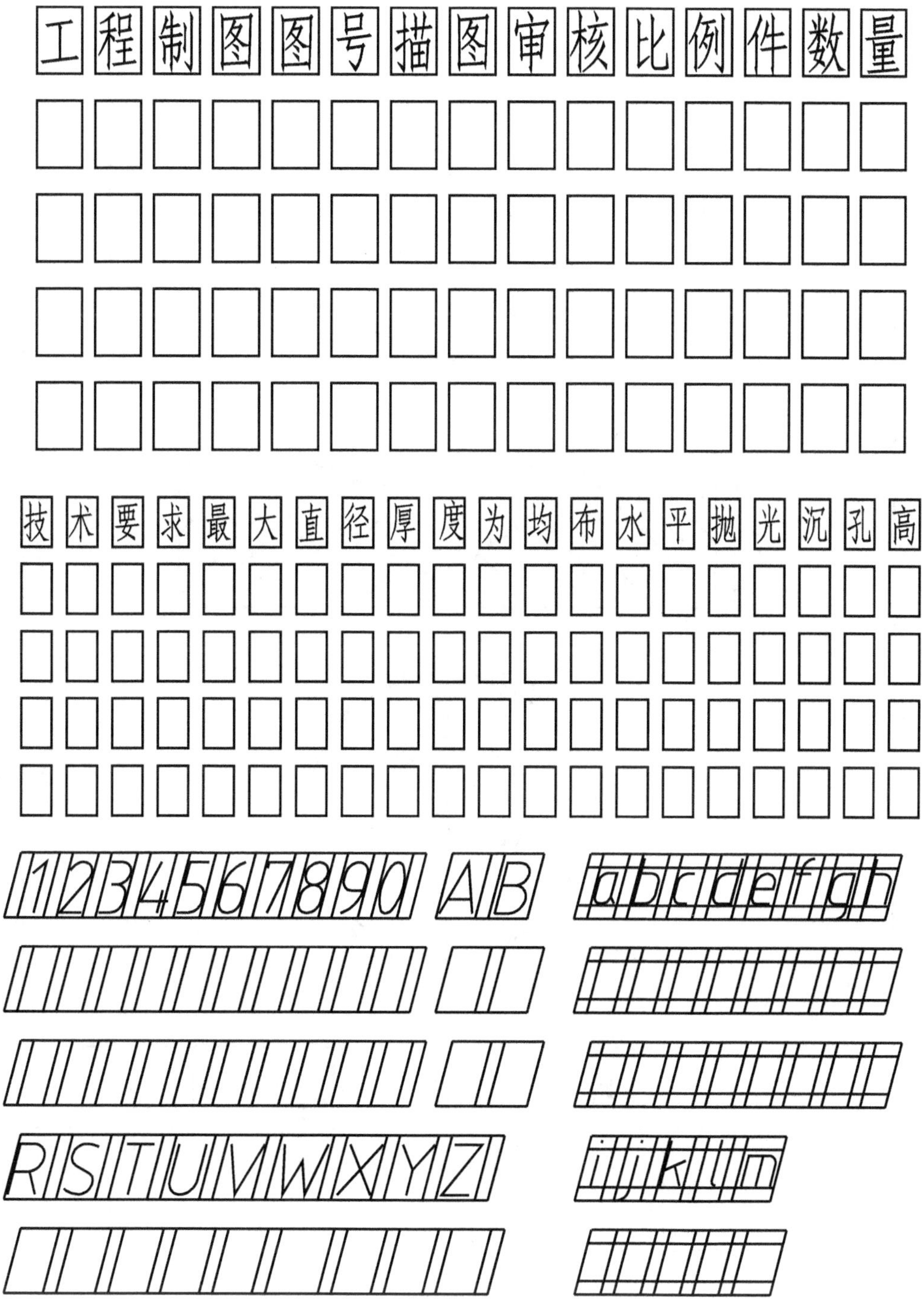

工程制图图号描图审核比例件数量

技术要求最大直径厚度为均布水平抛光沉孔高

1234567890 AB abcdefgh

RSTUVWXYZ ijklm

题图 1-1

1-2 线型练习：在 A4 纸上抄画题图 1-2。

要求：按照《机械制图》国家标准中的图纸幅面及格式、比例、图线规定绘图，作图正确，线型规范，字体工整，连接光滑，图面整洁，并掌握绘图仪器及工具的正确使用方法。

提示：绘图步骤如下：

(1) 布置图面：将所绘图形安排在图纸的适当位置。

(2) 用 H 或 2H 铅笔画出底图。

(3) 仔细检查并加深：加深粗实线用 HB 或 B 型铅笔，加深细实线、虚线和点画线用 H 或 HB 型铅笔。

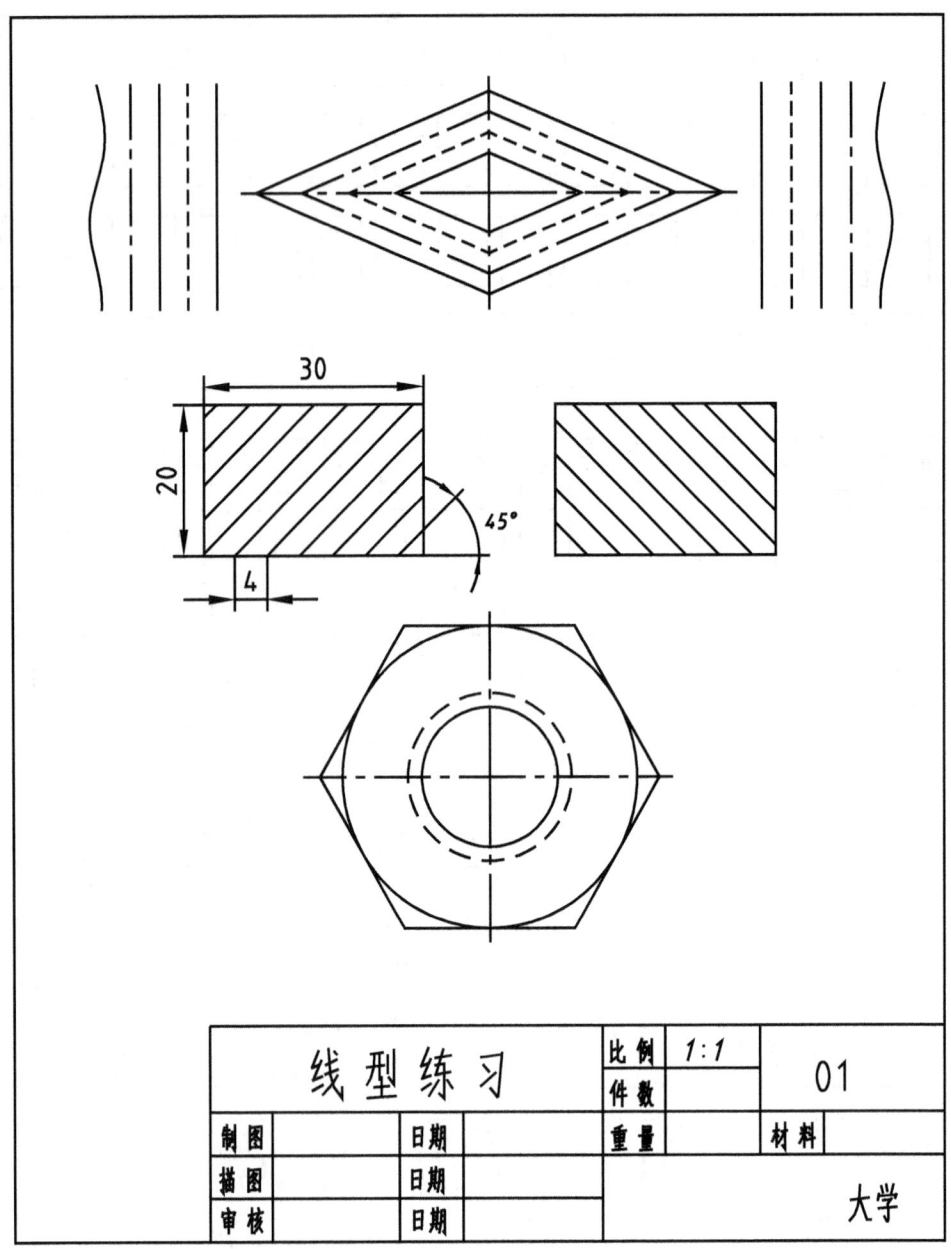

题图 1-2

1-3 图纸幅面共有几种？彼此尺寸关系如何？图纸可以按图幅要求适当加长吗？加长量如何考虑？

1-4 某产品用放大一倍的比例绘图，在标题栏中应填（　　）。
A．放大一倍　　　　B．1∶2　　　　C．2∶1　　　　D．2/1

1-5 机械图样中，表示可见轮廓线采用什么线型？回转体中心线采用什么线型？

1-6 工程图样中的字体是什么字体？

1-7 常用的八种图线的名称是什么？它们的线宽度格式分别是多少？

1-8 图样上标注的尺寸，一般由哪几部分组成？尺寸标注时要注意什么问题？

1-9 机件的真实大小应以图样上（　　）为依据，与图样的大小及绘图的准确度无关。
A．所注尺寸数值　　B．所画图样形状　　C．所标绘图比例　　D．所加文字说明

1-10 根据题图1-10所示尺寸，以合适比例画出平面图形。（注意需先定出各连接点）

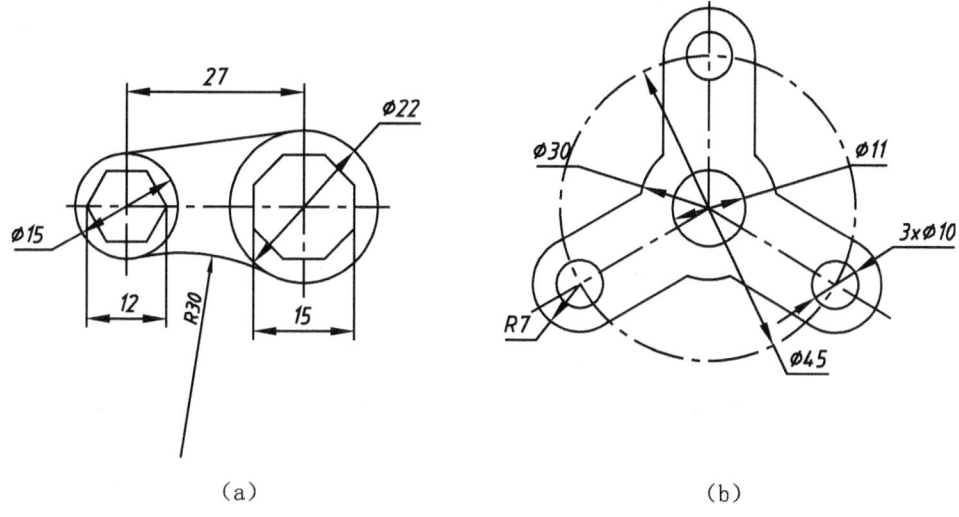

题图 1-10

2 投影的基本知识及视图的形成

本章概要 介绍投影的基本概念、工程上常用的投影图、正投影的投影特性、多面正投影体系的建立和投影规律等内容,为绘制工程图样提供基础理论知识。

学习目标:
(1) 掌握正投影法的特性,并能正确运用正投影特性归纳基本几何元素的投影规律。
(2) 熟悉基本回转曲面投影特点。
(3) 熟悉三视图的长对正、高平齐、宽相等规律,认识空间基本几何体的三视图,能够绘制简单形体的三视图。

2.1 投影的基本概念

工程图样是根据什么原理来绘制的呢?首先观察一个日常生活中常见的投影现象。

物体在阳光或灯光的照射下,会在地面或墙壁上产生影子,这个影子反映了物体在某些方面的形状特征,是从某一个角度看到的物体的图形,如图 2-1 所示。

把图 2-1 所示的投影现象抽象为图 2-2 所示情况,光源用 S 点表示,称为投影中心,光线称为投射线(如 SA, SB, SC),地面称为投影面 H。自点 S 过△ABC 的各顶点作投射线 SA, SB, SC,它们的延长线与 H 面分别交于 a, b, c 三点,该三点分别为空间点 A, B, C 在 H 面上的中心投影,这种投影称为中心投影法。显然,中心投影△abc 的大小与投影中心、△ABC 及投影面三者的距离有关。

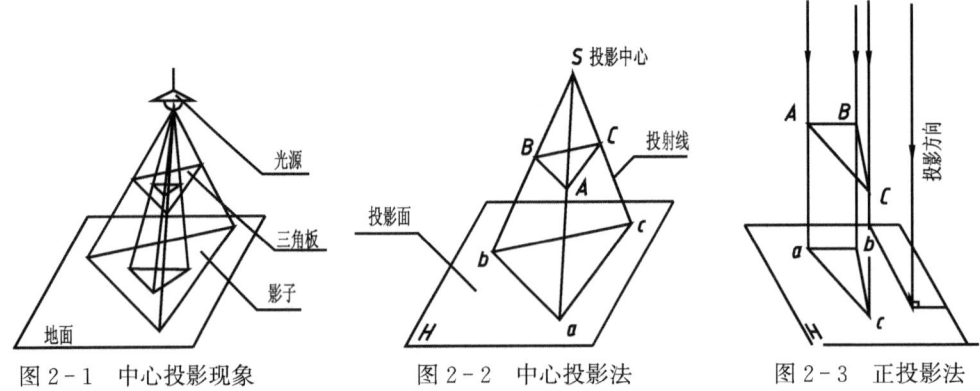

图 2-1 中心投影现象　　图 2-2 中心投影法　　图 2-3 正投影法

如果把中心投影的投影中心移至无穷远点,此时各投射线就成为互相平行的线,在这种特殊条件下,投影中心用投影方向 S 来表示,这样的投影称为平行投影。如果投射方向 S 垂直于投影面,则称为正投影法,如图 2-3 所示。

进一步分析图 2-4 所示物体上不同位置的线、面几何元素的正投影,可以看出,正投影具有以下基本特性。

(1) 实形性　当物体上的平面(或直线)与投影面平行时,投影反映实形,这种投影特性称为实形性,见图 2-4(a)。

(2) 积聚性　当物体上的平面(或直线)与投影平面垂直时,投影积聚为一条线(或一个点),这种投影特性称为积聚性,见图 2-4(b)。

(3) 类似性　当物体上的平面(或直线)与投影平面倾斜时,投影变小了(或变短了),但投影的形状仍与原来形状类似,这种投影特性称为类似性,见图 2-4(c)。

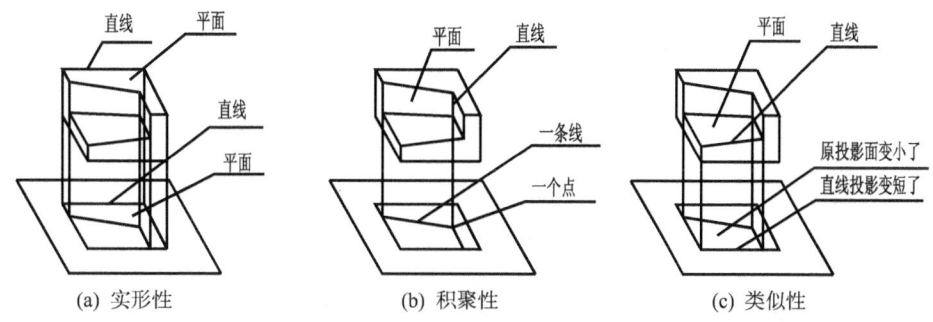

图 2-4　正投影的基本特性

工程图样作为一种技术交流工具,对于解决工程及一些科学技术问题起着重要的作用,因此对工程图样有以下要求:

(1) 根据图形应当能完全确定空间形体的真实形状和大小;
(2) 图形应便于阅读;
(3) 绘制图形的方法和过程应当简便。

比较前述的中心投影法和平行投影法可以看出,正投影法所得到的图形很容易确定物体的形状和大小,虽直观性较差,但经过一定训练后就能看懂,所以国家标准规定,工程图样采用正投影法绘制。

> 结论:正投影与人的观察习惯一致,且不因物体到投影面的距离变化而变化,容易表达物体的真实形状和大小,度量性好,作图简便,符合工程图样的要求。故国家标准(GB)《机械制图》中规定:"机件的图样按正投影法绘制"。

2.2　基本几何元素的投影

工程上的物体结构从几何角度分析,都可以看成由点、线(直线或曲线)、面(平面或曲面)所组成。为了进一步掌握物体的投影规律,有必要首先对点、线、面等几何元素的正投影特性进行分析和讨论。

2.2.1　空间点的投影

点是构成空间物体最基本的几何元素。

由正投影法原理可知,空间点在指定平面上的投影是一个点,且是唯一的;反之,若已知一个投影点,却不能唯一确定点的空间位置。同样,仅有物体的单面投影也无法确定空间物体的真实形状。例如图 2-5 中,三个不同的物体在同一投影面上的投影完全相同。因此,要反映物体的完整形状和大小,必须要有几个从不同方向得到的投影。

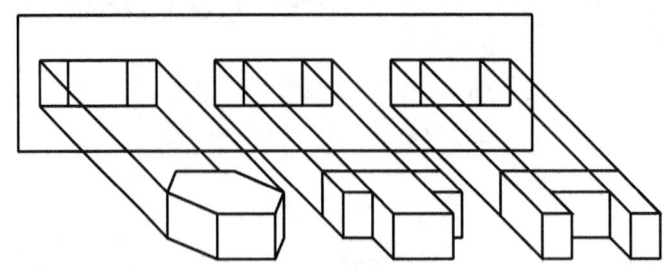

图 2-5 不同的物体单面投影相同

在绘制工程图样时,为了清楚反映物体的形状,常采用与物体长、宽、高三个方向相对应的三个互相垂直的投影面,构成一个三面投影体系,通过向三个投影面进行正投影得到图样。

如图 2-6(a)所示,正立投影面 V(简称正面)、水平投影面 H(简称水平面)、侧立投影面 W(简称侧面)组成了三面投影体系,投影面之间的交线称为投影轴,分别为 OX 轴、OY 轴和 OZ 轴,这三根轴必定互相垂直,其交点为原点。

将空间点 A 置于由 V 面、H 面、W 面组成的三投影面体系中,分别向各投影面投射,就得到了它的三个投影。

为了统一,将三面投影体系的字母格式规定为:空间点用大写字母表示,其投影用小写字母表示;H 面上投影不加撇,V 面上投影加一撇,W 面上投影加二撇。

根据上述规定,如图 2-6(a)中空间点 A 的三个投影分别表示为 a、a'、a''。

为了把物体的三面投影画在同一平面内,国家标准规定了投影面的展开方法,将三个投影展平在同一平面上,V 面保持不动,H 投影面绕 X 轴向下旋转 90°,W 投影面绕 Z 轴向右旋转 90°,与 V 面重合,见图 2-6(b),W 面旋转时,Y 轴一分为二,成为 Y_H、Y_W 轴,两者在长度上是相同的。去除投影面的框线和标记,保留 X、Y、Z 投影轴,就得到了点 A 的三面投影图,见图 2-6(c)。

观察图 2-6(c),水平投影和侧面投影之间 Y 方向度量是相同的,有 $a_{Y_H}=a_{Y_W}$,为正确绘制图形,可以画 90°的圆弧来保证这种相等关系,如图 2-6(c),也可以作 45°角平分线来保证这种相等关系,如图 2-6(d)。

对点的三面投影图进行分析,可得出点的投影规律如下:

(1) 点的两个投影的连线必垂直于相应投影轴(坐标轴)。即

$aa' \perp X$ 轴;$a'a'' \perp Z$ 轴;因 Y 轴分成两侧,故分别有 $aa'' \perp Y_H$ 轴和 $aa'' \perp Y_W$ 轴。

(2) 点的投影到相应投影轴的距离反映空间该点到相应投影面的距离,即

点 A 到正面的距离 $Aa'=aa_X=Oa_{Y_h}=a''a_Z$;点 A 到其他面的距离依此类推。

(3) 点的任一投影必能也只能反映该点的两个坐标(二维空间)。

点 A 的水平投影 a 反映 x 和 y 坐标;点 A 的正面投影 a' 反映 x 和 z 坐标;点 A 的侧面

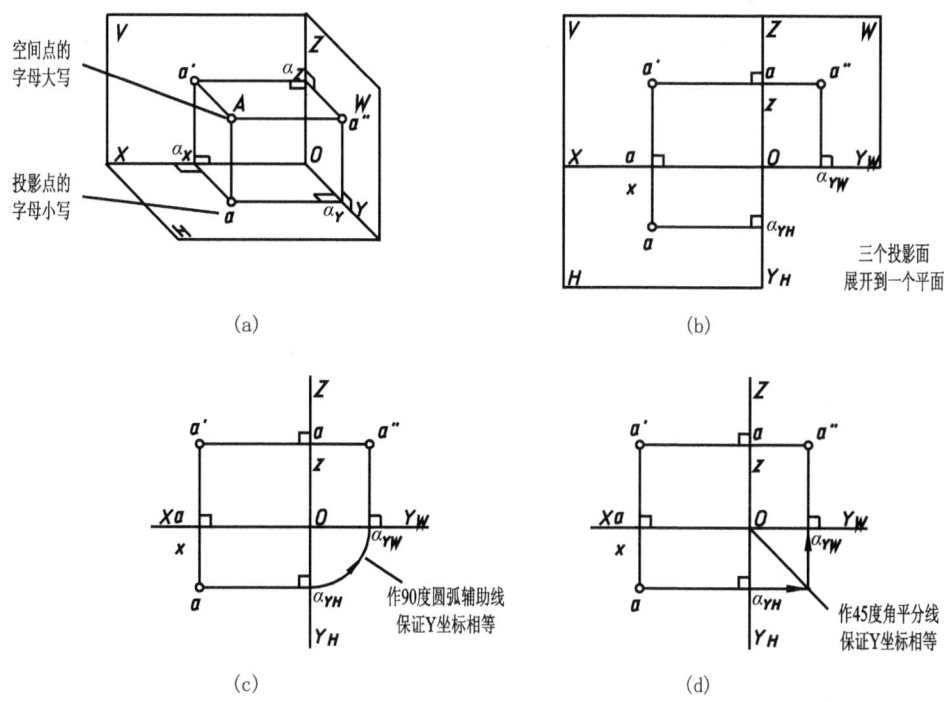

图 2-6 点的三面投影

投影 a'' 反映 y 和 z 坐标。

> **知识拓展**：从这些投影规律可以看出，只要已知空间点的任两个投影就可确定它在空间的位置和第三个投影；同样，当已知空间点的坐标 (x,y,z) 即可作出它的三面投影，知道点的投影亦可测得它的坐标值。

[例] 已知点 B 的正面投影和水平投影，见图 2-7(a)，试求其侧面投影。

解：(1) 从 b' 作 Z 轴的垂线，并延长之，见图 2-7(b)；

(2) 从 b 作 Y_H 轴的垂线得 b_{Y_H}，用 45°分角线或圆弧将 b_{Y_H} 移至 b_{Y_W}（使 $Ob_{Y_H}=Ob_{Y_W}$），然后从 bY_W 作 Y_W 轴的垂线，同 b' 与 Z 轴的垂线相交，得到 b''，见图 2-7(c)。

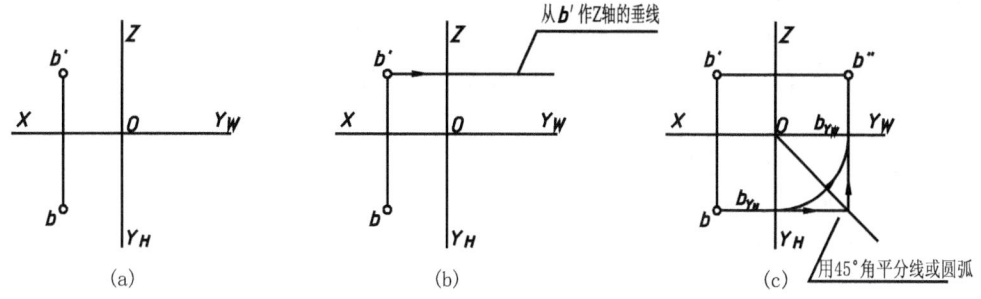

图 2-7 由点的两投影求第三投影

[例] 已知空间点 C 的坐标为 $(12,10,15)$，试作其三面投影图。

解:(1) 作 X,Y,Z 轴得原点 O，然后在 OX 轴上自原点向左量取 $x=12$，再由该点向下沿 Y_H 轴量取 $y=10$，即得 C 点的水平投影 c，见图 2-8(a)；

(2) 由 OZ 轴向上量取 $z=15$，沿 OX 轴向左量取 $x=12$，求得点 C 的正面投影 c'，见图 2-8(b)；

(3) 由 OZ 轴向上量取 $z=15$，沿 OY_W 轴向右量取 $y=10$，得点 C 的侧面投影 c''，见图 2-8(c)。

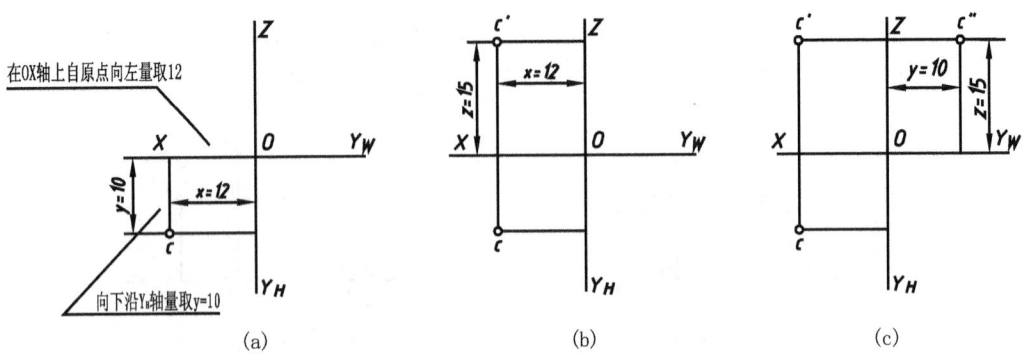

图 2-8 根据点的坐标作点的三面投影

在作点的第三个投影时，亦可在已求得两个投影的基础上，利用点的投影规律作图求出。

> 解题关键：已知点的两个投影求其第三个投影可利用空间点及其投影规律中的坐标关系求解。

2.2.2 直线的投影

空间物体上直线一般体现为面与面的交线，如图 2-9 所示的 AB 线。除特殊情况外，直线的投影仍然是直线。

由初等几何可知，两点决定一直线。因此，在作一条直线的三面投影时，只需作出该直线上两点的三面投影，然后将同面投影相连，也就确定了直线的各个投影。

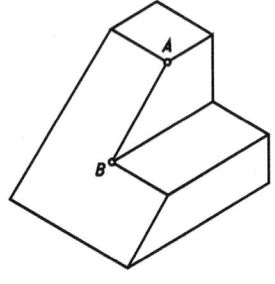

图 2-9 物体上的直线

1. 一般位置直线

既不垂直也不平行于任一投影面的直线称为一般位置直线，如图 2-10(a)所示，三个投影均为与投影轴倾斜的缩短的直线，其投影既不积聚为一点，也不反映实长，且不反映其与任一投影面间的真实夹角。

求直线 AC 投影的步骤如下：

(1) 画出投影轴，见图 2-10(b)；

(2) 按点的投影规律作出点 A 的三面投影，见图 2-10(c)；

(3) 按点的投影规律作出点 C 的三面投影，见图 2-10(d)；

(4) 将点 A 和点 C 的同面投影相连，即得直线 AC 的三面投影，见图 2-10(e)。

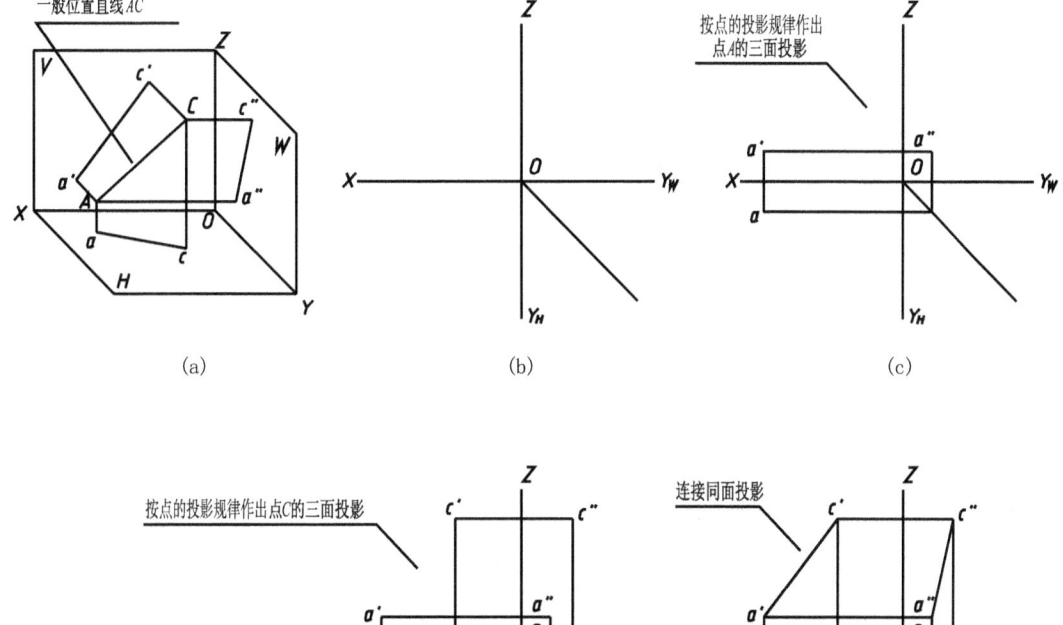

图 2-10 一般位置直线

> 知识拓展：若空间点 A 在空间直线 BC 上，则有如下投影关系。
> (1) 从属性　空间点 A 的投影必在空间直线 BC 的投影上。
> (2) 比例性　空间点 A 将空间直线 BC 分为若干等份，则相应的，点 A 的投影必将空间直线 BC 的投影分为相同的等份。

除了一般位置直线外，根据直线与投影面的相对位置不同，还有投影面垂直线和投影面平行线，它们为特殊位置直线。

2. 投影面垂直线

凡垂直于某一投影面，同时平行于另两个投影面的直线，统称为投影面垂直线。其中，垂直于正立投影面称为正垂线，垂直于水平投影面称为铅垂线，垂直于侧立投影面称为侧垂线。

表 2-1 列出了各种投影面垂直线的投影特性，其共同点可归纳为两条：
(1) 直线在其所垂直的投影面上的投影，积聚为一点。
(2) 直线的其余两个投影，均垂直于相应的投影轴且反映该直线的实长。

表 2-1 投影面垂直线的投影特性

	正垂线	铅垂线	侧垂线
物体上垂直线举例			
投影图			
投影特性	(1) 正面投影 $a'b'$ 积聚为一点。 (2) 水平投影 $ab \perp OX$，侧面投影 $a''b'' \perp OZ$，并反映实长	(1) 水平投影 ac 积聚为一点。 (2) 正面投影 $a'c' \perp OX$，侧面投影 $a''c'' \perp OY_W$，并反映实长	(1) 侧面投影 $d''c''$ 积聚为一点。 (2) 正面投影 $d'c' \perp OZ$，水平投影 $dc \perp OY_H$，并反映实长

3. 投影面平行线

凡平行于某一投影面，同时倾斜于另两个投影面的直线，统称为投影面平行线。其中，平行于正立投影面的称为正平线，平行于水平投影面的称为水平线，平行于侧立投影面的称为侧平线。表 2-2 列出了各种投影面平行线的投影特性，其共同点可归纳为两条：

(1) 直线在其所平行的投影面上的投影，反映实长且反映与另两个投影面的真实夹角。按规定，直线与水平投影面（H 面）的夹角用 α 表示，与正立投影面（V 面）的夹角用 β 表示，与侧立投影面（W 面）的夹角用 γ 表示。

(2) 直线的其余两个投影，均为缩短了的直线且平行于相应的投影轴。

表 2-2 投影面平行线的投影特性

	正平线	水平线	侧平线
物体上平行线举例	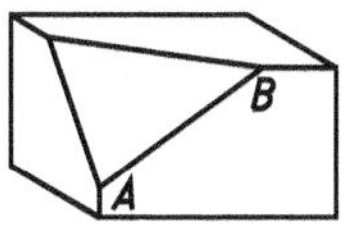	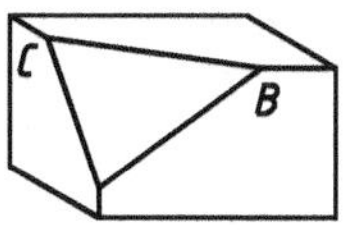	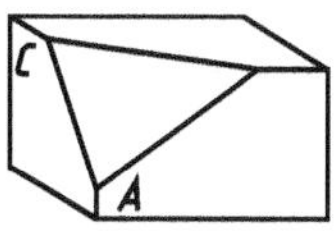
投影图	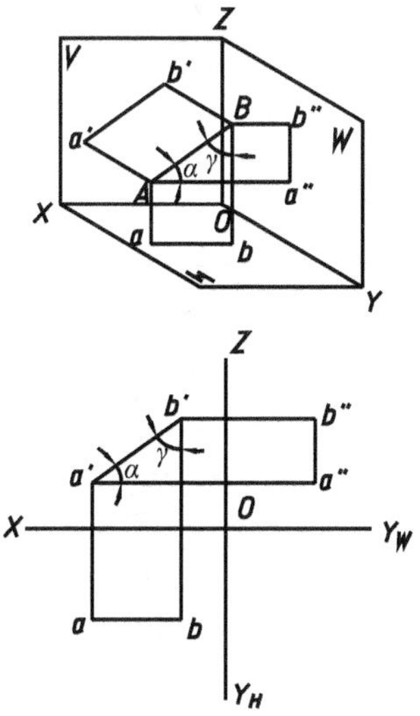	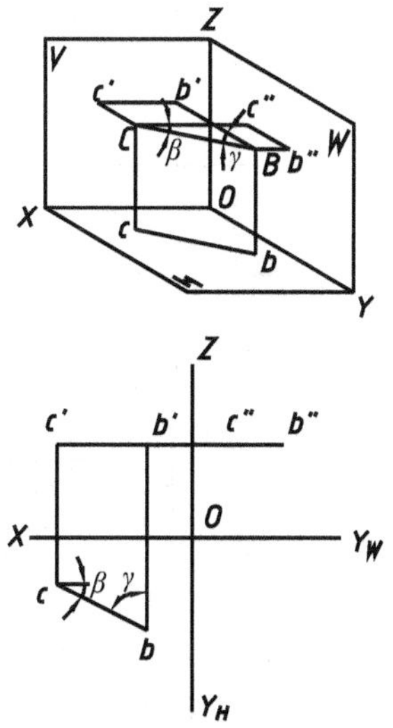	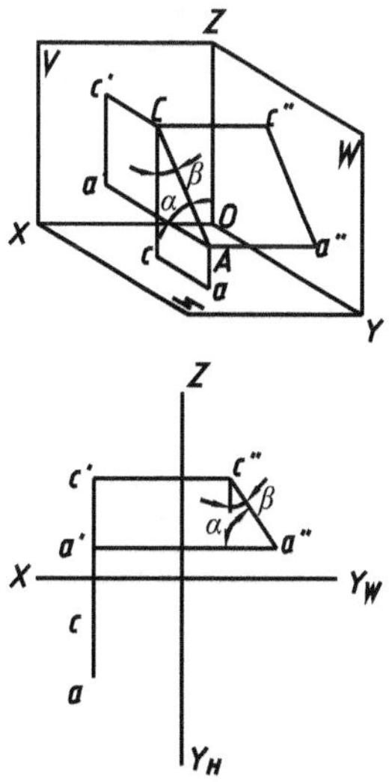
投影特性	(1) 正面投影 $a'b'$ 反映实长及其对 H 面的真实夹角 α，对 W 面的真实夹角 γ (2) 水平投影 ab∥OX 轴，侧面投影 $a''b''$∥OZ 轴	(1) 水平投影 cb 反映实长及其对 V 面的真实夹角 β，对 W 面的真实夹角 γ (2) 正面投影 $c'b'$∥OX 轴，侧面投影 $c''b''$∥OY_W 轴	(1) 侧面投影 $c''a''$ 反映实长及其对 H 面的真实夹角 α，对 V 面的真实夹角 β (2) 正面投影 $c'a'$∥OZ 轴，水平投影 ca∥OY_H 轴

> 知识拓展：空间平行的两条直线，其同面投影也必定互相平行。

2.2.3 平面的投影

在三投影面体系中，物体上的平面根据其相对于投影面的位置不同，同样可以分为三类：

（1）投影面垂直面——特殊位置平面；
（2）投影面平行面——特殊位置平面；
（3）投影面倾斜面——一般位置平面。

下面分别讨论它们的投影特性。

1. 投影面垂直面

凡垂直于一个投影面，而与另两个投影面倾斜的平面，统称为投影面垂直面。其中，垂直于正立投影面（V 面）的称为正垂面；垂直于水平投影面（H 面）的称为铅垂面；垂直于侧立投影面（W 面）的称为侧垂面。

表 2-3 列出了各种投影面垂直面的投影特性。

表 2-3 投影面垂直面的投影特性

	正垂面	铅垂面	侧垂面
物体上垂直面举例	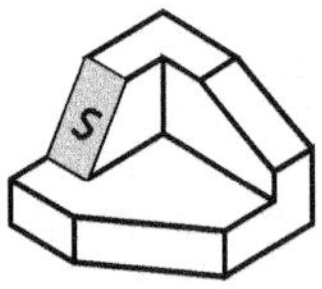	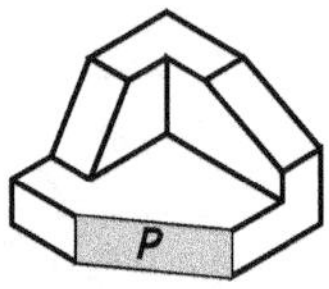	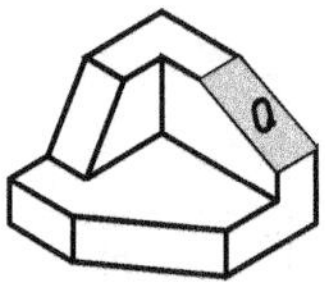
投影图	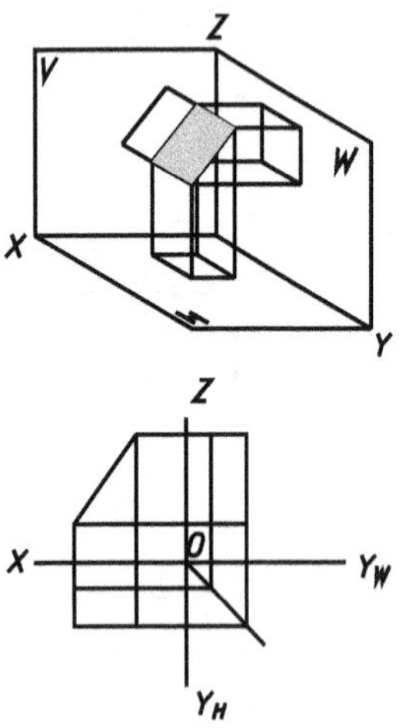	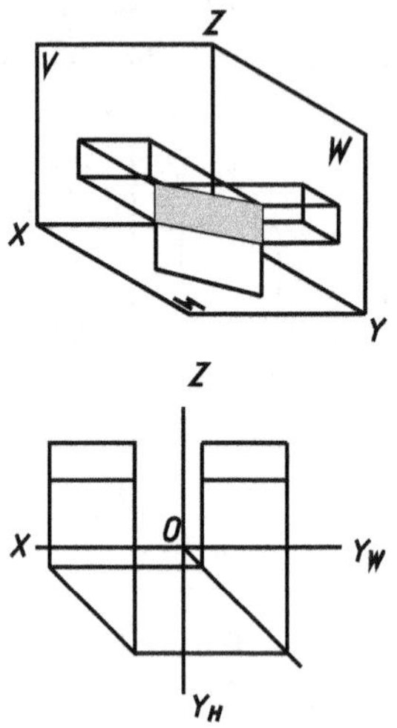	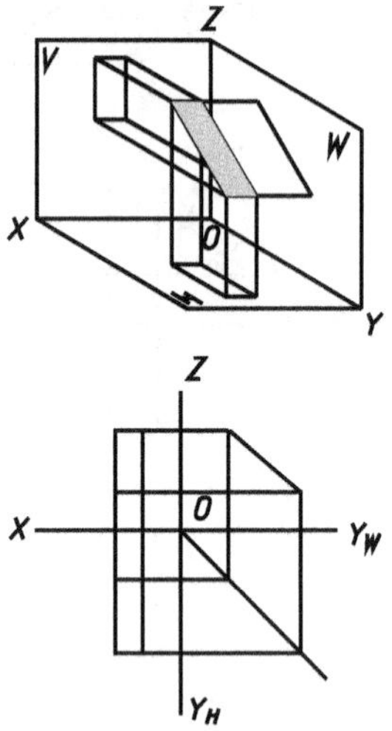
投影特性	(1) 正面投影积聚为一条直线，并反映其对 H 面的真实夹角 α，对 W 面的真实夹角 γ (2) 水平投影和侧面投影为缩小的类似形	(1) 水平投影积聚为一条直线，并反映其对 V 面的真实夹角 β，W 面的真实夹角 γ (2) 正面投影和侧面投影为缩小的类似形	(1) 侧面投影积聚为一条直线，并反映其对 H 面的真实夹角 α，对 V 面的真实夹角 β (2) 正面投影和水平投影为缩小的类似形

垂直面的投影特性可归纳为两点：

(1) 平面在所垂直的投影面上的投影，积聚成一条直线，该直线与两投影轴的夹角分别反映该平面与相应投影面的真实夹角。

(2) 平面的另两个投影面均为小于实形的类似形。

2. 投影面平行面

凡平行于一个投影面，同时垂直于另两个投影面的平面，统称为投影面平行面。其中，平行于正立投影面（V 面）的称为正平面；平行于水平投影面（H 面）的称为水平面；平行于侧立投影面(W 面)的称为侧平面。

表 2-4 列出了各种投影面平行面的投影特性。

表 2-4 投影面平行面的投影特性

	正平面	水平面	侧平面
物体上平行面举例			
投影图			
投影特性	(1) 正面投影反映 P 面的真实形状 (2) 水平投影积聚成一条线,且平行于 OX 轴;侧面投影积聚成一条线,平行于 OZ 轴	(1) 水平投影反映 Q 面的真实形状 (2) 正面投影积聚成一条线,且平行于 OX 轴;侧面投影积聚成一条线,平行于 OY_W 轴	(1) 侧面投影反映 R 面的真实形状 (2) 正面投影积聚成一条线,且平行于 OZ 轴;水平投影积聚成一条线,平行于 OY_H 轴

根据表 2-4,平行面的投影特性可归纳为两点:

(1) 平面在所平行的投影面上的投影,积聚成一条直线,反映该平面的实形。

(2) 平面的另两个投影均积聚成直线,且分别平行于相应的投影轴。

3. 投影面倾斜面

凡同时倾斜于三个投影面的平面,称为投影面倾斜面,如图 2-11(a)所示。由图 2-11(b)的投影图,可归纳其投影特性为三点:(1)三个投影均不反映平面实形;(2)三个投影均没有积聚性;(3)三个投影均为小于原形的类似形。

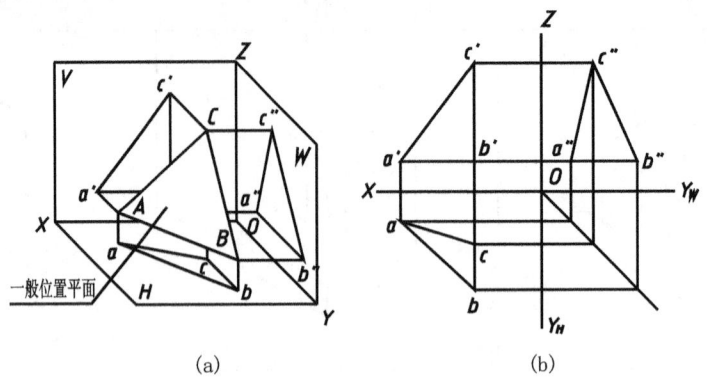

(a)　　　　　　　　(b)

图 2-11　投影面倾斜面

> 提示:点、线、面的投影是有规律可循的,要学会绘图和看图,必须反复训练由点、线、面的投影图即刻想象出它们的空间位置和形状的能力。只有这样才能把空间到平面和由平面返回空间两个过程有机地联系起来。

2.3　三视图的投影规律

2.3.1　三视图的形成

在掌握点、线、面正投影规律基础上,可进一步学习立体的投影。将立体向投影面投射所得到的图形称为视图。国家标准规定:由前向后投射在 V 投影面上所得的视图,称为主视图。由左向右投射在 W 投影面上所得的视图,称为左视图。由上向下投射在 H 投影面上所得的视图,称为俯视图。如图 2-12 所示,把物体在三面投影体系中进行投射时,可得到物体的主、俯、左三个视图。

为了在图纸上(一个平面)上画出三视图,规定 V 投影面不动,H 投影面绕 X 轴向下旋转 $90°$,W 投影面绕 Z 轴向右旋转 $90°$,如图 2-13 所示。在图样上通常只画出零件的视图,而投影面的边框和投影轴都省略不画,图 2-14 即为物体展开后的三视图。

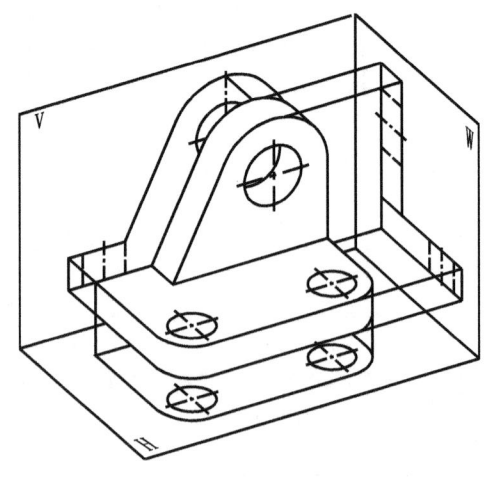

图 2-12　三视图的形成

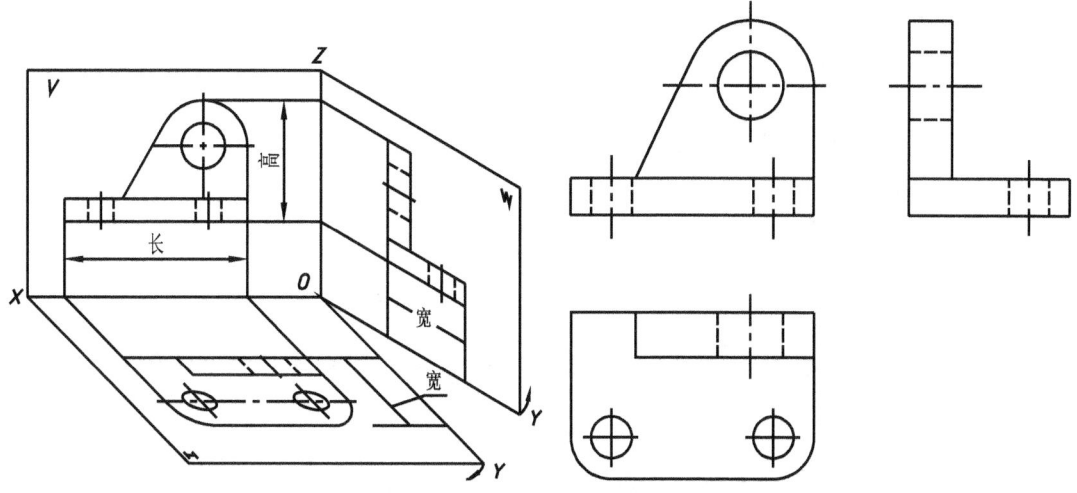

图 2-13 三视图的展开　　　　图 2-14 展开后的三视图

> 注意：应判别线的可见性，可以看见的线用粗实线绘制，不可见的线用虚线绘制。

2.3.2 三视图的投影规律

由三视图的形成和展开过程可知三视图反映了物体的长、宽、高三个方向的尺寸。规定 X,Y,Z 三个轴的方向依次为长度、宽度和高度方向。从图 2-15 可以看出：

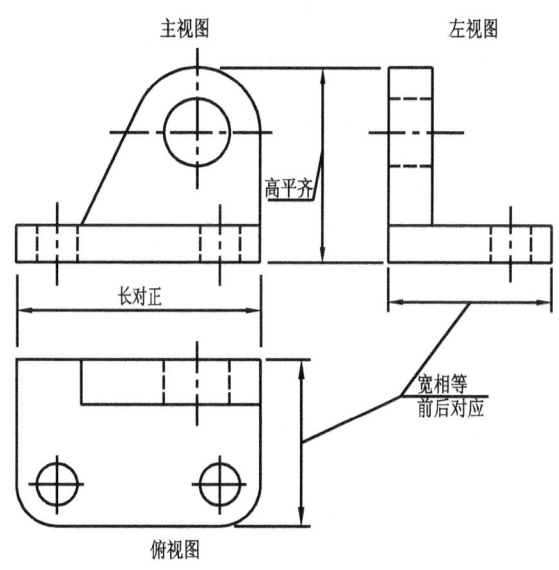

图 2-15 三视图的投影规律

主、后视图反映了物体的长和高；
俯、仰视图反映了物体的长和宽；
左、右视图反映了物体的高和宽；
物体的长度方向在主、俯视图中是一致的，物体的宽度方向在俯、左视图中是一致的，物体的高度方向在主、左视图中是一致的，三个视图之间的投影关系可概括为：

主、俯视图长对正；
主、左视图高平齐；
左、俯视图宽相等。

这就是三视图投影的"三等规律"。三等规律中尤其要注意左、俯视图宽相等规律的应用，因为这在视图上不像高平齐与长对正规律那样明显。

> 特别提醒："三等规律"是绘制工程图样的重要规律，用视图表达物体时，从局部到整体都必须遵循这一规律，所以务必熟练掌握、应用"三等规律"。

物体除有长、宽、高尺度外，还有同尺度紧密相关的上、下、左、右，前、后方位，如图 2-16 所示。

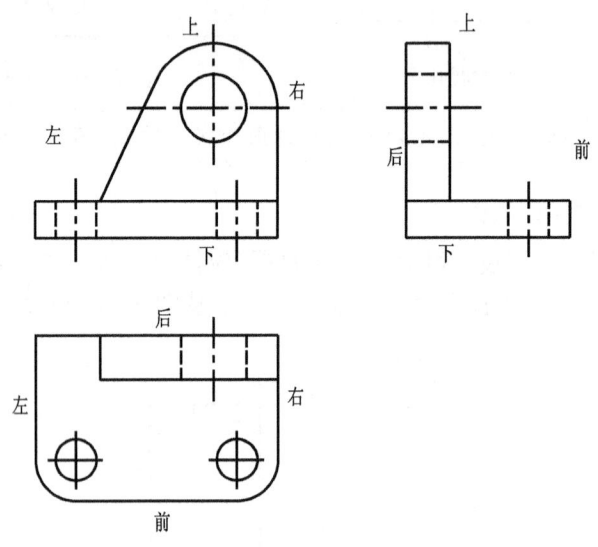

图 2-16 三视图的方位关系

主视图反映上、下、左、右的位置关系；
俯视图反映左、右、前、后的位置关系；
左视图反映上、下、前、后的位置关系。

[例] 画出如图 2-17 所示物体的三视图。

（1）分析

这个物体是在⌐形板的左端中部开了一个方槽，右边切去一角后形成的。

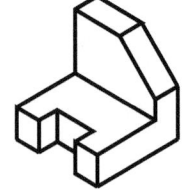

图 2-17 物体的直观图

（2）画图

根据分析得到画图步骤如下，参见图 2-18。

① 画⌐形板的三视图，见图 2-18(a)。先画反映⌐形板形状特征的主视图，然后根据"三等规律"画出俯、左两视图。

② 画左端方槽的三面投影，见图 2-18(b)。由于构成方槽的三个平面的水平投影都积聚成直线，反映了方槽的形状特征，所以应先画出水平投影。

③ 画前边切角的投影,见图 2-18(c)。由于被切角后形成的平面垂直于侧面,所以应先画出其侧面投影,根据侧面投影画水平投影时注意量取尺寸的起点和方向,以保证这两个投影之间前边切角满足宽相等的要求。

④ 擦去各视图间的联系线,按规定线型的粗细加粗,见图 2-18(d)。

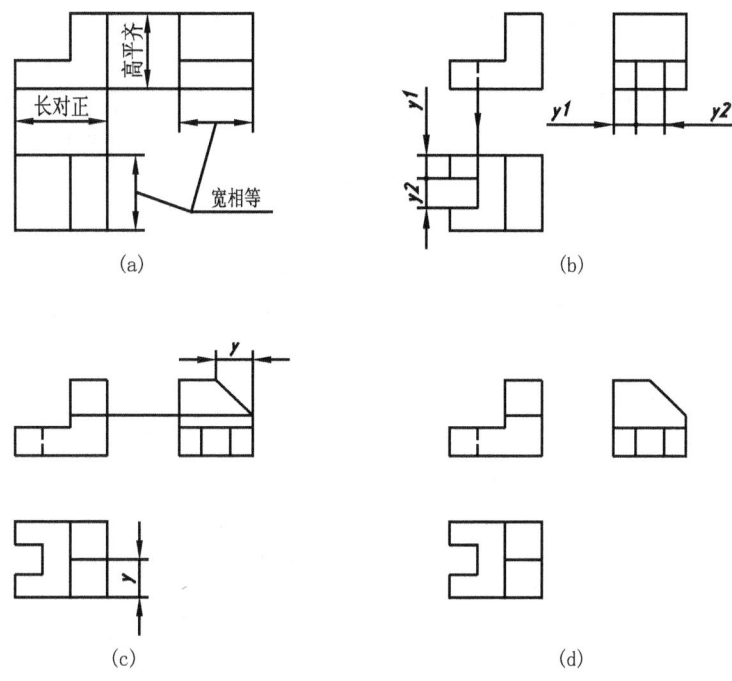

图 2-18 物体三视图的绘图步骤

> 思考:1. 三视图是如何形成的?什么是"三等规律"?
> 2. 圆柱的三视图是什么图形?

2.4 基本几何体的投影

在掌握前述点、线、面基本元素投影的基础上,我们可以进一步学习几何体的投影。

工程上常见的基本体,根据其构成面的性质,可以分成平面立体和曲面立体两类。平面立体按其结构特点,又可分成棱柱(主要是直棱柱)和棱锥(包括棱台);曲面立体由曲面或曲面和平面共同围成,工程上常见的曲面立体为回转体,如圆柱、圆锥、球和圆环等。如图 2-19 所示。

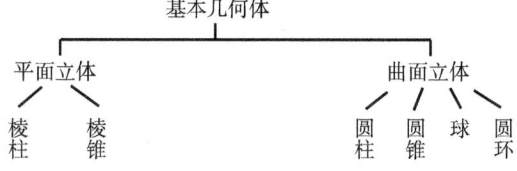

图 2-19 基本几何体的分类

2.4.1 平面立体的投影

由于平面立体的构成面都是平面,因此,平面立体的投影,可以看做是构成基本几何体的各个面按其相对位置投影的组合,也就是把组成立体的平面和棱线表示出来,然后判断其可见性即可。所以绘出棱线的投影是绘制平面立体的关键。

规定看得见的棱线的投影画成粗实线,看不见的棱线的投影画成虚线。

下面以图 2-20(a)所示三棱锥为例介绍平面立体投影图的绘制过程。

三棱锥由一个三角形底面 ABC 和三个三角形棱面围成。三棱锥的底面 ABC 为水平面,其水平投影反映实形;两个三角形棱面 SAB 和 SBC 都是一般位置平面,它们的投影都不反映其真实形状和大小,但都是小于对应棱面的三角形线框,投影是类似形。棱面 SAC 是侧垂面,其投影有积聚性。

作图:

(1) 先画出底面俯视图 abc;根据长对正画出主视图中底面的投影 $a'b'c'$(积聚为一条水平线),利用高平齐、宽相等画出底面的左视图 $a''b''c''$,如图 2-20(b)所示;

(2) 根据棱锥的高度定出锥顶 S 的投影位置;

(3) 在主、俯、左视图上分别用直线连接锥顶与底面三个顶点的投影,即得三条棱线 SA、SB、SC 的投影,如图 2-20(c)所示。

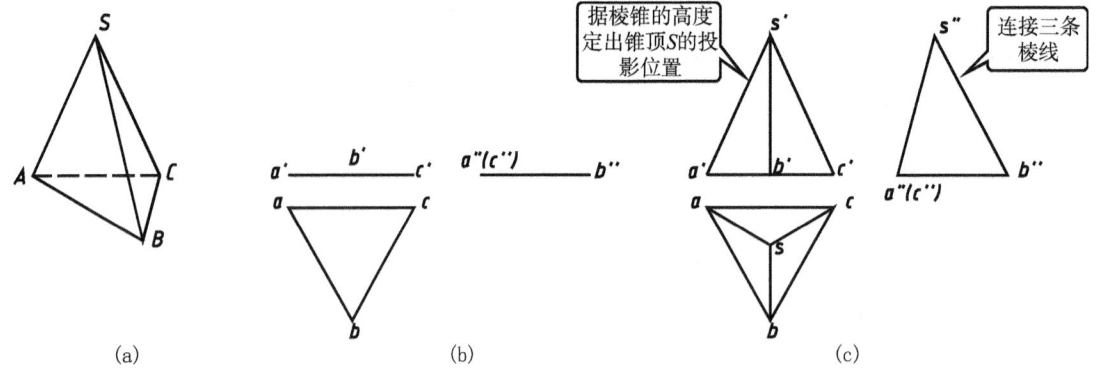

图 2-20 三棱锥及其投影

> 提示:
> (1) 画棱锥三视图时,一般先画底面的投影(因为它是水平面,具有实形性),再画出锥顶点的投影,然后连接各棱线并判断可见性。
> (2) 绘制平面立体的投影,关键在于绘出棱线的投影。

2.4.2 回转曲面的形成特点

回转曲面是由母线(直线或曲线)绕一轴线回转一周形成的曲面。母线在运动中的任一位置称为素线,常见的回转曲面有圆柱面、圆锥面、球面等。其中,圆柱面和圆锥面的母线是直线,球面的母线为圆弧,图 2-21 为三种常见回转曲面的形成过程。

与平面立体不同,回转曲面的表面是光滑无棱的,故在画回转曲面的投影图时,必须按不同的投影方向,把确定该曲面范围的轮廓素线画出,这种轮廓素线同时也是曲面在投影图

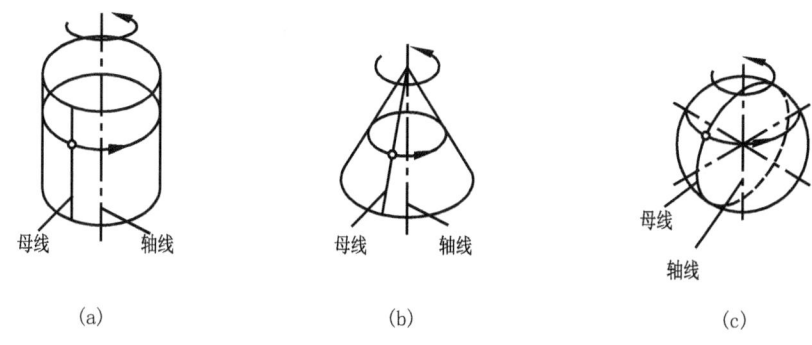

图 2-21 常见回转曲面的形成

上可见不可见的分界线,所以又称为转向轮廓素线。

下面讨论基本曲面投影特性及其作图方法。

2.4.3 圆柱面的投影

如图 2-22(a)所示,将圆柱面置于三投影面体系中,向各投影面进行投影,三面投影展开后如图 2-22(b)所示。

由于其轴线垂直于水平投影面,故圆柱面上所有平行轴线的素线也垂直于水平投影面,此时圆柱面的水平投影为一圆周,即圆柱面上所有点线的水平投影均积聚在该圆周上。

圆柱面的正面投影为一矩形,其中 $a'b'$ 和 $a_1'b_1'$ 分别为圆柱面顶圆和底圆的投影;AA_1 和 BB_1 分别为圆柱面最左和最右两根素线,$a'a_1'$ 和 $b'b_1'$ 分别为最左和最右两根素线的正面投影,即是圆柱面在正立投影面上的投影轮廓线;整个矩形表示前后半个圆柱面的投影,前半个可见,后半个与之重合,为不可见(不可见点的字母符号规定加括号表示),AA_1 和 BB_1 的侧面投影 $a''a_1''$ 和 $b''b_1''$ 与轴线侧面投影重合。

圆柱面的侧面投影亦为一矩形,但它的投影轮廓线 $c''c_1''$ 和 $d''d_1''$ 分别为圆柱面最前和最后两根素线,该矩形表示左右半个圆柱面的投影,左半个可见,右半个与之重合,为不可见,最前和最后两根素线的正面投影与轴线的正面投影重合。

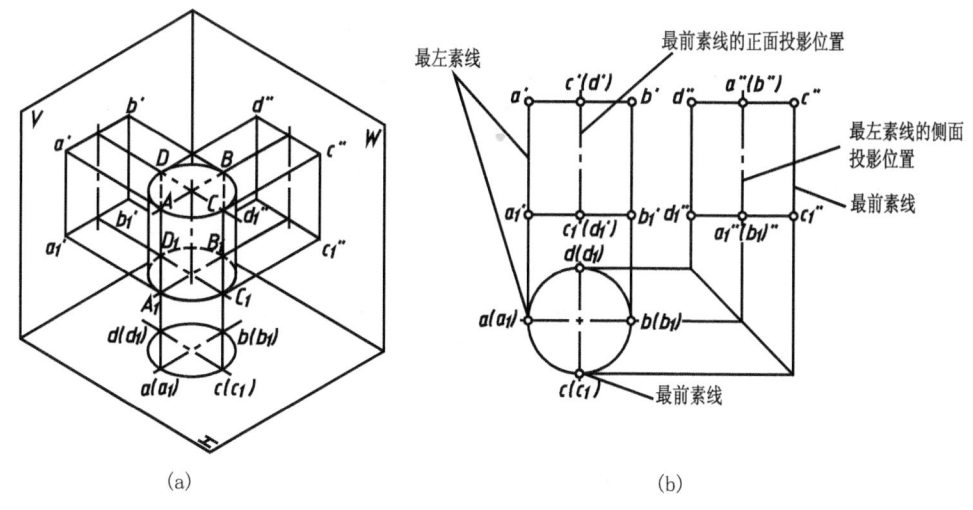

图 2-22 圆柱面的投影

在圆柱面顶部和底部各加上一圆平面所围成的形体,称为圆柱体,是工程物体中常见的形体。

> 提示:
> (1) 初学者容易将曲面中不同视图的外形轮廓线混淆,弄不清一个视图上的外形轮廓线在其他两个视图中的对应关系,以及它在曲面立体上的空间位置。要记住,特殊位置素线具有分界、转向的作用,在它平行的投影面上的投影反映实长或实形,并且成为视图中的某些轮廓线,掌握其投影特性对绘制曲面立体的投影非常重要。
> (2) 画圆柱的三视图时,应先在主、俯、左投影面上分别画出轴线、中心线,再画出投影为圆的视图(此处为俯视图),然后根据圆柱的高度画出其他两个视图。

2.4.4 圆锥面的投影

图2-23所示为一轴线垂直于水平面的圆锥面的投影图。它的正面投影为一等腰三角形,$s'a'$和$s'b'$是圆锥面最左和最右两条素线,即是圆锥面在正立投影面上的投影轮廓线;整个三角形表示前后半个圆锥面,其中后半个面与前半个面重合,且为不可见,最左和最右两条素线的侧面投影$s''a''$和$s''b''$与轴线侧面投影重合。圆锥面的侧面投影亦为一等腰三角形,$s''c''$和$s''d''$是圆锥面上最前和最后两条素线,即是圆锥面在侧立投影面上的投影轮廓线;整个三角形表示左右半个圆锥面,其中左半个面与右半个面重合,且为不可见,最前和最后两条素线的正面投影$s'c'$和$s'd'$与轴线的正面投影重合;水平投影为一个圆,但由于圆锥面无积聚性,此圆涵盖了整个圆锥面的投影。

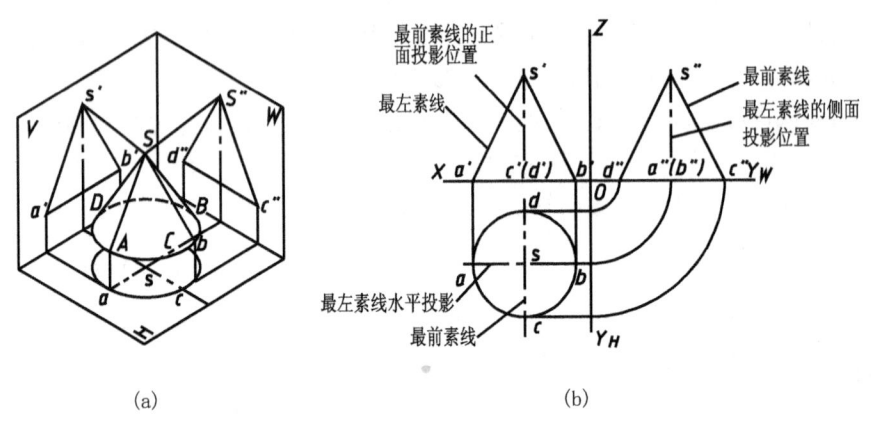

图2-23 圆锥面的投影

> 提示:画圆锥体三视图时,先画出各投影的中心线,再画底面圆的各投影,然后画出锥顶的投影和等腰三角形,完成圆锥的三视图。

2.4.5 圆球面的投影

圆球面在三投影面体系中的投影是三个直径相等的圆,见图2-24,但它们分别代表了圆球面在三个不同投影方向上的最大轮廓素线的投影。如水平投影,它的投影轮廓圆s是空间上下两半球面的分界圆,它的正面投影和侧面投影分别为过球心的水平线 s' 和 s''。正面投影的轮廓圆为空间前后两半球面的分界圆,侧面投影的轮廓圆为空间左右两半球面的分界圆,它们的对应投影位置请读者自行分析。

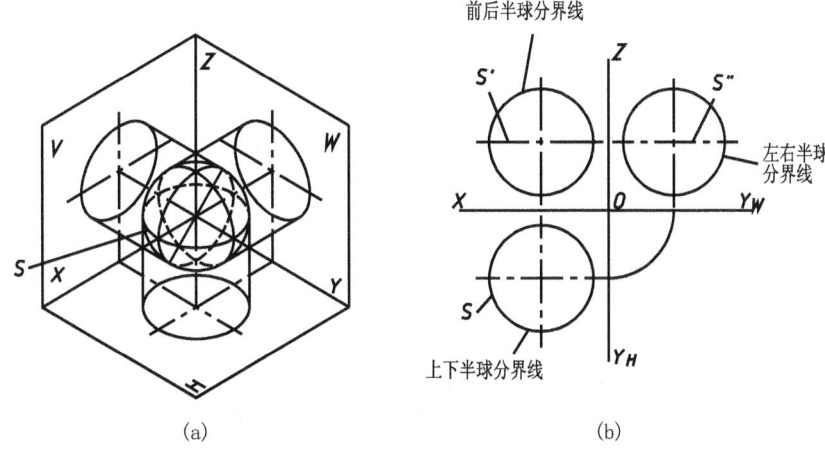

图 2-24 圆球面的投影

> **知识拓展**:球投影视图中主视图中的圆,是圆球面上平行于正面的素线圆的投影,其水平投影与横向中心线重合,其侧面投影与竖向中心线重合。
> **提示**:球的三视图作图方法,应首先画出中心线,以确定球心位置,也就是每个视图圆心的位置,其次画出三个直径相同的圆。

思考:要确定圆柱、圆锥或球的空间形状,是否一定需要主、俯、左三个视图?

2.4.6 曲面上点的投影

为了正确地表达曲面的形体,以及为后续组合体投影奠定基础,必须熟悉如何在曲面表面上求取点的投影。

1. 圆柱表面上点的投影

圆柱表面上的点必经过其上的一条素线,当圆柱面的轴线垂直于某一投影面时,则圆柱面在该投影面上的投影积聚为一个圆,利用这个特性就可以直接解决在圆柱面上取点的作图问题。

如图 2-25 所示,已知半圆柱表面上点 A 和点 B 的水平投影 a、b,可利用点的投影规律和圆柱面正面投影的积聚性先求出 a'、b',然后由已知两投影求得侧面投影 a''、b''。

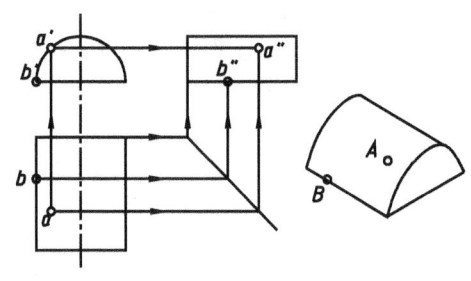

图 2-25 圆柱面上点的投影

2. 圆锥表面上点的投影

圆锥面的任一投影都没有积聚性,在其上作点的投影,要借助于辅助线,方法有以下两种:

(1) 素线法 如图 2-26(a)所示,在圆锥面上过点 K 及锥顶 S 作辅助素线 SA,见图

2-26(c),然后求出辅助素线 SA 的三个面的投影 sa、$s'a'$、$s''a''$,最后根据直线上点的从属性(见 2.2.2 节,空间点 K 在空间直线 SA 上,则其投影也必在 SA 的投影上)即可求出点 K 的各个投影。

(2) 纬圆法 在圆锥面上过点 K 作一纬圆,见图 2-26(c),该纬圆必垂直于圆锥面的轴线。先求出纬圆的三面投影,它在正视图上积聚为一水平直线,在俯视图上的投影为纬圆实形。然后根据纬圆上点的投影规律即可求出点 K 的三个投影。如图 2-26(b) 所示,如果已知点 K 的正面投影 k',则过 k' 作水平纬圆的正面投影,纬圆在水平面的投影具有实形性,点 K 水平投影 k 必定在纬圆的水平投影上,然后根据 k' 和 k 可求出点 K 的侧面投影 k''。

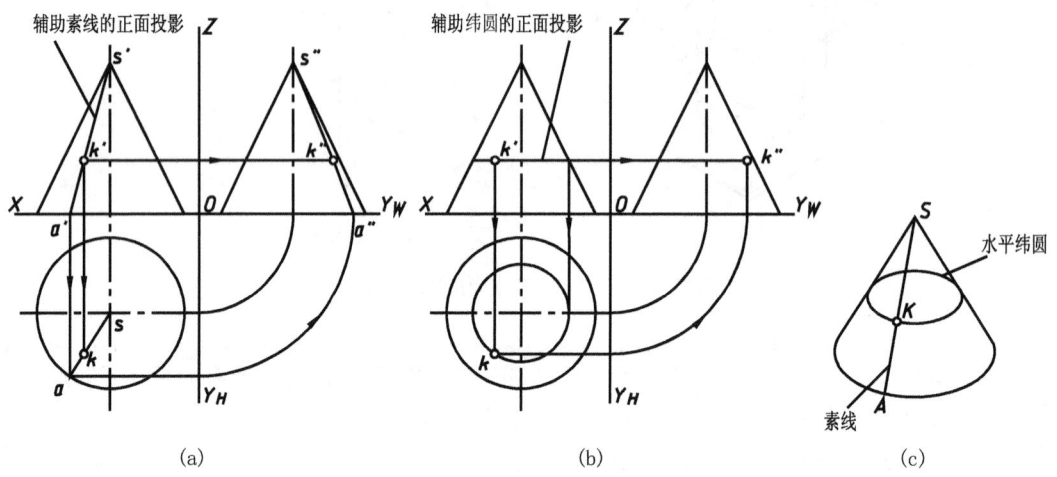

图 2-26 圆锥面上点的投影

3. 圆球表面上点的投影

圆球面的任何投影均没有积聚性,所以一般利用平行于投影面的纬圆作辅助线来求球面上点的投影。如图 2-27 所示,过球面上点 K 作一平行于侧面的纬圆,该圆在主视图和俯视图上的投影均为一水平线,左视图上为圆的实形。当求出纬圆的各个投影后,就能根据纬圆上点的投影规律求出点 K 的各个投影。由于球的特殊性,也可以用平行于正面或水平面的纬圆作辅助线来求点的投影,其结果完全一致,请读者自行分析和试做。

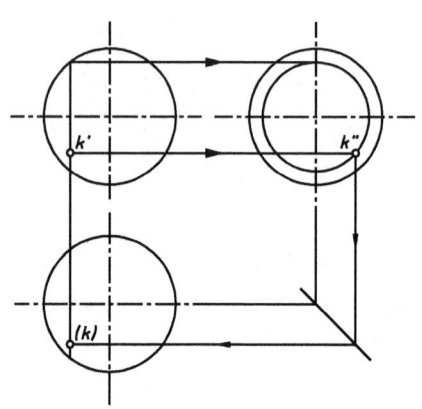

图 2-27 球面上点的投影

思考:如何绘制在平面立体上的点的投影?

知识拓展:
由于任何物体都可以看成是由若干几何形体组合而成,为了便于看懂图样,应该非常熟悉圆柱、圆锥、球的投影特征,包括熟悉圆柱、圆锥、球的不完整形体。如图 2-28 示出了一些常见的不完整曲面形体及其视图。

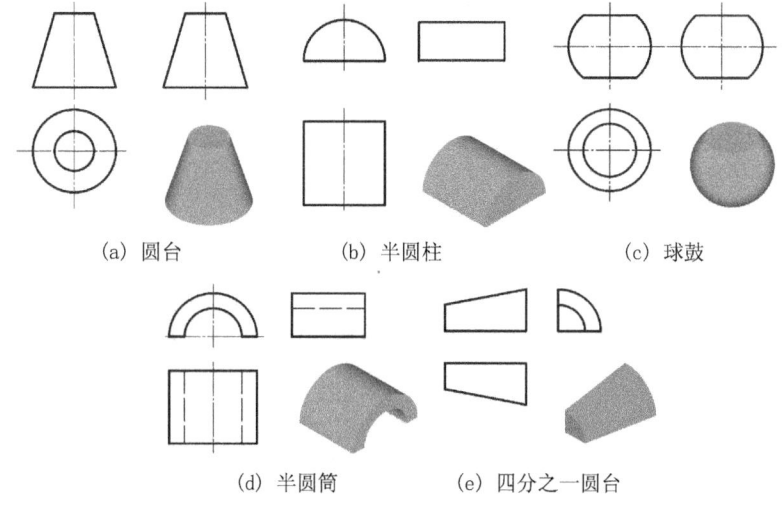

(a) 圆台　　　　(b) 半圆柱　　　　(c) 球鼓

(d) 半圆筒　　　(e) 四分之一圆台

图 2-28　常见的几种不完整曲面体

小结：本章介绍了空间几何要素及空间基本几何体的投影特点，是学习制图的理论基础，对工程图的绘制和识读具有重要意义。

关键概念：正投影的基本特性，点、线、面的投影规律、基本几何体的投影及三视图的形成及三等规律，在立体表面上取点的作图方法。

自　测　题

2-1　绘制工程图样时主要采用_____投影法绘图？

2-2　正投影法主要有哪些投影特性？用正投影法表示空间物体时，可以采用哪些基本视图？正投影的各个基本视图反映哪些投影规律？

2-3　三视图是如何形成的？其最重要的投影规律是什么？

2-4　对于一个点的水平投影和侧面投影，其相等的坐标是(　　)。

　　A. X 坐标　　　B. Z 坐标　　　C. Y 坐标　　　D. Y 和 Z 坐标

2-5　已知点 $A(15,10,20)$，点 B 在点 A 之左 10，后 10，下 5mm，求直线 AB 的三面投影(题图 2-5)。

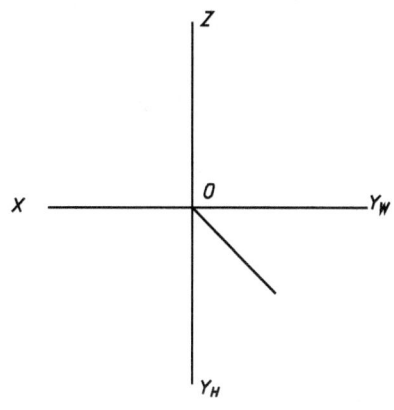

题图 2-5

2-6 已知点 A、B、C 的两个投影，求出其第三投影（题图 2-6）。

2-7 已知直线 GH 为铅垂线，长为 20 mm，求作直线 GH 的三面投影（题图 2-7）。

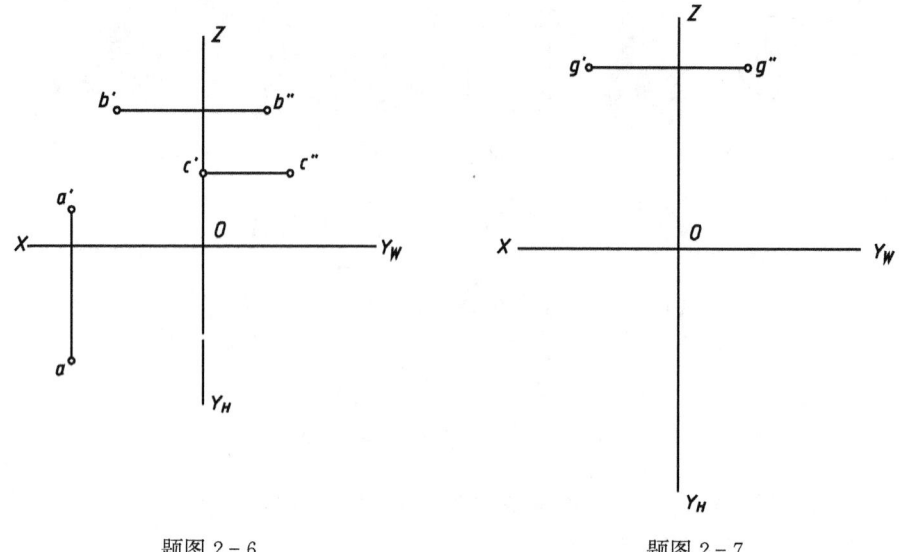

题图 2-6　　　　　　　　　　题图 2-7

2-8 根据立体图画三视图（题图 2-8）。

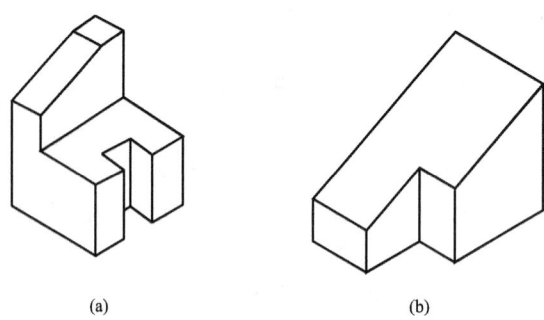

题图 2-8

2-9 画出题图 2-9 所示物体的三个视图，并分析它们的异同。

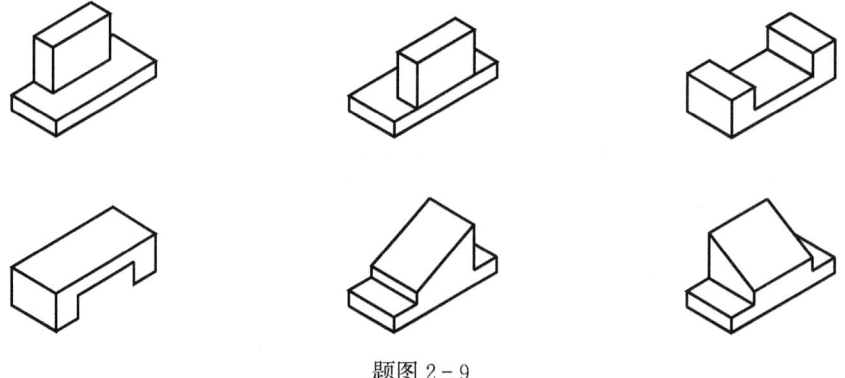

题图 2-9

2-10 已知题图 2-10 各组视图,分别想象出它们的形状,并补画出它们的左视图。

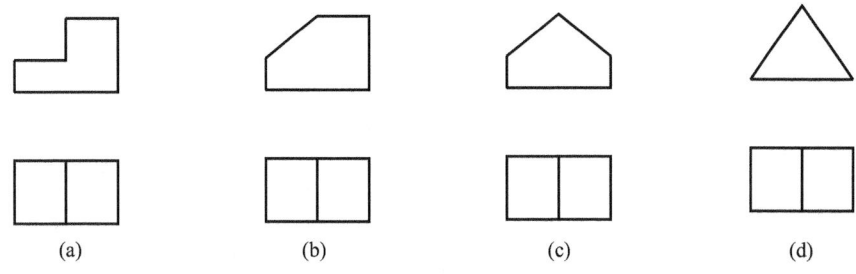

题图 2-10

2-11 求作题图 2-11 立体表面上点 A、B、C 的其余两个投影以及右图中线 AB、点 C 的其余两个投影。

2-12 求作题图 2-12 立体表面上点 A、B、C 的其余两个投影。

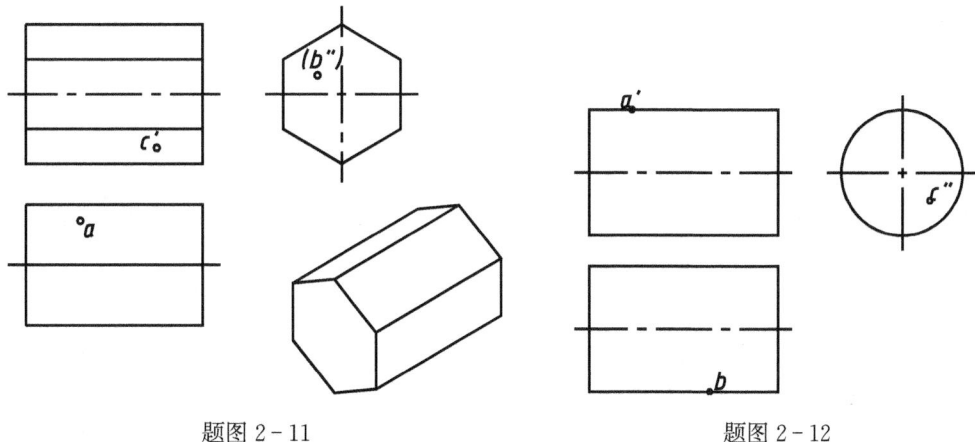

题图 2-11　　　　　　　　　　题图 2-12

2-13 已知题图 2-13 曲面立体的主、俯两个投影,试画出其侧面投影。

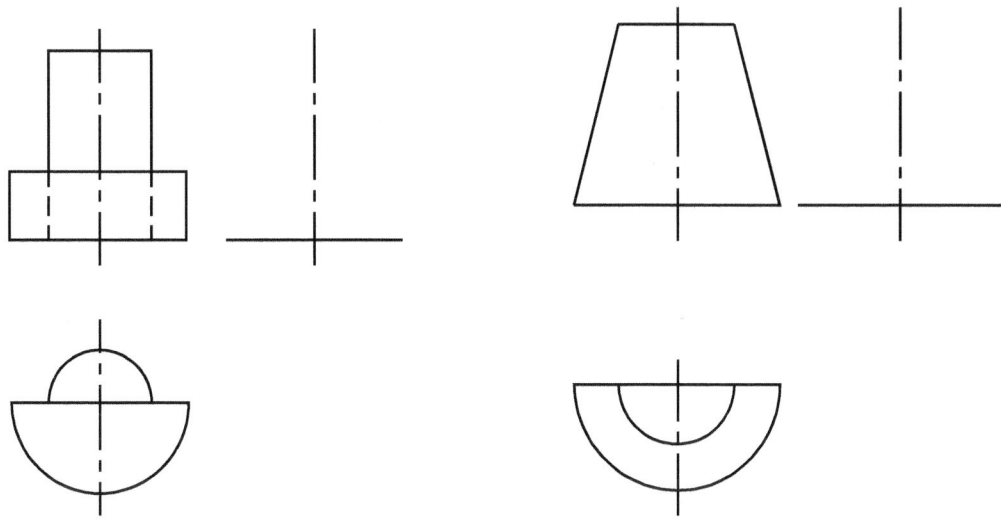

题图 2-13

2-14　求作题图2-14立体的俯视图及表面上点 A、B 的其余投影。

2-15　求作题图2-15立体的左视图及表面上点 A、B 的其余投影。

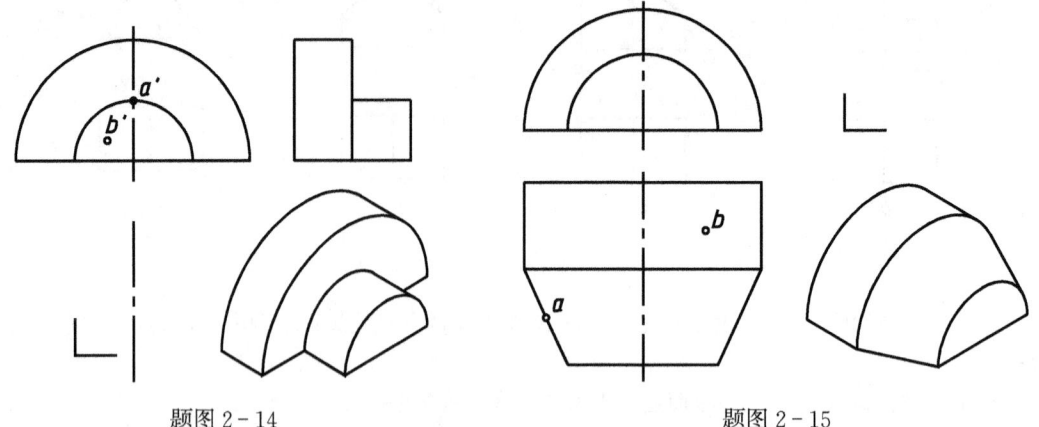

题图 2-14　　　　　　　　　题图 2-15

3 组合体视图的绘制及阅读

本章概要 主要介绍组合体视图的绘制和阅读,特别是切割几何体和叠加式组合体的视图表达,其中截交线和相贯线的作图过程、组合体的尺寸标注、应用形体分析法阅读组合体视图是本章的重点和难点。

> **学习目标:**
> (1)熟悉基本几何体、切割几何体、叠加式几何体的投影特性。
> (2)了解截交线、相贯线的作图方法。
> (3)掌握组合体三视图的绘制及尺寸标注。
> (4)能熟练应用形体分析法读懂较复杂的组合体三视图,进一步提高空间思维能力。

机器零件的形状无论多么复杂,都可以看成是由若干个基本体按不同方式组合而成的立体,如图3-1所示的组合体。

形体按组合方式的不同可分为两大类型。一类是由基本形体被平面切割形成的切割几何体,另一类是由多个单一形体通过各种方式的叠加组合而成的组合形体。形体被切割时会产生截交线,叠加时则可能会形成相贯线,这无疑增加了绘制和阅读组合体图形的难度。下面分别介绍这两类组合体的视图表达。

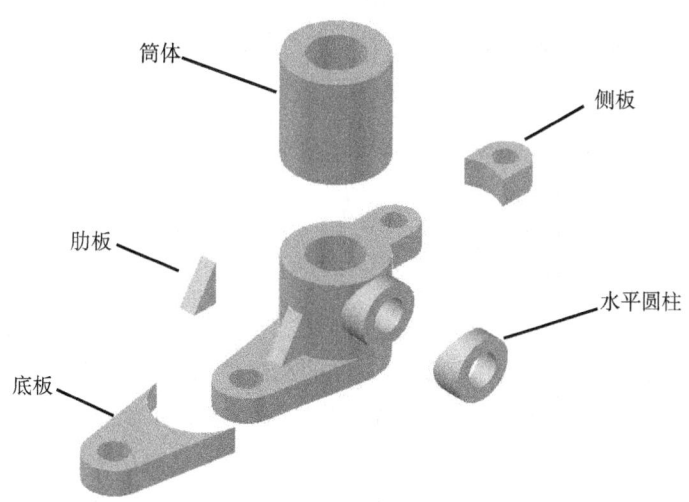

图3-1 组合体的形成

3.1 切割几何体的视图表达

工程上的许多机器零件为了完成其一定的功能或满足加工工艺的要求,常具有挖切形式的形体结构,形体经挖切后变为带有缺角、斜面、沟槽等结构的复杂平面形体,它们可以看做是完整的简单立体被一个或多个平面切割而成的切割体。如图3-2所示的机件,是从一个基本立体(方块)左上方挖去一斜块,中间上方挖去一圆柱孔,中间下方挖去一个小圆柱孔,下方前后各挖去一个长方条,故称为切割式组合体。

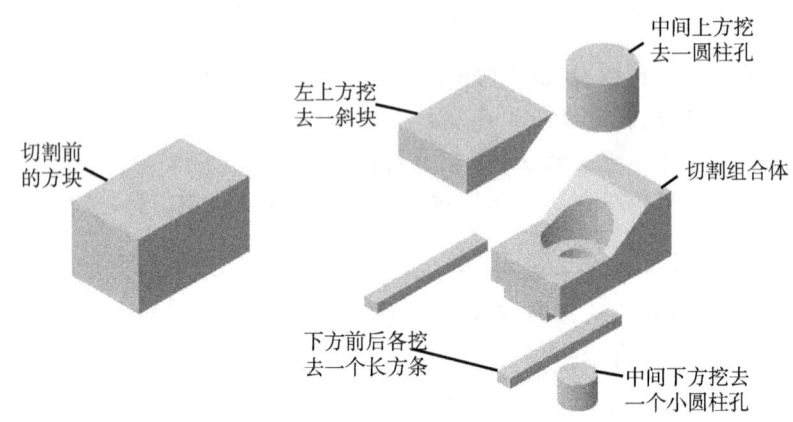

图 3-2 切割组合体的形成

立体被平面切割时的切割平面称为截平面,截平面与立体表面产生的交线称为截交线。绘制切割体的投影必须先研究截交线的绘制方法。

被切割的基本立体可以划分为平面立体和曲面回转体,下面分别介绍这两种立体被切割后产生的截交线的绘制方法。

> 提示:对切割体的表达可聚焦成为平面与立体相交问题,也就是截交线的求解问题。

3.1.1 平面与平面立体截切

平面与平面立体截切所产生的交线,也就是截交线,是一封闭的多边形,多边形的形状和边数取决于平面立体的形状和截平面与立体的相对位置。通常截交线的顶点,就是截平面与平面立体上棱线的交点;截交线本身就是截平面与平面立体表面的交线。因此求平面立体的截交线实质是求这些交点和交线的问题。

下面以缺口三棱锥为例分析平面立体截交线的求解过程。

[例] 试补全图3-3所示缺口三棱锥的俯视图和左视图。

解:

三棱锥为平面立体,绘制其投影时只要绘出其棱线的投影即可。现在需解决的问题是,该三棱锥上缺口的投影如何绘制?

三棱锥上的缺口可看成由一个水平面 DEF 与一个正垂面 GEF 切割三棱锥而形成的。截平面与三棱锥棱线的交点为 D、G，它们在直线 SA 上，见图 3-4，据直线上点的从属性，可画出 D、G 的三面投影。E、F 两个点的投影可根据直线的平行性求得。由于水平截平面 DEF 平行于底面 ABC，水平面 DEF 与前棱面的交线 DE 必平行于底边 AB，水平面 DEF 与后棱面的交线 DF 必平行于底边 AC，根据空间平行的直线其同面投影也必定平行的投影特点（见 2.2.2 节），水平投影上有 de∥ab，df∥ac，据点的投影规律可求出它们的侧面投影。正垂截平面 GEF 分别与前、后棱面交于直线 GE、GF。由于这两个截平面均垂直于正面，所以它们的交线 EF 一定是正垂线，据正垂线的投影特点（见 2.2.2 节）画出 EF 的水平投影和侧面投影。只要画出这些交线的投影，即完成了该缺口的投影。

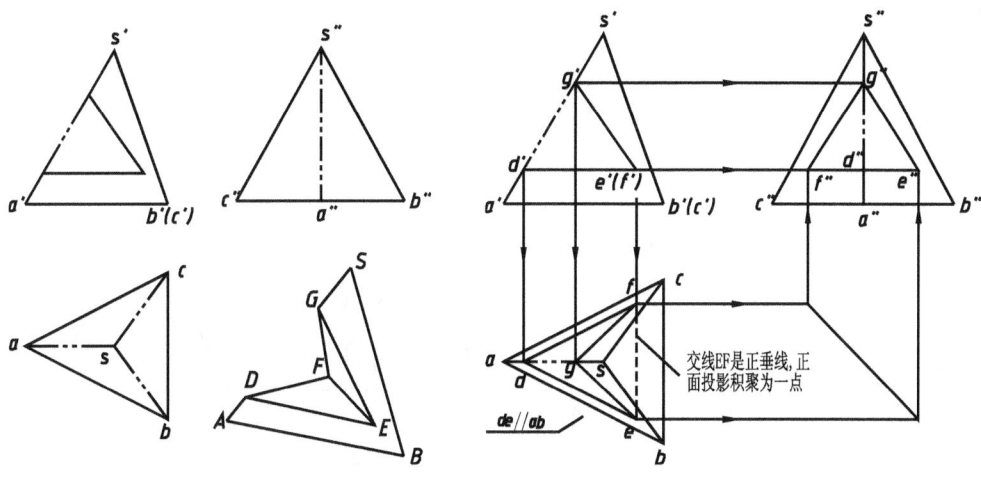

图 3-3 缺口三棱锥　　　　图 3-4 分析缺口三棱锥截交线求解过程

具体作图过程见表 3-1。

表 3-1 缺口三棱锥截交线的作图过程

作图步骤	图　例
（1）因为两个截平面都垂直于正面，所以截交线的正面投影 $d'e'$、$d'f'$ 和 $g'e'$、$g'f'$ 都分别重合在它们有积聚性的正面投影上，$e'f'$ 则位于两截平面相交处，为正垂线，故在主视图中积聚为一点	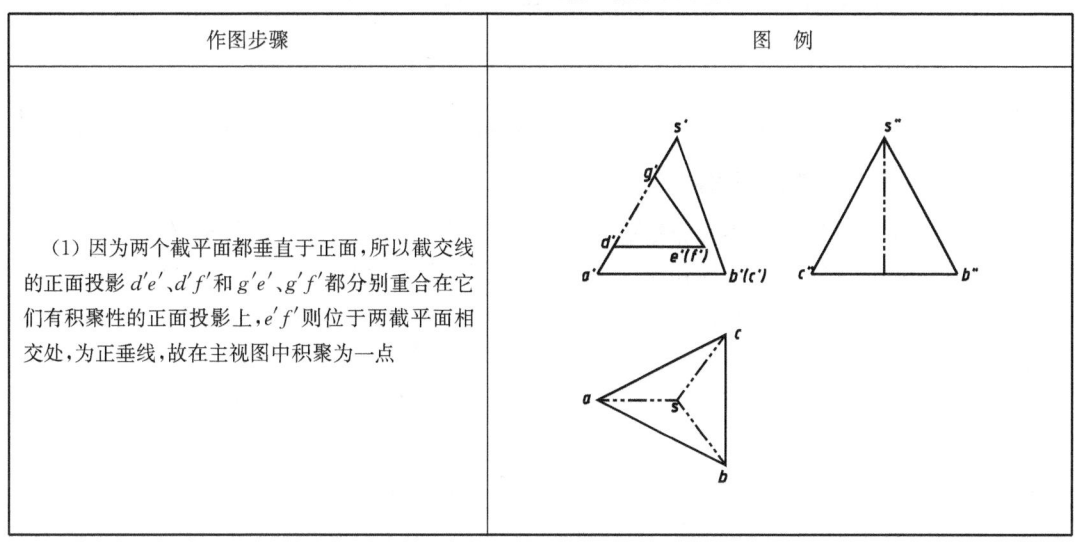

作图步骤	图 例
(2) 交点 D、G 在直线 SA 上，根据直线上点的从属性，可由正面投影 d'、g' 求出水平投影 d、g 和侧面投影 d''、g''；根据空间两平行直线的投影特性，在水平投影面由 d 分别作 ab 和 ac 底边的平行线为辅助线，根据点的投影特性，由正面投影 e'、f' 在辅助线上求出 e、f，再由正面投影 $d'e'$ 和水平投影 de 作出侧面 $d''e''$，同理，由 $d'f'$、df 作出 $d''f''$；将处于同一棱面上的点 G、E 和 G、F 的水平投影和侧面投影相连，见右图	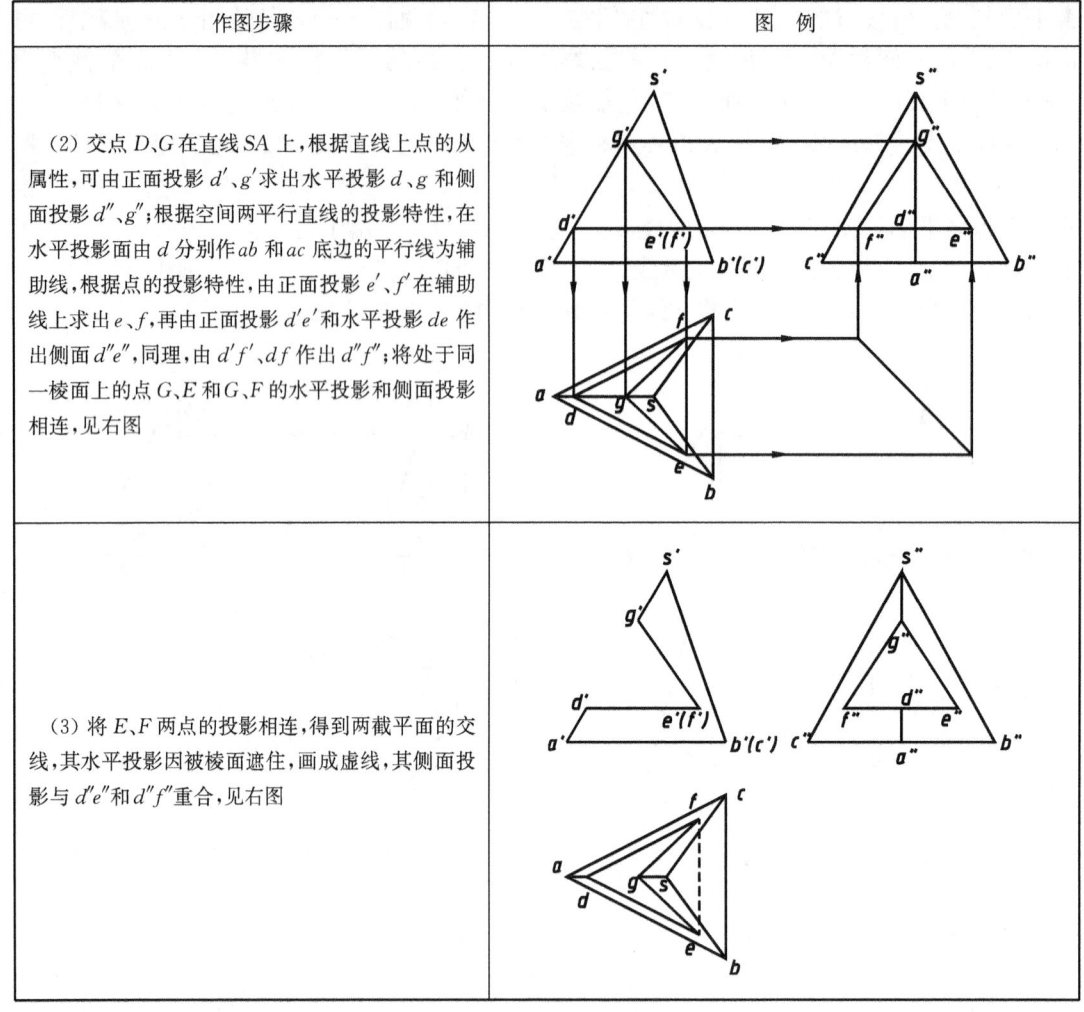
(3) 将 E、F 两点的投影相连，得到两截平面的交线，其水平投影因被棱面遮住，画成虚线，其侧面投影与 $d''e''$ 和 $d''f''$ 重合，见右图	

> 提示：求截交线首先要找出截平面与平面立体棱线的交点，再根据投影关系求出交线。

3.1.2 平面与回转体表面截切

当平面截切回转曲面立体时，截交线的形状取决于两个因素，一是回转体自身的形状，二是截平面与回转体轴线的相对位置。当回转体的形状和截平面与回转体轴线的相对位置不同时，产生的截交线也不同，正因为截交线的形状变数很多，才使得截交线一直是绘制截切立体投影图的一个难点。

求截交线的过程可归结为先求出截平面和回转体表面截交线上的若干个点，然后依次光滑地连接成平面曲线。为了确切地表示截交线，首先必须应用表面取点法求出截交线上的某些特殊点，如回转体转向轮廓线上的点以及截交线的最高点、最低点、最左点、最右点、最前点和最后点等，然后再求其他一般的点。

下面对常见的圆柱、圆锥、球这几种简单回转曲面的截交线进行分析。

1. 圆柱表面的截交线

由于平面对圆柱的相对位置有三种情况,如垂直于轴线、平行于轴线、倾斜于轴线,因而平面与圆柱表面的截交线可归纳成三种形状,即圆、矩形、椭圆,见表 3-2。

表 3-2 平面与圆柱的交线

截平面位置	垂直于轴线	平行于轴线	倾斜于轴线
轴测图			
投影图			
截交线形状	圆	矩形	椭圆

[例] 图 3-5 所示为圆柱被倾斜于轴线的正平面截切,试画出圆柱面的截交线。

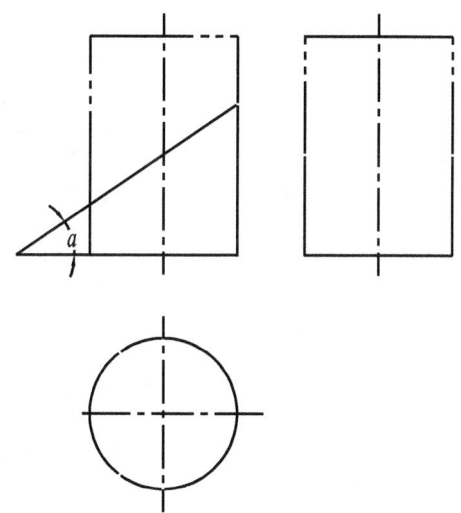

图 3-5 平面截切圆柱面的截交线

解:

图 3-5 所示截头圆柱,可分析为由一平面斜截圆柱而形成。由表 3-2 可知,截平面倾斜于轴线,截交线为椭圆(仅当 $a=45°$ 时为圆)。由于截平面 P 为正垂面,正面投影积聚为一直线,因此该平面与圆柱表面截交线的正面投影与 P 投影重合,截交线正面投影为已知;截交线的水平投影由于圆柱积聚性重合在圆上,形状也为已知;侧面投影为椭圆,形状未知,需

要求解。因此圆柱截交线可归结为已知曲线的两面投影求第三面投影的问题。可利用圆柱表面取点的方法(见2.4.6节),求得若干点的投影后光滑连接即可。

作图步骤见表3-3。

表3-3　平面截切圆柱面的截交线作图步骤

作图步骤	图　例
(1) 从已知的正面投影和水平投影入手,将截交线分解为若干点。其中Ⅰ、Ⅱ是截交线上最低点和最高点,亦是最左点和最右点;Ⅲ、Ⅳ分别位于圆柱表面最前、最后转向素线上,也是最前点和最后点,见右图。这些特殊点应优先确定,以保证所作截交线的主要形状特征	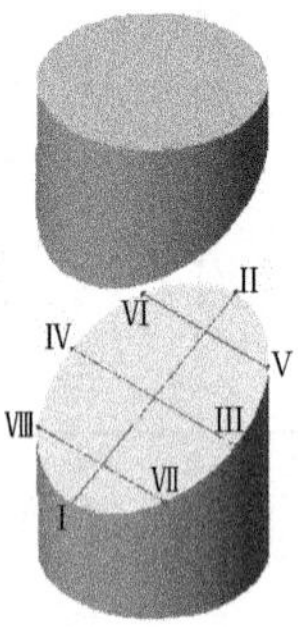
(2) 求出各点的未知投影。其中Ⅰ、Ⅱ、Ⅲ、Ⅳ点因在特殊位置上可利用投影关系直接求出其侧面和水平投影,见右图	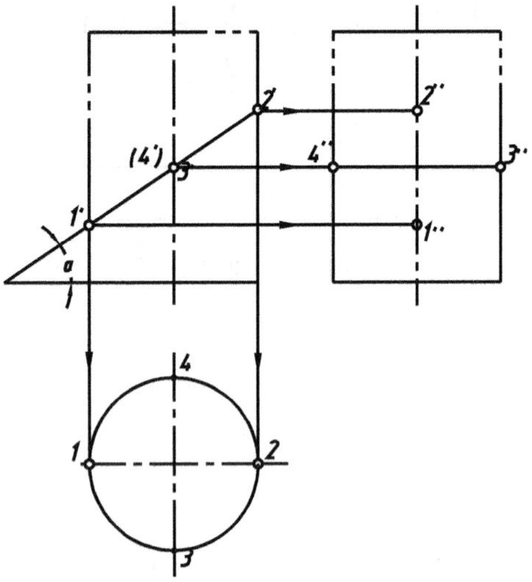
(3) 求一般点,以保证所作截交线的准确性。Ⅴ、Ⅵ、Ⅶ、Ⅷ点为一般点,这四点的正面投影已知,可通过圆柱表面取点的方法先求出其水平投影,再利用宽相等求出侧面投影	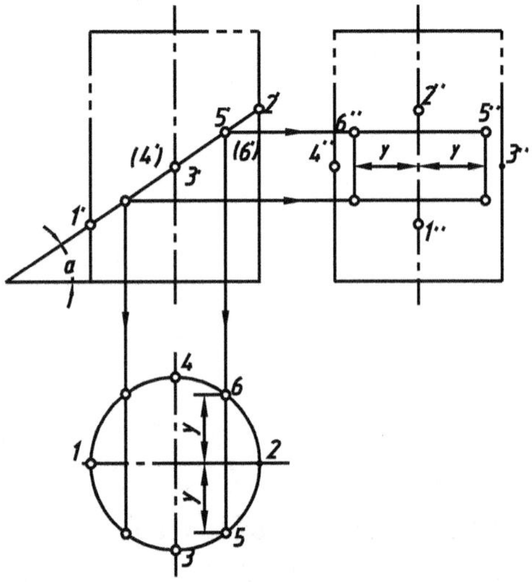

续 表

作图步骤	图 例
(4) 用曲线板顺次光滑连接各点的同面投影,即为所求的截交线	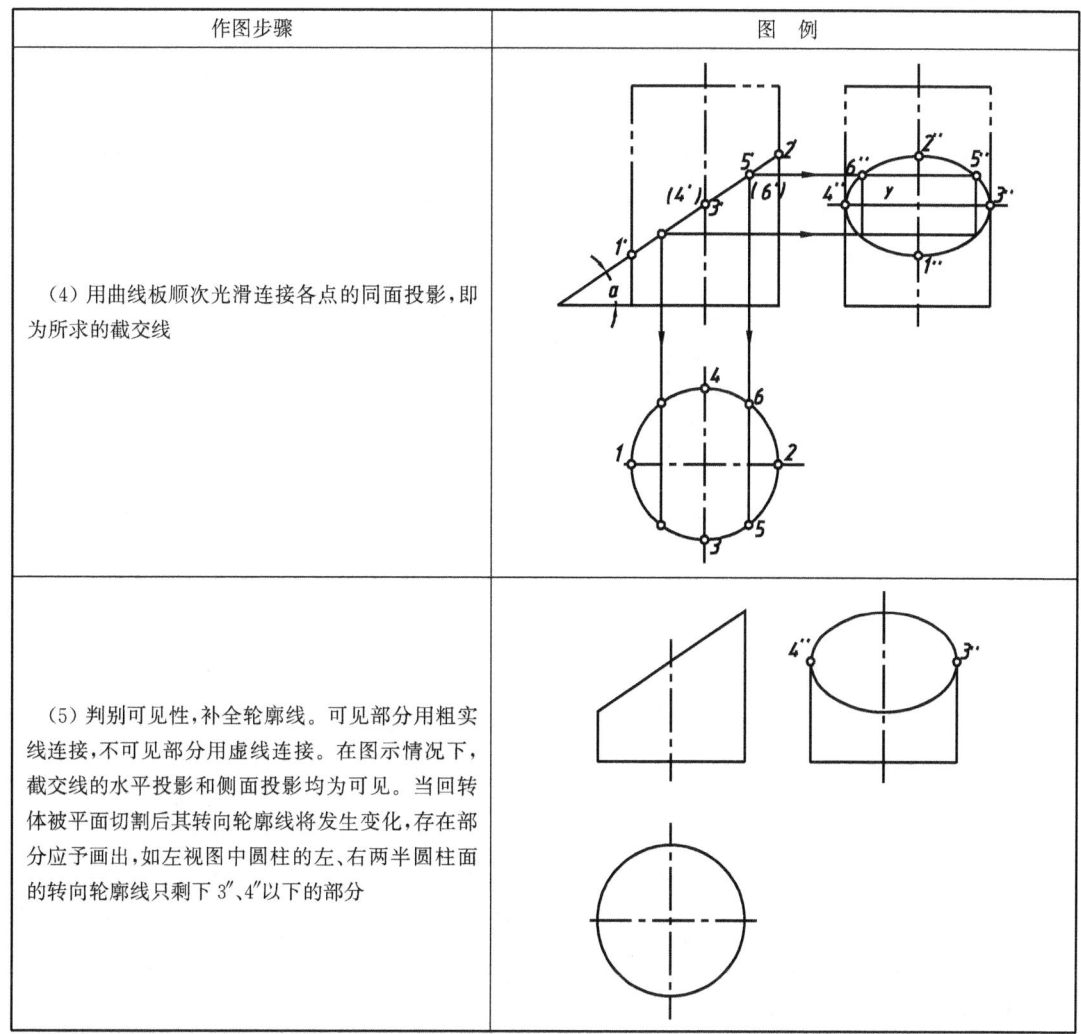
(5) 判别可见性,补全轮廓线。可见部分用粗实线连接,不可见部分用虚线连接。在图示情况下,截交线的水平投影和侧面投影均为可见。当回转体被平面切割后其转向轮廓线将发生变化,存在部分应予画出,如左图中圆柱的左、右两半圆柱面的转向轮廓线只剩下 3″、4″ 以下的部分	

以上的解题步骤也是求回转体截交线投影的一般步骤。当截交线所占范围较小或其上特殊点较多时,也可省略一般点。

[例] 试完成图 3-6(a)开槽圆柱的左视图。

解:

该圆柱上方中部开方形槽,下部左右对称被切。截平面可分为侧平面和水平面两种。侧平面对称且平行于圆筒的轴线,它们与圆柱表面的截交线均是直线。在主视图和俯视图中,侧截平面积聚为直线,在左视图投影中,侧平面为矩形且反映实形。水平面截平面与圆柱表面的截交线是与圆筒外径相同的部分圆周。在主视图和左视图中积聚为直线(被圆柱面遮住的一段不可见,应画成虚线)。在俯视图中,水平面为带圆弧的平面图形,且反映实形。

作图步骤:

以左上部截平面为例说明具体截交线的求法。

(1) 在主视图上找出截平面矩形上的四个角点Ⅰ、Ⅱ、Ⅲ、Ⅳ的投影。

(2) 从主视图作垂直 x 轴垂线、与圆柱的俯视图积聚圆相交的四个点即Ⅰ、Ⅱ、Ⅲ、Ⅳ的水平投影 1、2、3、4。

(3) 由主视图上作 z 轴垂线,并由俯、左视图之间 45°平分线取得各点的 y 坐标,可确定各点在左视图上的投影 1″、2″、3″、4″。

(4) 根据截平面的性质连接各点,加粗轮廓线,被开槽切除的部分圆柱没有转向轮廓线。

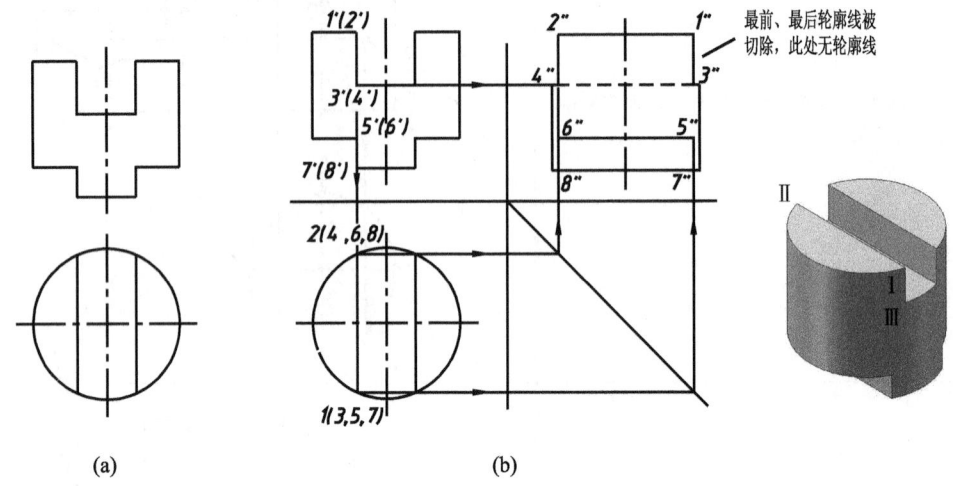

图 3-6 求开槽圆柱的左视图

> **注意**:圆柱上方中部切槽后,左视图最前、最后轮廓线被切除了,所以左视图上方没有最前、最后轮廓线。

> **思考**:请分析圆柱下方截平面产生的截交线形状和作图过程。

2. 圆锥表面的截交线

当平面与圆锥相交时,由于截平面对圆锥的相对位置不同,其截交线可能是圆、椭圆、抛物线或双曲线;当截切平面通过圆锥顶点时,其截交线为过锥顶的两直线,见表 3-4。

表 3-4 平面与圆锥的交线

截面位置	垂直于轴线	与所有素线相交	平行于一条素线	平行于轴线	过锥顶
截交线	圆	椭圆	抛物线	双曲线	相交二直线
轴测图					

续　表

截面位置	垂直于轴线	与所有素线相交	平行于一条素线	平行于轴线	过锥顶
投影图	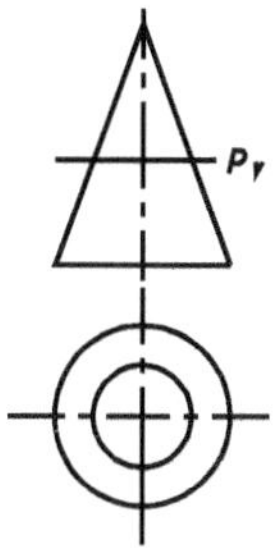	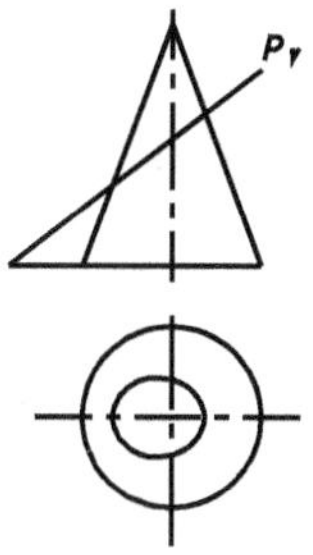	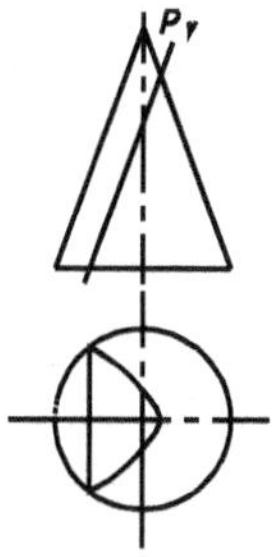	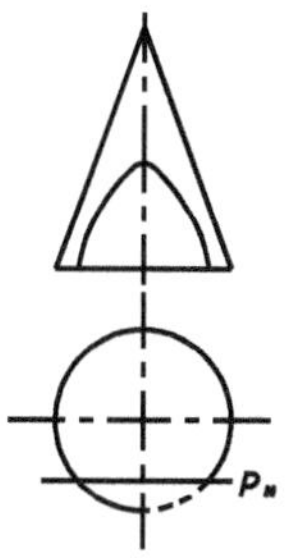	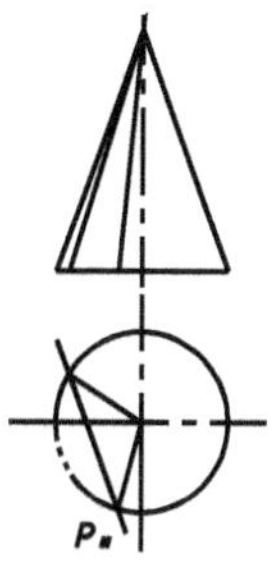

3. 球表面的截交线

平面与圆球相交,不论平面与圆球的相对位置如何,其截交线都是圆,见表3-5。但由于截切平面对投影面的相对位置不同,所得截交线(圆)的投影不同。例如,当圆球被水平面截切,所得截交线为水平圆,该圆的正面投影和侧面投影重影成一条直线,该直线的长度等于所截水平圆的直径,其水平投影反映该圆实形。截切平面距球心愈近,截交圆的直径愈大;如果截切平面为投影面的垂直面,则截交线的两个投影是椭圆。

表3-5　平面与球的交线

截平面位置	投影面平行面	投影面垂直面
截交线形状	圆	圆
立体图	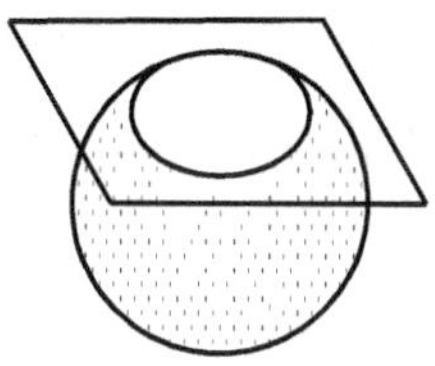	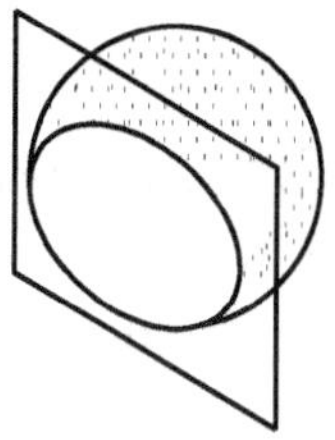
投影图	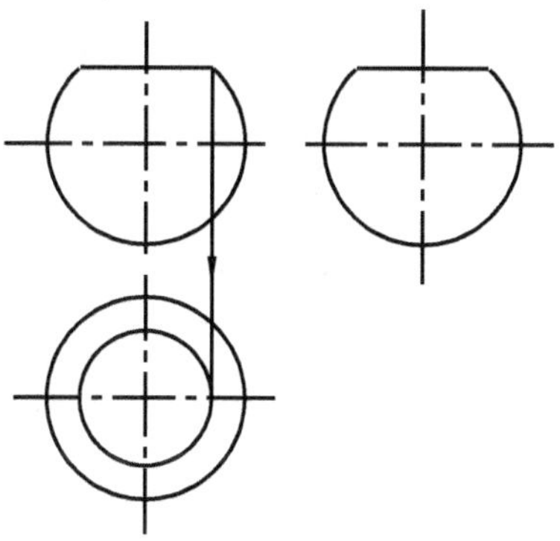	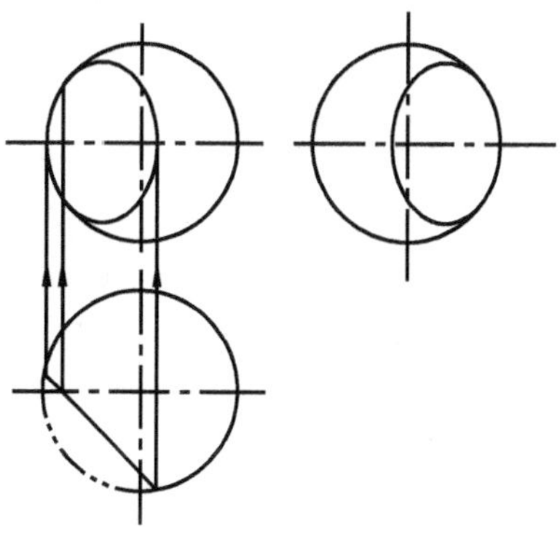

画切割体的三视图,应注意:

(1) 注意画图顺序 先想象出物体原型的三视图,便于根据截平面的位置按照表 3-2、表 3-3、表 3-4 列举的情况分析截交线形状,再画具有积聚性的截平面的投影,以体现切口、凹槽的形状;然后再按点的投影规律求出特殊点的其他投影(平面立体先求棱线上截交线交点的投影,曲面立体先求转向线上点的投影);最后求出一般点的投影。

(2) 回转体截交线投影的关键是特殊点 特殊点一般取自截交线投影积聚成直线的投影面,常指最高、最低点,或最前、最后点,或最左、最右点,它们是立体表面的点,应用表面取点法即可求出这些特殊点的其他投影,由特殊点就可以确定截交线的大致轮廓。

(3) 注意连线顺序 只有位于同一棱面或同一曲面上点的投影才能连线,应逐个面依次连续进行,并使其首尾连接,形成一个封闭的多边形。

(4) 注意轮廓线投影的变化 不要遗漏立体上原有的轮廓线、切割后存留轮廓线的投影;不要多画已被切去的轮廓线的投影。

3.2 叠加式组合形体的表达

为了满足各种需要,工程中的零件形状除了采用切割方式形成外,大部分是各种简单形体通过不同方式叠加而成。叠加的方式不一样,组合后产生的交线也不一样。下面就针对各种叠加组合方式产生的交线的投影情况,进行具体分析,重点研究两立体相交时相贯线的画法。

3.2.1 叠加式组合形体的组合方式

叠加式组合形体可由两个或两个以上的单一形体通过不同方式叠加形成。按参与叠加的单一形体表面之间的相互结合的方式可分为堆积、相切、相交三种情况。

(1) 堆积

由两个或两个以上的单一形体像搭积木一样直接堆积在一起,各形体表面之间不发生相切或相交。

但应注意的是,两形体堆积在一起且某一方向的表面平齐时,两表面间无分界线,如图 3-7(a)所示;若两形体的表面不平齐,则两表面间应有轮廓线分界,如图 3-7(b)所示。

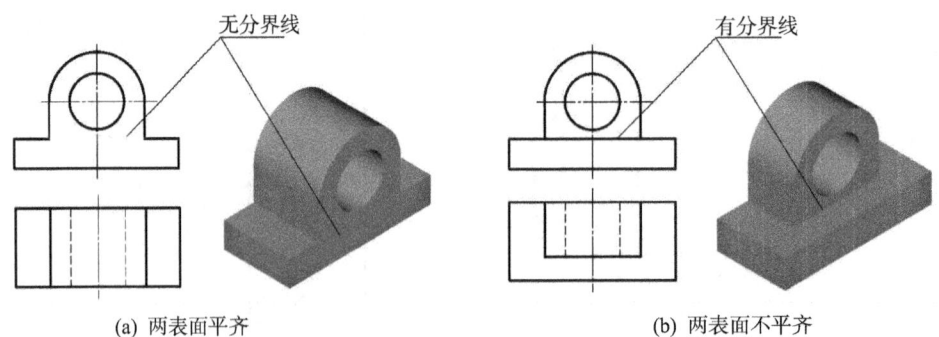

(a) 两表面平齐   (b) 两表面不平齐

图 3-7 堆积式形体

（2）相切

指两个单一形体邻接时，其表面相切，由于相切处光滑过渡，所以相切处不应画线，如图3-8所示主视图和左视图相切处无交线。

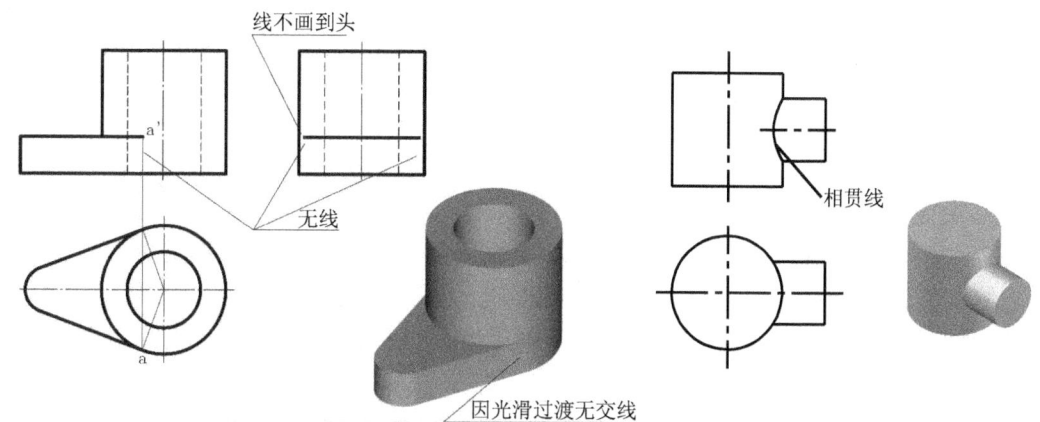

图 3-8　相切形体　　　　　　　　图 3-9　相交形体

> 提示：相切处交线不画出。应注意切点的寻找，图3-8中切点应从俯视图入手，过圆柱的圆心作相切轮廓线的垂线，垂足点即是切点，再利用点的投影规律，由切点的水平投影可求得切点的正面投影和侧面投影，特别提醒的是左视图切点以外无线，所以线不画到头。

（3）相交

在工程中把两个立体相交称为相贯，其表面产生的交线称为相贯线，此时交线必须画出，不论是平面体与曲面体相交还是曲面体与曲面体相交均是如此，见图3-9。下面将介绍绘制相贯线的方法和过程。

3.2.2　两立体相交的表面相贯线

两立体相交产生的相贯线的形状因立体的形状和相对位置的不同而不同，如图3-10所示。为了清晰地表示出相交立体的各部分形状和相对位置，必须正确绘出相交部分的相贯线。

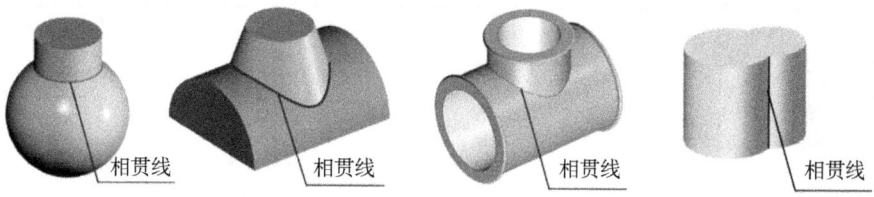

图 3-10　两个立体相交时表面的相贯线

3.2.2.1　相贯线的画法

相贯线的形状一般是封闭的空间曲线，特殊情况下，可以是平面曲线或直线。

求作两曲面立体的相贯线的投影时,一般是先作出相贯线上的一些点的投影,再光滑连接成相贯线的投影。当两个立体中有一个立体表面的投影具有积聚性时,可以用在曲面立体表面上取点的方法(见 2.4.6 节)作出这些点的投影。

与求作曲面立体的截交线一样,应在可能和方便的情况下,先作出相贯线上的特殊点,如相贯体的曲面投影的转向轮廓线上的点,以及最高、最低、最左、最右、最前、最后点等,以便确定相贯线的投影范围和变化趋势,然后按需要再求作相贯线上一些其他的一般点,从而准确地连接得到相贯线的投影,并判别可见性。

相贯线的求解方法有表面取点法和辅助平面法两种,下面分别进行介绍。

1. 表面取点法

两回转体相交,如果其中有一个是圆柱,且轴线垂直于某个投影面,则相贯线在该投影面上的投影,就重合在圆柱面的有积聚性的投影上,也即该投影面相贯线为已知。利用这个已知投影,在其上取一系列点,按曲面立体表面上取点的方法,求出它们的投影,这种方法即表面取点法。

[例] 如图 3-11 所示,两圆柱垂直相交,求作两圆柱的相贯线的投影。

解:

两圆柱的轴线垂直相交(称为正交),有共同的前后对称面和左右对称面,小圆柱全部穿进大圆柱。因此,相贯线是一条封闭的空间曲线,且前后对称和左右对称。

小圆柱轴线垂直水平投影面,所以小圆柱表面的水平投影具有积聚性,相贯线的水平投影便重合在此圆周上,所以相贯线的水平投影已知。大圆柱的轴线垂直于侧立投影面,其表面在侧面上投影具有积聚性,相贯线的侧面投影也一定和大圆柱的侧面投影的圆周重合,但必定是与小圆柱共有的一段,所以相贯线的侧面投影也已知。因此只需求出相贯线的正面投影,于是问题就可归结为已知相贯线的水平投影和侧面投影,求作它的正面投影。

因此,可采用在圆柱面上取点的方法,作出相贯线上的一些特殊点和一般点的投影,再顺序连成相贯线的投影。通过上述分析,可想象出相贯线的大致情况,具体作图过程如表 3-6。

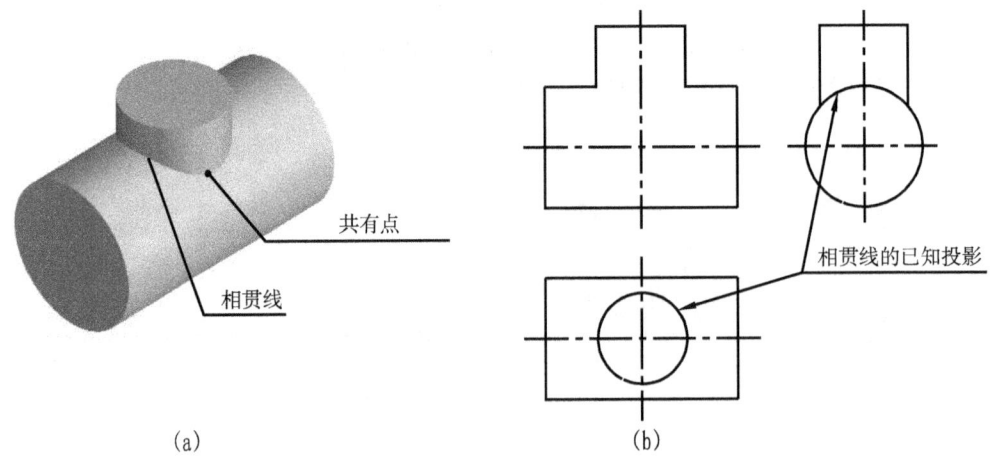

图 3-11 求两正交圆柱的相贯线

表 3-6　表面取点法求两正交圆柱的相贯线

作图步骤	表面取点法求相贯线的作图过程	图　例
(1) 求特殊点	先在相贯线的水平投影上，定出最左点、最右点、最前点、最后点 Ⅰ、Ⅱ、Ⅲ、Ⅳ 的投影 1、2、3、4，再在相贯线的侧面投影上相应地作出 1″、2″、3″、4″。利用点的投影规律，由水平投影 1、2、3、4 和侧面投影 1″、2″、3″、4″ 即可作出正面投影 1′、2′、3′、4′。可以看出：Ⅰ、Ⅱ 和 Ⅲ、Ⅳ 分别是相贯线上的最高、最低点	
(2) 求一般点	在相贯线的侧面投影上，定出左右、前后对称的四个点 Ⅴ、Ⅵ、Ⅶ、Ⅷ 的投影 5″、6″、7″、8″，利用俯左视图宽相等规律，5″、6″ 与 5、6 的 y 坐标相等，由此可在相贯线的水平投影上作出 5、6、7、8。由 5、6、7、8 和 5″、6″、7″、8″ 即可作出 5′、6′、7′、8′	
(3) 连接各点并判别可见性	按相贯线水平投影所显示的诸点的顺序，在正面投影上光滑连接诸点，即得相贯线的正面投影。对正面投影而言，前半相贯线在两个圆柱的可见表面上，所以其正面投影 1′、5′、3′、6′、2′ 为可见，而后半相贯线的投影 1′、7′、4′、8′、2′ 为不可见，与前半相贯线的可见投影相重合	

提示：求圆柱和另一回转体的相贯线投影的问题，可以看作圆柱表面上的一个投影点求其他两个面的投影点问题，具体过程见 2.4.6 节所述。

两轴线垂直相交的圆柱,在零件上是最常见的,它们的相贯线一般有表3-7所示的三种形式。

表3-7 圆柱与圆柱相交的三种情况

	两实心圆柱相交	圆柱孔与实圆柱相交	两圆柱孔相交
立体图	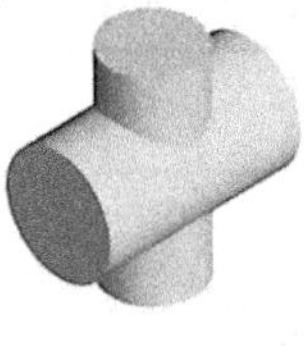		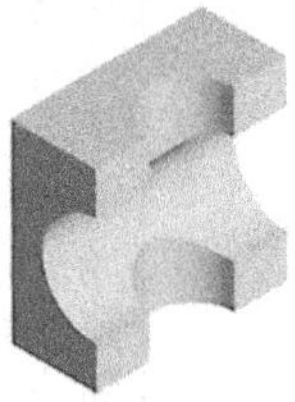
相交情况	小的实心圆柱全部贯穿大的实心圆柱,相贯线是上下对称的两条封闭的空间曲线	圆柱孔全部贯穿实心圆柱,相贯线也是上下对称的两条封闭的空间曲线,就是圆柱孔的上下孔口曲线	长方体内部两个孔的圆柱面的交线,同样是上下对称的两条封闭的空间曲线
投影图	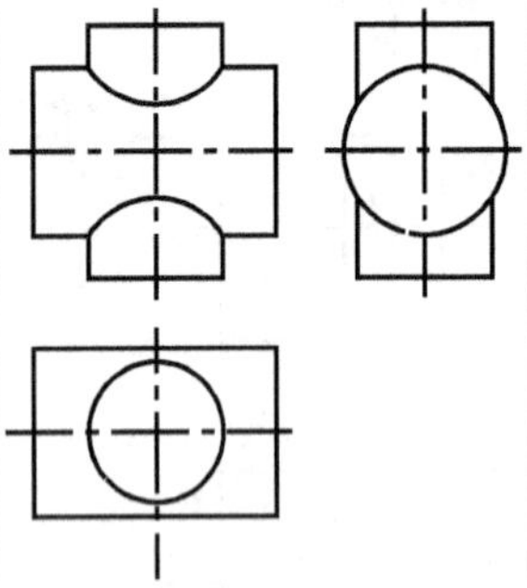	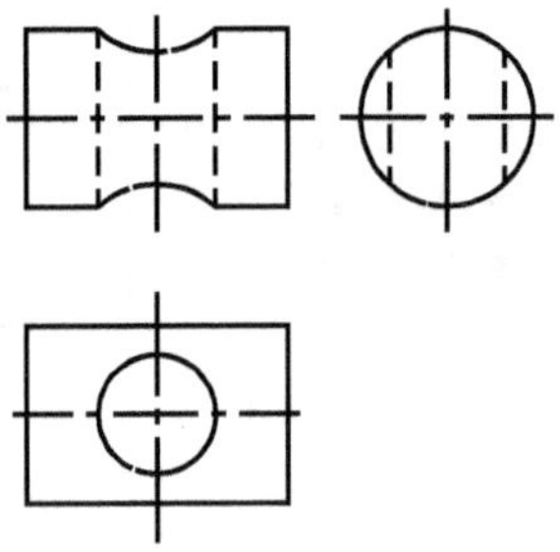	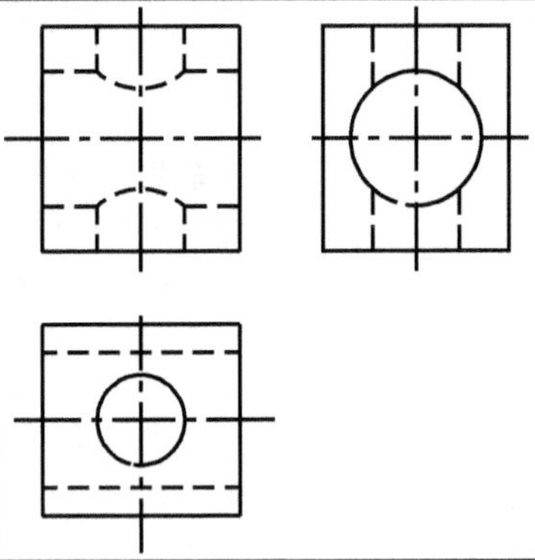

> 思考:圆柱直径大小变化对相贯线形状有何影响?
> 两圆柱正交时,圆柱直径大小变化会使相贯线形状发生影响,表3-8显示了其变化趋势。从中可以看出圆柱相贯线的弯曲方向总是朝向直径大的圆柱的轴线。当相贯两圆柱直径相等时,即公切于一个球面时,相贯线为两条平面曲线——椭圆,且椭圆平面垂直于两圆柱轴线决定的平面。

表3-8 轴线垂直相交的两圆柱直径相对变化时对相贯线的影响

两圆柱直径的关系	水平圆柱较大	两圆柱直径相等	水平圆柱较小
立体图	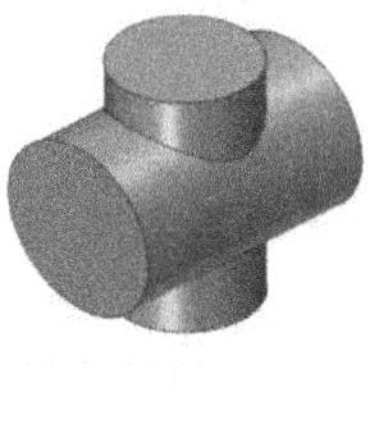	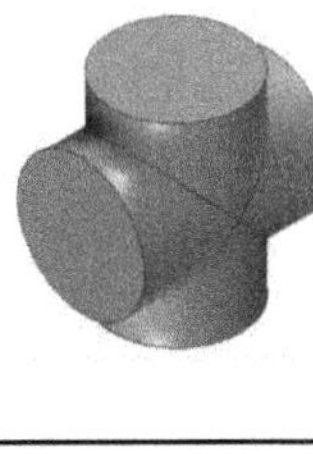	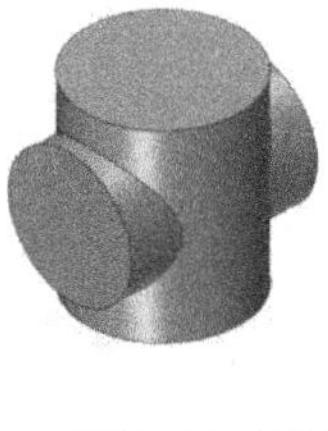

续 表

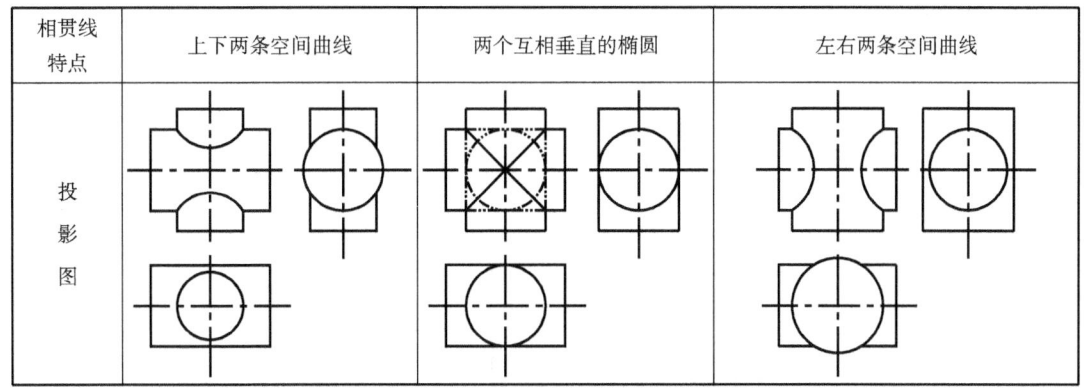

2. 辅助平面法

求作两曲面立体的相贯线时,假设用辅助平面截切两相贯体,则得两组截交线,其交点是两个相贯体表面和辅助平面的共有点(三面共点),即为相贯线上的点。用若干个辅助平面求得若干个点的投影,便可连接成相贯线的投影。

为了能简便地作出相贯线上的点,一般应选用特殊位置平面如平行面作为辅助平面,且应注意选择恰当的截切位置,不仅要与两立体表面同时相交,且要使截切后的截交线形状简单易求,一般为直线或平行于投影面的圆,使辅助平面与两曲面立体的交线尽可能简单。

[例] 如图 3-12 所示,求作圆柱与圆锥相交的相贯线投影。

解:

如图 3-13(a)所示,圆柱在左侧与圆锥相交,相交的圆柱和圆锥具有公共的前后对称面,所以相贯线前后对称。又由于圆柱的轴线垂直于侧平面,圆柱的侧面投影有积聚性,根据相贯线的性质该两曲面立体相贯线的侧面投影必积聚在圆柱侧面投影的圆周上。故需要求的是相贯线的正面投影和水平投影。

为使辅助平面与立体的截交线简单易求,可选用水平面作辅助面。它与圆柱表面的交线为矩形,与圆锥表面的交线为圆,见图 3-13(b)。两组截交线的交点即为相贯线上的点。

辅助平面法求相贯线的作图步骤见表 3-9。

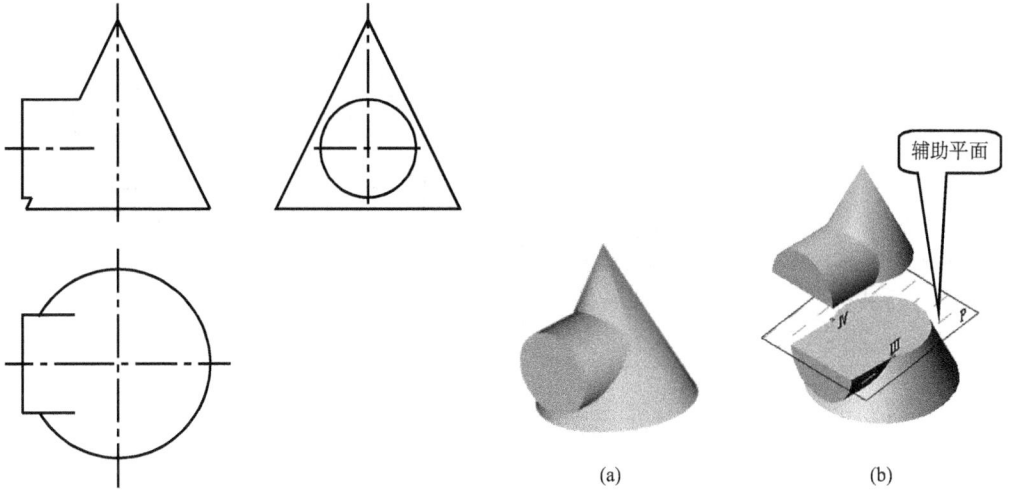

图 3-12 求作圆柱与圆锥的相贯线　　图 3-13 用辅助平面法求作圆柱与圆锥的相贯线

表 3-9　辅助平面法求相贯线作图过程

作图步骤	辅助平面法求相贯线作图过程	图　例
(1) 求特殊点	从相贯线已知的侧面投影看出，$1''$、$2''$ 是其最高、最低点Ⅰ、Ⅱ的投影，其正面投影 $1'$、$2'$ 和水平投影 1、2 可由点线从属关系直接求得；$3''$、$4''$ 是最前、最后点Ⅲ、Ⅳ的投影，过此两投影作一水平辅助面 $P(P_V, P_W)$，辅助面与圆柱交线的水平投影是圆柱水平投影的转向轮廓线，与圆锥的交线是圆，它们在水平投影上的交点就是Ⅲ、Ⅳ点的水平投影 3、4，也是相贯线水平投影可见和不可见的分界点，根据水平投影 3、4 和侧面投影 $3''$、$4''$，可以再按投影关系求出正面投影 $3'$、$4'$	
(2) 求一般点	在相贯线投影范围内作水平辅助面 $Q(Q_V、Q_W)$ 和 $R(R_V、R_W)$，同样它们与圆柱交线的水平投影为矩形，与圆锥的交线的水平投影为圆，它们水平投影的交点即为Ⅴ、Ⅵ、Ⅶ、Ⅷ点的水平投影 5、6、7、8，根据投影关系再求出正面投影 $5'$、$6'$、$7'$、$8'$ 和侧面投影 $5''$、$6''$、$7''$、$8''$	
(3) 连接各点并判别可见性	因相贯线前后对称，正面投影只需顺次连接 $1'、5'、3'、7'、2'$。水平投影 $3、5、1、6、4$ 一段在圆柱转向轮廓线之上为可见，用粗实线光滑相连，$3、7、2、8、4$ 一段被遮住用虚线相连	

续 表

作图步骤	辅助平面法求相贯线作图过程	图 例
(4)补全轮廓线	圆柱水平投影的轮廓线画到3、4两点为止,圆锥底圆被遮住部分用虚线画出	

3.2.2.2 相贯线的特殊情况

在一般情况下,两回转体的相贯线是空间曲线,但在一些特殊情况下,也可能是平面曲线或直线。下面介绍相贯线为平面曲线的两种比较常见的特殊情况。

(1) 两圆柱轴线相交、直径相等时,其相贯线是两个椭圆,若椭圆是投影面的垂直面,其投影积聚成直线段。如图 3-14(a)所示。

(2) 两个同轴回转体的相贯线,是垂直于轴线的圆,如图 3-14(c)(d)所示的圆柱和圆锥相贯、圆柱和圆球相贯,由于它们的轴线都是铅垂线,故相贯线均为水平圆。

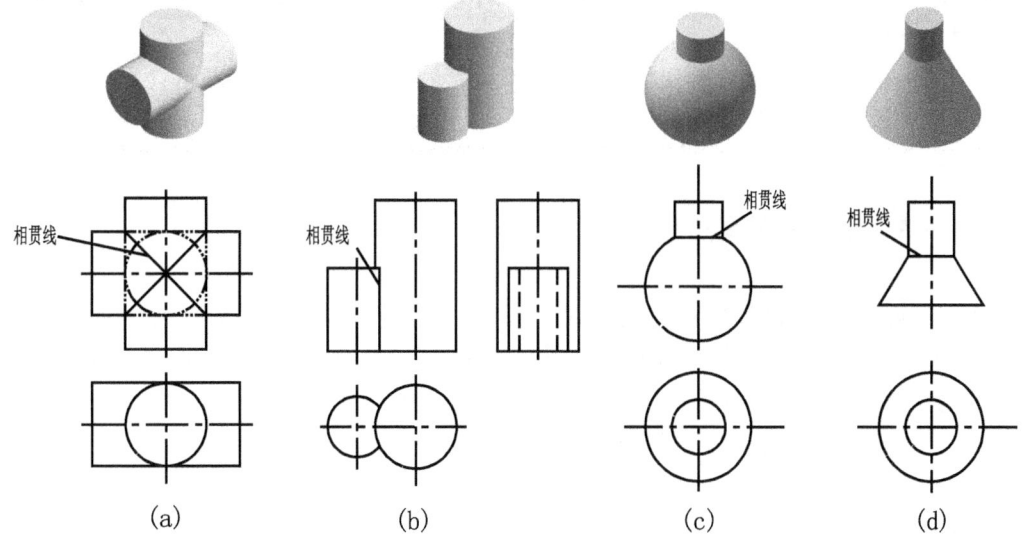

图 3-14 两回转体相贯线的特殊情况

3.2.3 复杂组合体的交线

叠加和切割是形成物体的两种分析形式,在许多情况下,叠加或切割并无严格界限,同一物体的形成往往既有叠加形式也有切割形式,所以一个复杂组合体往往同时具有截交线和相贯线,如图 3-15 所示复杂组合体的交线。牢记截交线、相贯线在各种情况下的具体形状和作图方法,绘制组合体图形时才能迎刃而解。

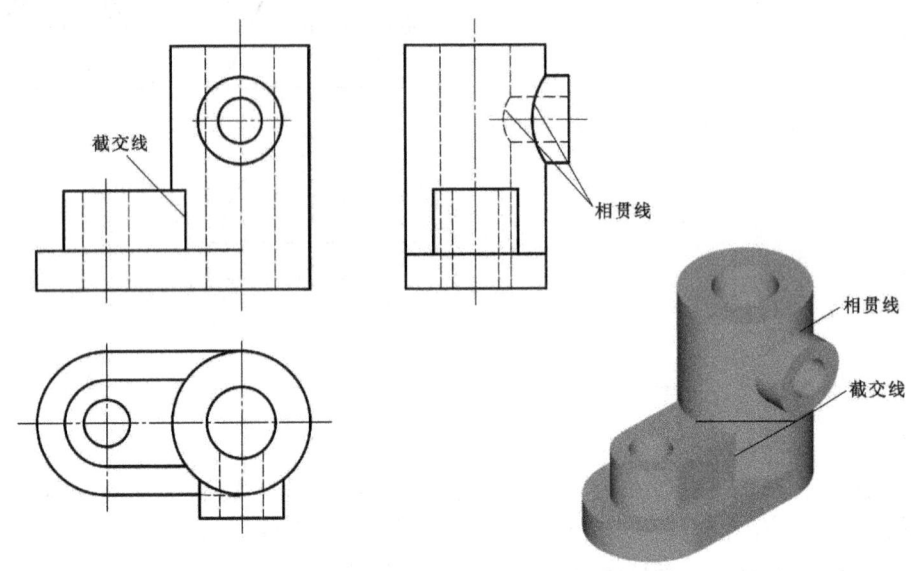

图 3-15 复杂组合体的交线

> 提示:(1) 必须熟练掌握平面与立体的截交线及两回转体的相贯线的求法,首先对问题进行空间分析和投影分析,搞清已知什么,求什么,通过分析明确用什么方法解题更合适。
> (2) 解决表面交线的作图问题,就是求立体表面上一系列共有点的投影,熟练掌握立体表面上点的求法(见 2.4.6 节)是求解截交线、相贯线的重要基础。

3.3 组合体视图的绘制

为了正确、清晰、合理地表达工程上的各类物体,通常在绘制图样前需要对所画对象进行认真分析,即将一个物体假想分解为若干个基本形体,并了解这些基本形体的形状、各部分之间的相对位置、组合方式和表面连接关系等,形成整个组合体的完整概念,这种方法称为形体分析法,是一种化繁为简的分析方法。

3.3.1 视图的选择

表达空间物体时,应在形体分析的基础上,注意选好物体的安放位置、主视图投影方向及视图的数量。

(1) 安放位置

画视图时,物体一般可按自然位置放平,同时尽量使物体的主要表面平行或垂直于投影面,以便在视图上能更多地反映表面实形或具有积聚性,从而使视图清晰、绘制方便。

(2) 主视图的投影方向

在表达空间物体时,合理地选择视图非常重要,而主视图的选择又是关键,通常选择反映物体形状特征最明显、各部分间相对位置最多的投射方向作为主视图投影方向。同时兼顾其他视图,尽量能够合理利用图幅,且使虚线数量较少。

(3) 视图数的确定

为使形体的表达简洁明了,所选的视图数应尽可能少。

3.3.2 视图绘制步骤

下面以图3-16所示轴承座为例,说明绘制视图的一般步骤。

(1) 分析形体

轴承座可分析为由轴承、凸台、肋板、支承板和底板五个形体组成。其中,轴承和凸台均为回转体,肋板和支承板均为拉伸体。

(2) 选定视图

该形体 A 向和 B 向都反映了问题比较多的形状特征,可选择 A 向或 B 向作主视图的投影方向,现选定 A 向投影作主视图,它反映了轴承、凸台、支承板三部分的基面真实形状。物体自然放平,使底板平行于水平面,肋

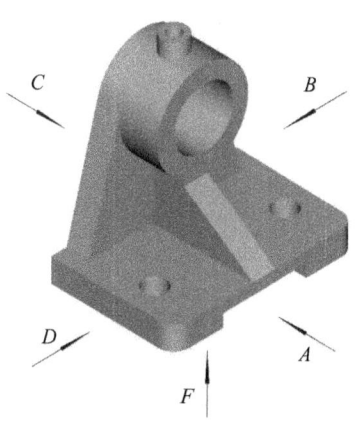

图 3-16 轴承座

板平行于侧平面,此时俯视图反映了底板的顶面实形,左视图反映了肋板的基面实形,由此确定表达清楚轴承座的形状必须用三个视图。

(3) 选定作图比例和图纸幅面

在画图之前应根据物体的大小选定合适的作图比例,然后根据该比例选定图纸幅面。应注意所选幅面要留有足够的余地,以便标注尺寸和布置标题栏等。

(4) 布置视图

按图纸幅面和三个视图长、宽、高的尺寸匀称地布置视图,不应笼统地将图纸幅面均分成四部分来布置。

(5) 绘制轴承座的视图,见图3-17。

绘制视图的步骤如下:

(1) 画出中心线和底板的轮廓线,见图3-17(a);
(2) 画出圆筒,注意从投影为圆的视图着手画,见图3-17(b);
(3) 画出支承板和肋板,注意相交处交线的作图,见图3-17(c);
(4) 画出凸台,注意凸台和圆筒相交处相贯线的作图,见图3-17(d);
(5) 画出底板上小孔、圆角和下部开槽的投影,见图3-17(e);
(6) 校核无误后,按制图标准中的线型要求加深轮廓线完成作图,见图3-17(f)。

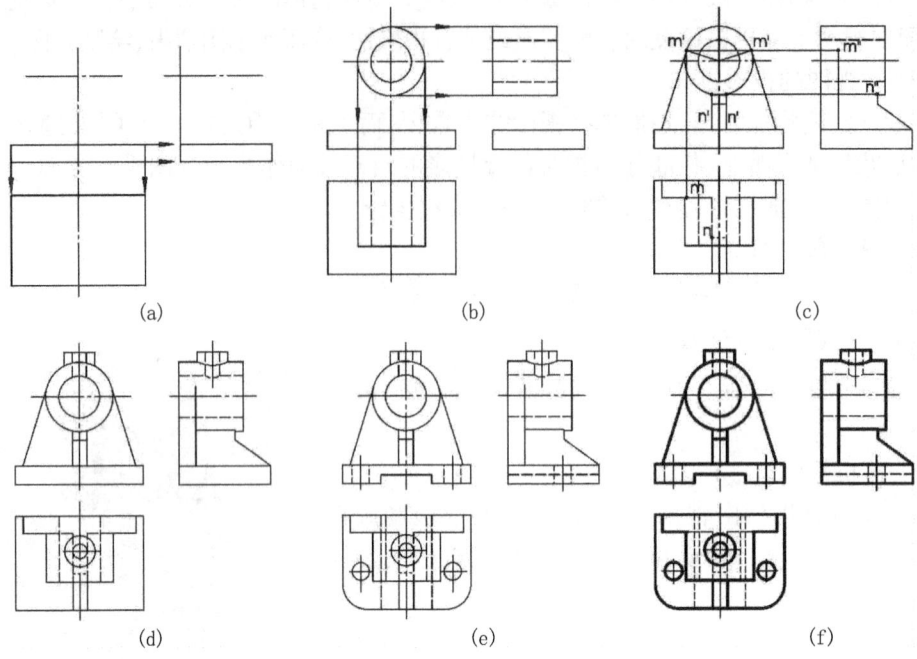

图 3-17 轴承座的画法

3.4 形体的尺寸标注

前面介绍了工程上各类形体的生成及其视图表达。但是,视图只能表示出物体的形状,要确定物体上各部分的真实大小及相对位置,必须注上尺寸。在实际生产中,就是根据视图上所注尺寸数值来进行加工制造的。为此在标注尺寸时,应做到以下几点:

(1) 正确——不仅要求注写的尺寸数值正确,而且要求尺寸注写要符合国家标准《机械制图》中有关尺寸标注的规定。

(2) 完整——尺寸必须注写齐全,包括物体上各组成部分三个方向形状的大小和相对位置,不允许遗漏,一般也不应重复。

(3) 清晰——尺寸布置要整齐,同一部分的各个方向尺寸注写要相对集中,便于看图。

(4) 合理——标注的尺寸必须考虑能满足设计和制造工艺上的要求。

其中有关尺寸注法的规定在前面章节中作了介绍,尺寸标注的合理性问题因涉及机械设计及加工的有关知识,将在零件图一章中再作介绍。本节主要讨论尺寸标注的完整和清晰两个问题。

3.4.1 基本几何形体的尺寸标注

由于工程上各类物体都可以看成是由若干几何形体组成的,要掌握组合形体的尺寸标注,必须先熟悉和掌握基本几何形体的尺寸标注方法。图 3-18 示出了一些常见基本几何形体的定形尺寸注法。尺寸标注的基本要求参照 1.1.5 节。

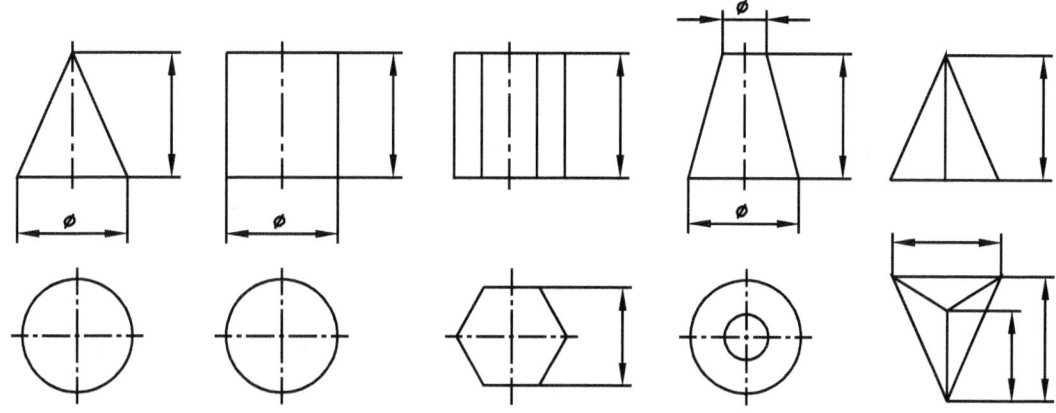

图 3-18 基本几何形体的尺寸注法

3.4.2 截切和相贯形体的尺寸标注

几何形体被切割后,除了标注定形尺寸外,还要注出确定截平面位置的尺寸。由于形体与截平面的相对位置确定后,截交线也完全确定,因此不应在截交线上标注尺寸。同样两形体相交后,除了标注各自的定形尺寸外,还要注出相对位置尺寸,而相贯线是形体相交中自然形成的,因此也不应在相贯线上标注尺寸。

图 3-19 显示了一些常见截切和相贯形体的尺寸注法,其中尺寸上有符号"×"的尺寸为错误标注。

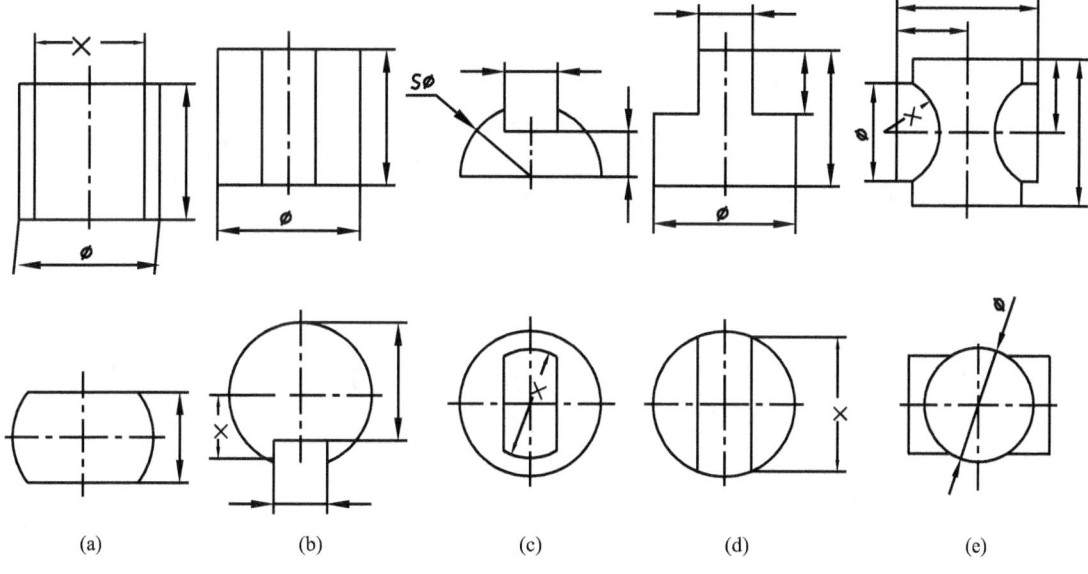

图 3-19 常见截切和相贯形体的尺寸注法

> 注意:切割几何体的截交线上不应标注尺寸,标注出截平面截切位置的尺寸即可。同样,相贯线上也不要标注尺寸,标注出两相贯形体的相对位置尺寸即可。

3.4.3 常见底板件的尺寸标注

工程上经常会有一些底板件,它们的尺寸标注如图 3-20 所示。

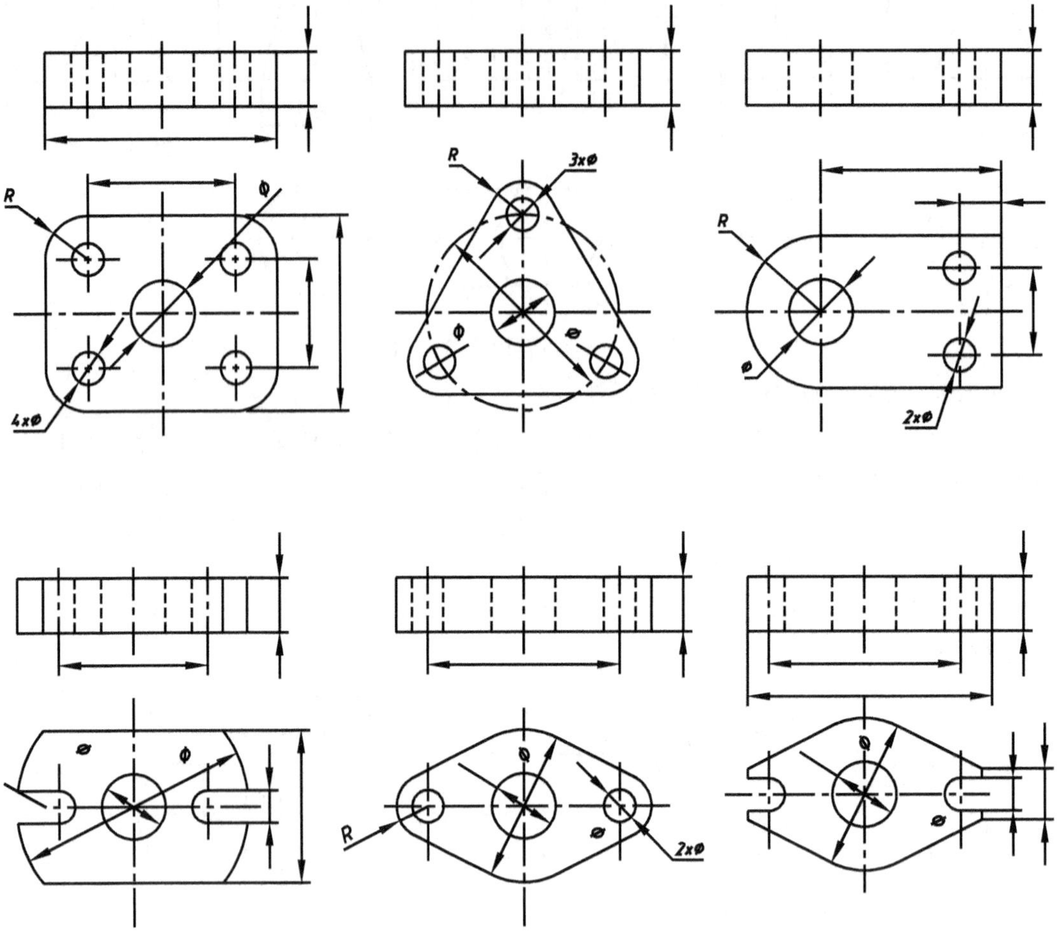

图 3-20 常见底板件的尺寸标注

3.4.4 组合形体的尺寸标注

在标注组合形体的尺寸时,一般要采用形体分析的方法。即将形体首先分解为若干个单一几何形体,然后标注反映这些单一形体大小的定形尺寸,确定这些单一形体间相对位置的定位尺寸以及表示该形体整体大小的总体尺寸。

在标注定位尺寸时,有个尺寸度量的起点,称为尺寸基准。形体在标注尺寸时有三个方向(长度方向、宽度方向和高度方向)的尺寸基准。尺寸基准的确定既与物体的形状有关,也与该物体的作用、工作位置以及加工制造要求有关,通常选用底平面、端面、对称平面及主要回转体的轴线等作为尺寸基准。这部分内容将在零件图中(见 5.4.1 节)作进一步介绍。

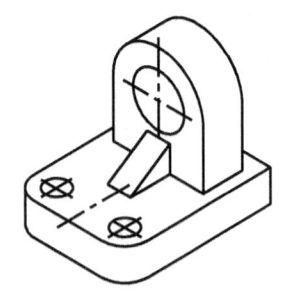

图 3-21 尺寸标注的形体分析及基准选择

下面以图 3-21 所示的机件为例,说明组合体尺寸标注的方法,具体过程见表 3-10。

表 3-10 组合体的尺寸标注

作图步骤	图 例
(1) 形体分析 将机件分析成如右图所示的各个形体部分组成	
(2) 选定尺寸基准 以机件中右端面作为长度方向的尺寸基准;机件前后对称,以前后对称平面作为宽度方向的尺寸基准;以机件的底平面作为高度方向的尺寸基准	
(3) 逐个标注出各基本形体的定形尺寸 ① 标注底板的定形尺寸,长度尺寸 52,宽度尺寸 40,高度尺寸 11;底板中小圆孔定形尺寸 2×ϕ8 和圆角尺寸 R8(只需注一个)。 ② 标注半圆形竖板的定形尺寸,竖板的定形尺寸高 20,半圆柱的半径 R16(小于等于 180 圆标注半径),其上有一个圆柱孔尺寸 ϕ18,板厚尺寸 14。半圆柱基本形体的宽 32 不再标注,因为这个尺寸和半圆柱的外圆半径是一致的。 ③ 标注三角块肋板的定形尺寸长 14,高 9,肋板厚 6	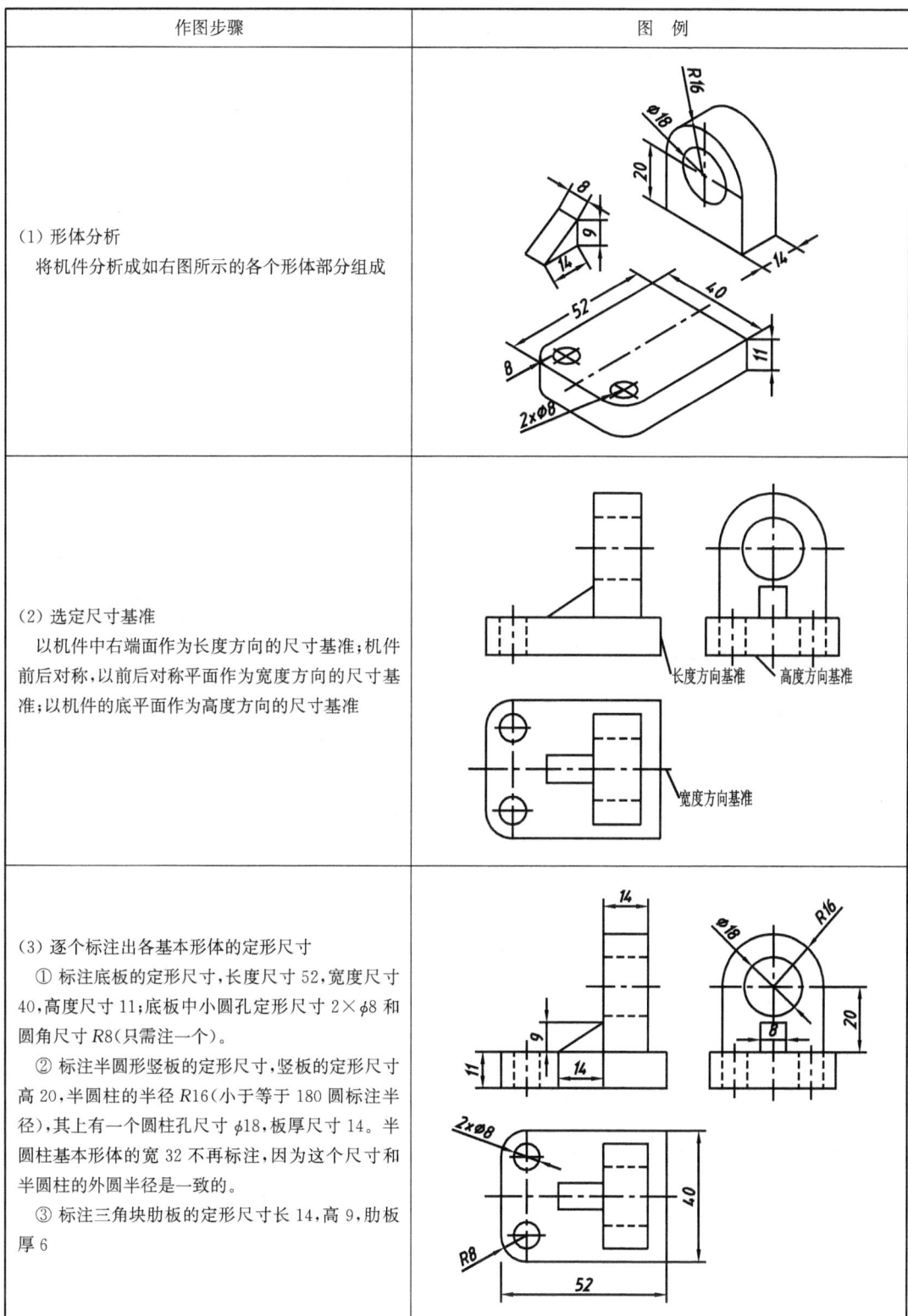

续表

作图步骤	图例
(4) 逐个标注出各基本形体的定位尺寸 ① 标注底板的定位尺寸，底板上两个小孔长度方向定位尺寸从右端面基准测量起为44，宽度方向因为前后对称，定位尺寸必须对称标注，为24，高度方向与同一方向的定位尺寸基准重合，不再另外标注。 ② 标注半圆形竖板的定位尺寸，长度方向定位尺寸从右端面基准测量起为6；高度方向定位尺寸从底部基准测量为31，宽度方向因为半圆形竖板位于对称平面上，与R16一致，不需另外标注。 ③ 肋板高度方向紧贴底板，其高度定位尺寸与底板高度11一致，不需标注，长度方向的定位尺寸因为紧贴竖板，也不需标注，宽度方向位于对称平面上，定位尺寸8与肋板宽度尺寸一致，不需要重复标注	
(5) 标注总体尺寸 长度方向的总尺寸为52，宽度方向总体尺寸为40，与底板定形尺寸重复，只标注一次即可；高度方向的总尺寸从底部测量基准量至圆柱中心孔处为31，与竖板高度定位尺寸一致，也不需重复标注	
(6) 校核 最后对已标注的尺寸，按正确、完整、清晰的要求进行检查，如有重复尺寸或尺寸配置不便于读图，则应作适当修改或调整，这样才完成了尺寸标注的工作	

3.4.4 形体尺寸标注中的注意点

由上述形体尺寸标注实例可知,为保证尺寸标注的正确、完整、清晰等要求,应该认真注意以下几点:

(1) 标注尺寸必须在形体分析的基础上,按分解的各组成形体定形和定位,切忌片面地按视图中的线框或线条来标注尺寸,如图 3-22 中的注法都是错误的。

(2) 同轴回转体的直径,应尽量标注在非圆视图上。见图 3-23。

(3) 尺寸应标注在表示形体特征最明显的视图上,并尽量避免在虚线上标注尺寸。为方便看图,同一形体的尺寸尽可能集中标注。

(4) 形体上的同一尺寸在各个视图中不得重复。如因特殊需要,重复尺寸的数字应加括号,作为参考尺寸。

(5) 形体上的对称性尺寸,应以对称中心线为尺寸基准,标注全长。图 3-24(a)、(b)显示了正、误尺寸注法的比较。

(6) 当形体的总体轮廓由曲面组成时,总体尺寸只能注到该曲面的中心轴线位置,同时应加注该曲面的半径,如图 3-25(a)所示,而图 3-25(b)为错误注法。

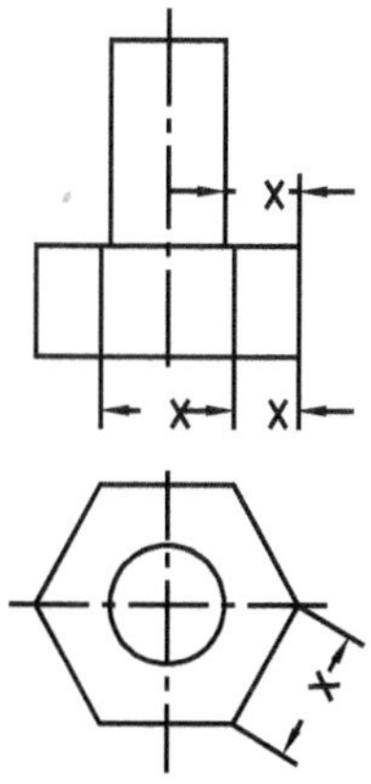

注意:图 3-22~图 3-25 中尺寸上有符号"×"的尺寸为错误标注。

图 3-22 错误的尺寸注法

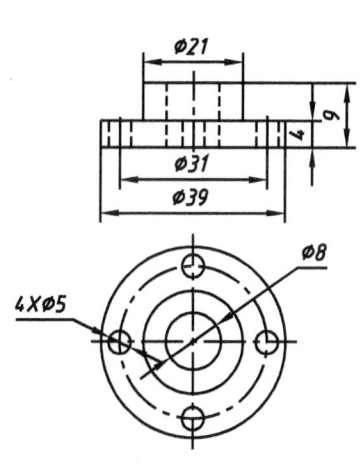

图 3-23 同轴回转体的直径注法

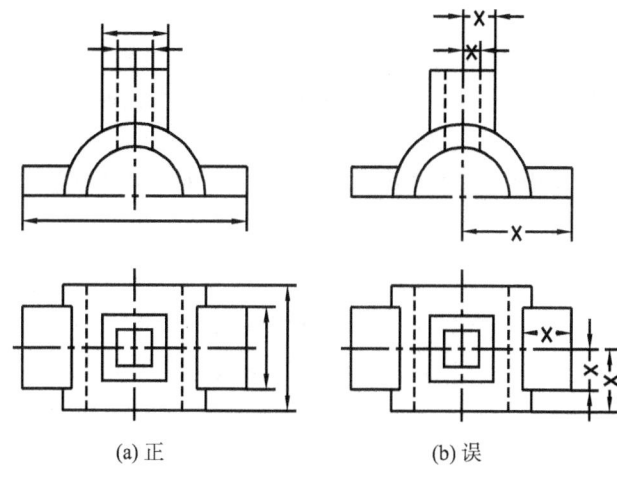

(a) 正　　　(b) 误

图 3-24 对称性尺寸的注法

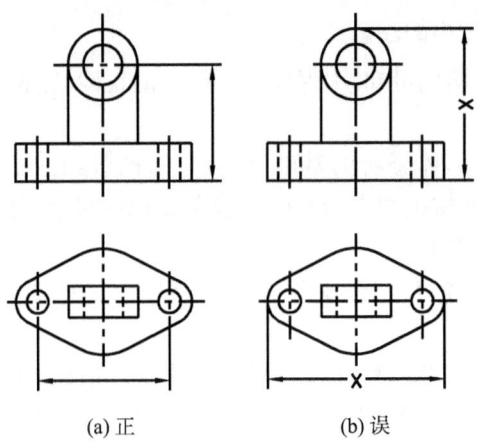

(a) 正　　　　　　　(b) 误

图 3-25　轮廓为曲面的尺寸标注

思考：标注组合体尺寸时应注意哪些事项？

3.5　视图的阅读

绘图是应用投影的方法将空间形体表示在平面上，读图则是根据投影规律由平面上的视图想象出空间形体的实际形状，所以也可以说，读图是绘图的逆过程。

因此，看图时必须把空间物体→平面图形及由平面图形→空间物体的转化关系弄清楚。看图的实质就是通过这种"正"、"逆"向反复交叉的思维活动，经过分析、判断、想象，在头脑中想象出物体立体形象的过程，这是看图的基本思路。

要正确、迅速地读懂视图，应当通过不断的读图实践，以提高对形体的想象能力。此外，掌握读图的基本知识和读图的方法，对于培养读图能力是有利的。

3.5.1　读图的基本知识

3.5.1.1　弄清各视图间的投影关系，几个视图应联系起来看

一个视图一般是不能确定物体形状的，读图时不可孤立地只看一个视图，如图 3-26 所示，只有一个主视图时，左视图形状有多种可能性。

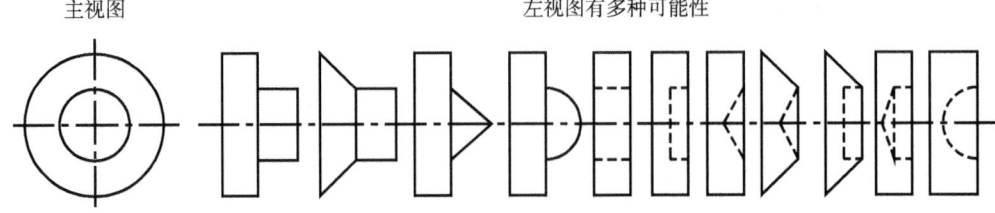

图 3-26　一个视图不能确定物体的形状

再看表 3-11 所示的几个物体，虽然它们的主视图是相同的，但由于俯视图、左视图不同，形状差别很大。

表 3‑11 主视图相同其他视图不同的物体

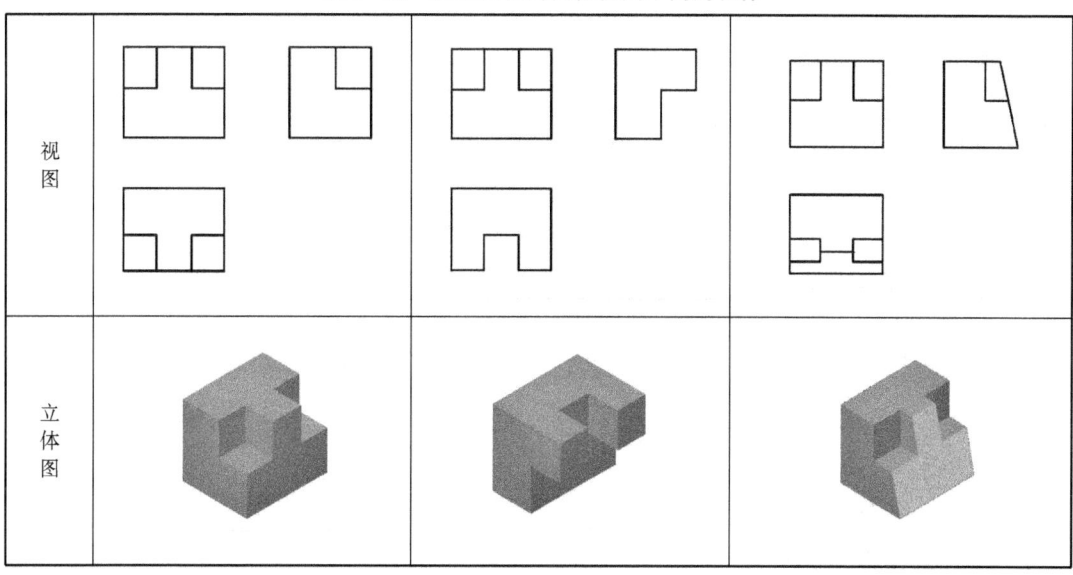

有时两个视图也不能确定物体的形状。如表 3‑12 所示的物体,虽然主、俯视图均相同,由于左视图不同,它们的形状同样是各不相同的。

表 3‑12 两个视图相同的不同物体

> 提示:读图关键应把几个视图联系起来看,才能想象出物体的正确形状。不可孤立地只看一个视图。

3.5.1.2 认清视图中线条和线框的含义

视图是由线条组成的,线条又组成一个个封闭的"线框"。因此识别视图中线条及线框的空间含义,也是读图的基本知识。由基本几何元素的投影特征分析可知:

视图中的轮廓线(实线或虚线,直线或曲线)可以有三种含义[见图3-27(a)]:

(1) 表示物体上具有积聚性的平面或曲面;
(2) 表示物体上两个表面的交线;
(3) 表示曲面的轮廓素线。

视图中的封闭线框可以有以下四种含义[(见图3-27(b)]:

(1) 表示一个平面;
(2) 表示一个曲面;
(3) 表示平面与曲面相切的组合面;
(4) 表示一个空腔。

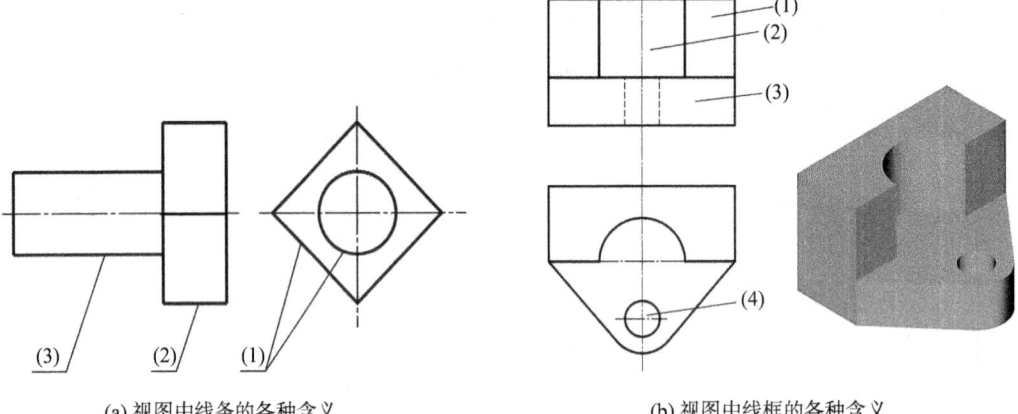

(a) 视图中线条的各种含义　　(b) 视图中线框的各种含义

图3-27　视图中线条和线框的各种含义

3.5.2　读图的方法

3.5.2.1　形体分析法

物体的各个视图,是由物体上各组成部分的投影组成,因此,读图的基本方法仍是运用形体分析的方法。通常从主视图着手,将主视图分解为若干部分,然后按投影规律,分别找出各部分在其他视图上的对应投影,逐个判别它们所表示的形状,最后再综合起来,想象出物体的整体形状。

现以图3-28所示物体的视图为例,将应用形体分析方法读图的步骤介绍如下:

(1) 分解视图。如图3-28所示,可将主视图分解

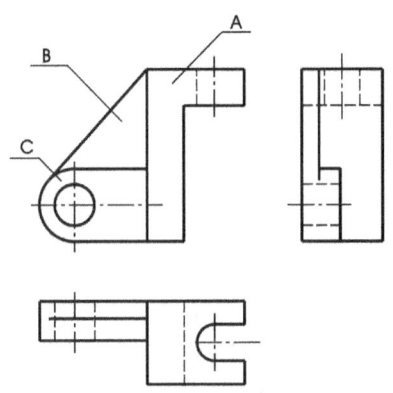

图3-28　物体的三视图

成 A、B、C 三个线框。

（2）根据投影规律"长对正、高平齐、宽相等"，分别找出线框在其他视图上对应的投影，逐个想象它们所表示的形状。分析过程见图 3-29。

（3）分析各形体的相对位置。从图 3-29 主视图中可知：形体 B 在形体 A 的左下方，它们的底面平齐，联系俯视图或左视图可确定形体 B 与形体 A 的后表面平齐；形体 C 在形体 A 的左方，形体 B 的上方，并与形体 B 相切。这样综合起来，就可想象出物体的整体形状，如图 3-29(d)所示。

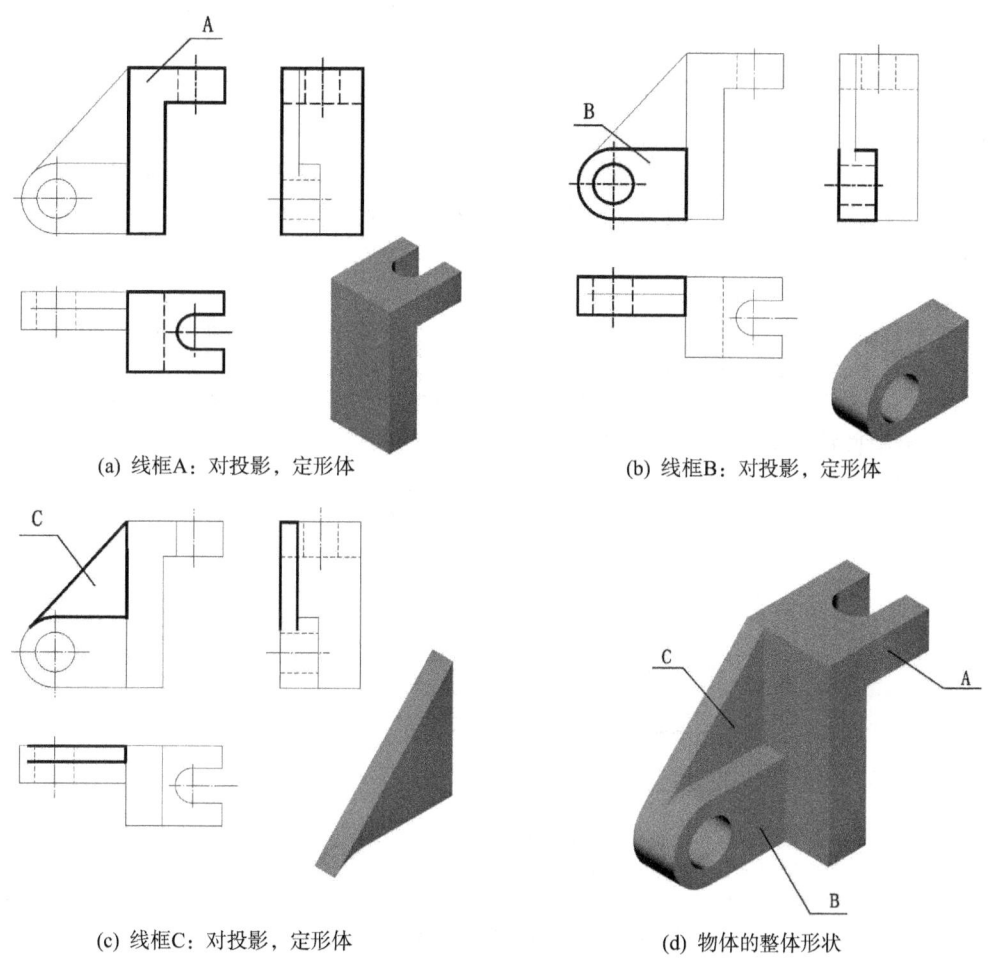

(a) 线框A：对投影，定形体　　　　(b) 线框B：对投影，定形体

(c) 线框C：对投影，定形体　　　　(d) 物体的整体形状

图 3-29　视图的投影分析

> 提示：
> （1）形体分析法的步骤可归纳为：分线框、对投影；识形体、定位置；综合起来想整体。具体来说，可归纳为以下四个步骤：
> ① 从主视图出发，将图形分成几个部分或几个封闭线框；
> ② 对投影，找出各部分相对应的其他视图上的投影；

③ 想象各部分的形状；
④ 定方位,综合想象,检查核对。
(2) 形体分析法是工程制图中一个非常重要的方法,对画图、看图、标注尺寸都十分有益,例如：
① 画图时运用形体分析法,层次分明、步骤清楚,可避免多线、漏线,提高绘图效率；
② 看图时运用形体分析法,思路清晰,可以化整为零、化繁为易；
③ 标注尺寸时运用形体分析法,一能找准基准、二能标注齐全、三能标注清晰。

3.5.2.2 线面分析法

线面分析法是一种用形体分析法读图的补充方法。当阅读形体被切割、形体不规则或投影关系相重合的视图时,尤其需要这种辅助手段。由于物体都是由许多不同几何形状的线面所组成,这时通过对各种线面含义的分析来想象物体的形状和位置,就比较容易构思出物体的整体形状。

提示：线面分析法的核心是在视图中找出线、面的对应投影,通过识别它们的形状和相对位置,想象物体的形状。

[例] 分析阅读图 3-30 所示物体的视图。

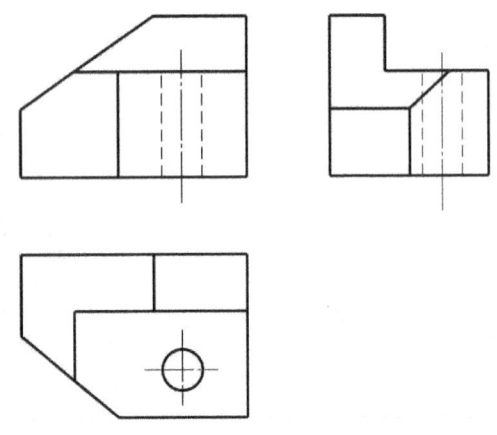

图 3-30 线面分析法读图图例

解：根据物体被切割后仍保持原有物体投影特征的规律,由已知三个视图分析可知,该物体可以看成由一个长方体切割而成。主视图表示出长方体的左上方切去一个角,俯视图可看出左前方也切去一个角,而从左视图可看出物体的前上方切去一个长方体。切割后物体的三个视图为何成这样,这就需要进一步进行线、面分析。

先分析主视图的线框,如图 3-31(a)所示主视图上,线框 P′在俯视图上投影关系只能对应一斜线 P,而在左视图上对应一类似形 P″,可知平面 P 是一铅垂面；又如图 3-31(b)所示,主视图上线框 R′在俯视图上也只能对应一水平线 R,在左视图上对应着一垂直线 R″,可知平面 R 为一正平面,主视图另一线框也是一正平面。

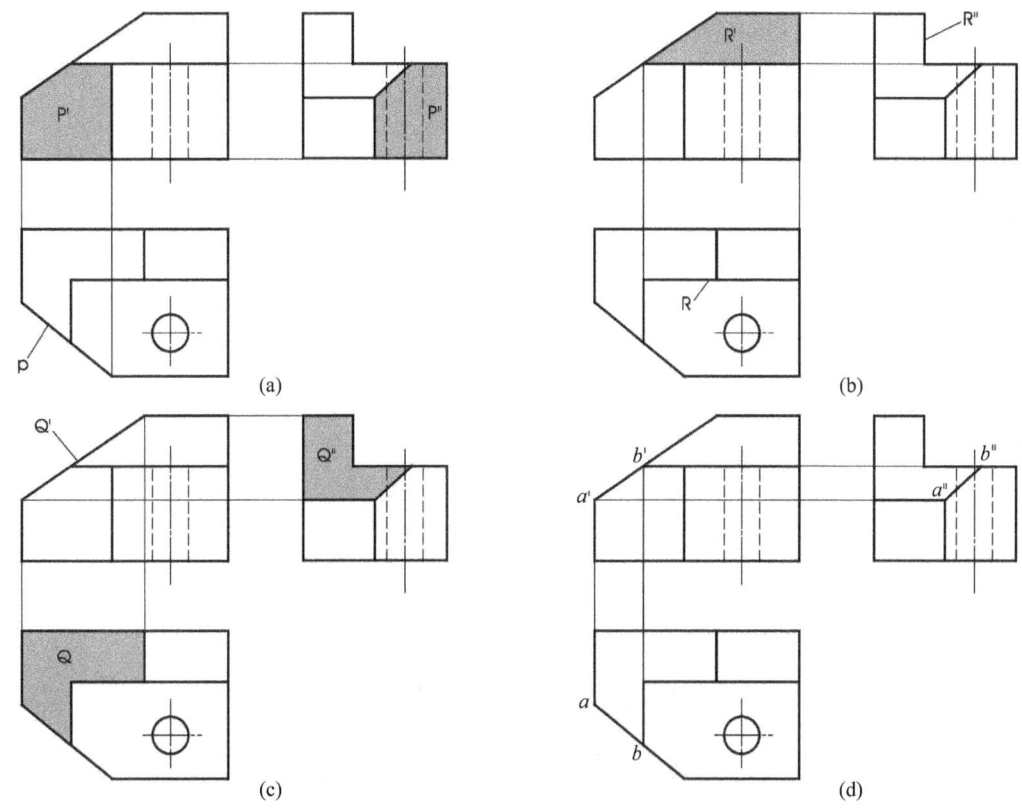

图 3-31 读图时的线面分析

用同样方法分析俯视图线框 Q，如图 3-31(c)所示，Q 为正垂面。

再如图 3-31(d)左视图中为什么有一斜线 $a''b''$，分别找出它们的正面投影 $a'b'$ 和水平投影 ab，可知直线 AB 为一般位置直线，它是铅垂面 P 和正垂面 Q 的交线。

通过上述线面分析，可以弄清视图中各条线、各个面的含义，也就有利于想象出由这些线面围成的物体的真实形状，如图 3-32 所示。

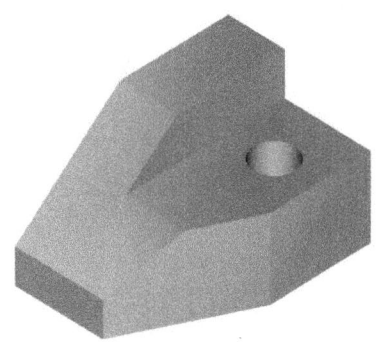

图 3-32 物体的立体图

思考：试比较形体分析法和线面分析法，分别适应于什么场合？

3.5.3　由已知两视图画第三视图

由两个视图补画第三视图是学习期间读图训练的一种方法。根据已知的视图,分析想象出物体的形状,然后应用投影联系,正确画出它的第三个视图。

[例]　已知支座的主、俯视图,试补画出左视图。

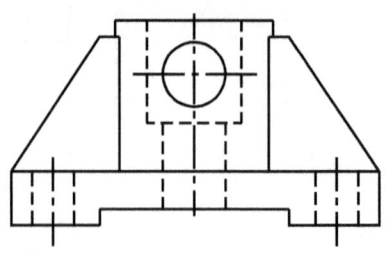

图 3-33　由已知两视图画第三视图

解:由支座的主、俯视图可知,支座是一个叠加及切割穿孔都有的综合组合体,可用形体分析法来读图、补图。具体方法和作图步骤见表 3-13。

表 3-13　想象支座的形状和画左视图的作图步骤

作图步骤	图　例
(1) 根据支座的主、俯视图所反映出的形体特征,可以把它分解成三个组成部分。即:底板Ⅰ、两侧肋板Ⅱ、直立大圆柱体Ⅲ	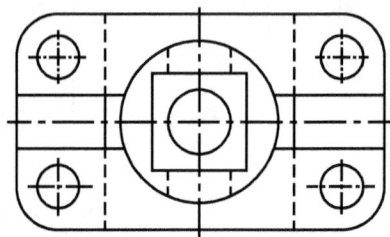

续 表

作图步骤	图 例
(2) 按照两面投影的对应关系，先找出底板Ⅰ的两个投影，由水平投影可以看出，底板为带有四个圆角的矩形，圆角处有四个大小相同的小孔，底部开槽，再配合正面投影，即可想出底板的整体形状，从而补画出其左视图	
(3) 底板上左右两侧对称地分布两块肋板，并与直立大圆柱相交。肋板形状在主俯视图中已可看清	
(4) 直立大圆柱的投影中虚线较多，经过投影分析后可知，该圆柱上部中间挖了一个方孔，下面是一直到底的小圆孔，另外，从前往后开了一个水平圆孔。此时，在直立大两圆柱的内、外表面上产生交线(相贯线)，这些交线的投影在俯、左视图中应清楚地反映	

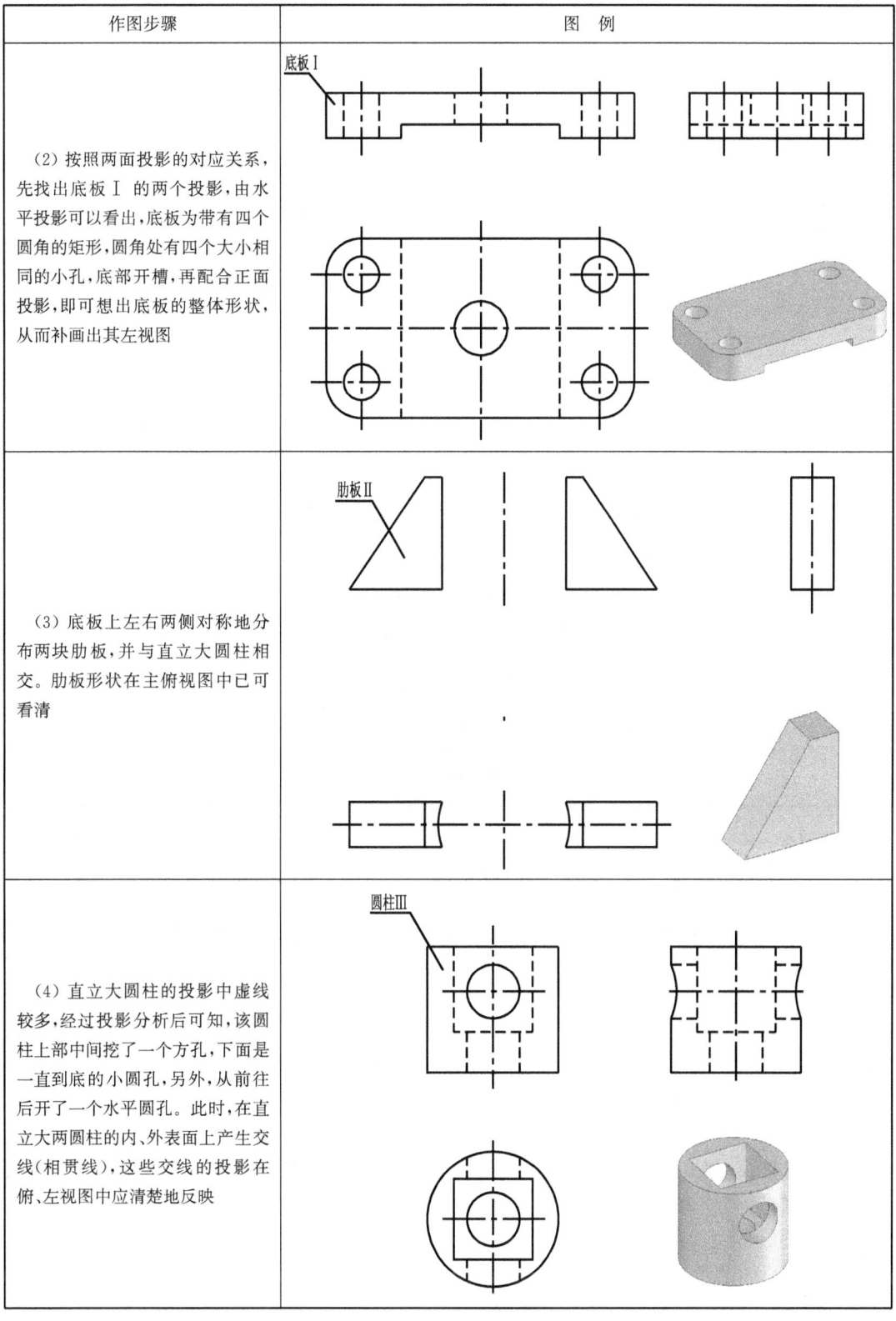

续表

作图步骤	图 例
(5) 肋板与圆柱的交接处也会产生交线。在看清楚各组成部分的形状后,再对照整个组合体的投影进行整体分析。各组成部分的形状及相对位置如右图所示,最后综合想象出组合体的整体形状	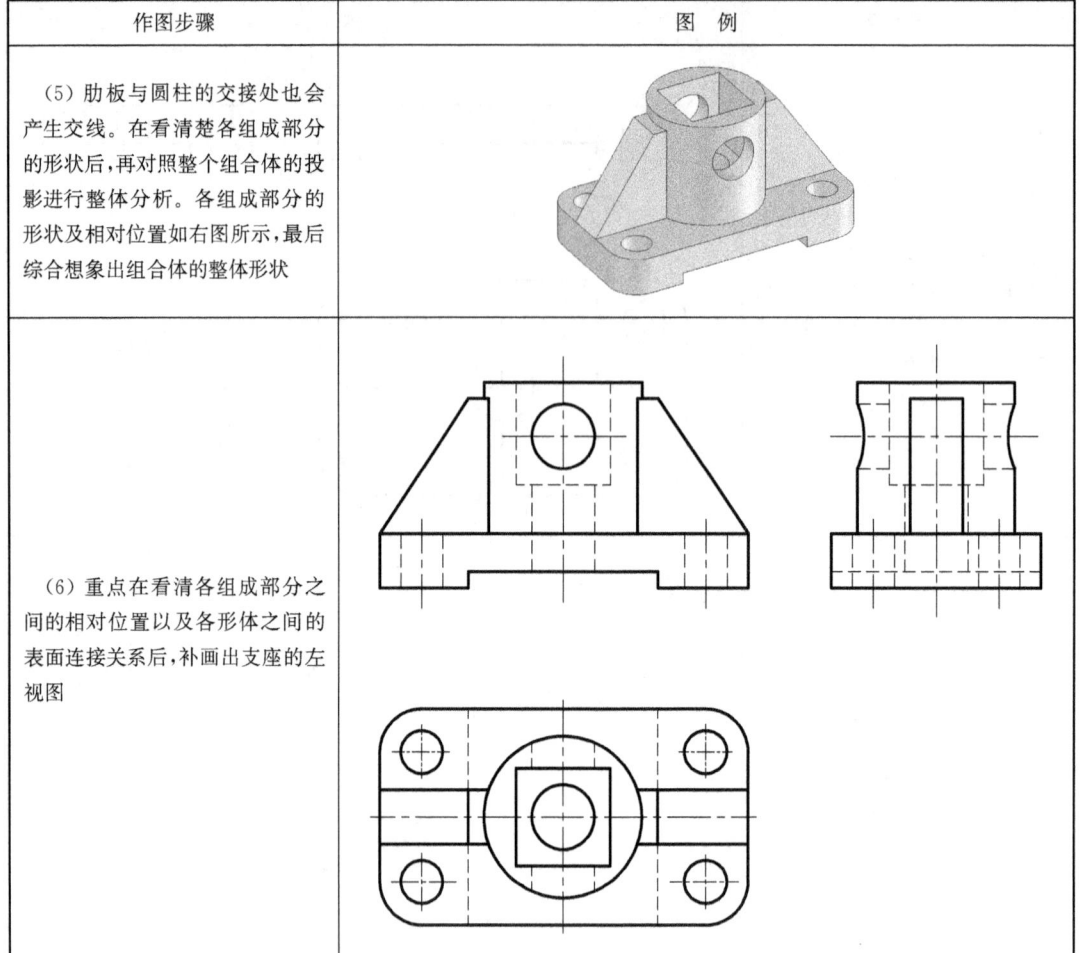
(6) 重点在看清各组成部分之间的相对位置以及各形体之间的表面连接关系后,补画出支座的左视图	

> 知识拓展:(1) 工程上物体的形状是千变万化的,所以在读图时不能拘泥于某一种方法或步骤,而需要用几种方法综合分析,灵活使用。
> (2) 组合体的学习应多画、多看、多注,并由物到图和由图到物反复地进行演练,才能加快读图的速度。

小结:本章是前面所学知识的综合运用,介绍了切割几何体及叠加式组合体的形成和视图表达,通过对组合体的识读,介绍了用形体分析法和线面分析法对组合体三视图进行绘制、阅读、尺寸标注的方法,为以后识读零件图、装配图奠定了基础。

本章难点:

(1) 截交线、相贯线的求法:一直是绘图和读图的难点,特别是当截交线和相贯线的投影没有特殊性(如积聚性)的情况时,应注意立体形状不同、相对位置不同时截交线、相贯线的形状不同,要注意归纳它们的投影特征,利用表面取点法和辅助平面法进行作图。

(2) 组合体的组合方式及组合体视图的尺寸标注:应特别注意截切、相贯形体的尺寸标注。

（3）组合体视图的阅读：根据已知两视图，运用形体分析方法和线面分析方法，想象出物体的形状，在此基础上，再根据两个已知视图按照"三等"关系画出物体的第三视图。必须做到完整准确，不多线也不漏线。

关键概念： 截交线、相贯线、尺寸标注、形体分析法、线面分析法。

自　测　题

3-1　截平面垂直于圆柱的轴线截切圆柱，产生的截交线是_____，截平面倾斜于圆锥的轴线截切圆柱，产生的截交线是_____。

3-2　已知立体的主、俯视图如下图所示，正确的左视图是（　　）。

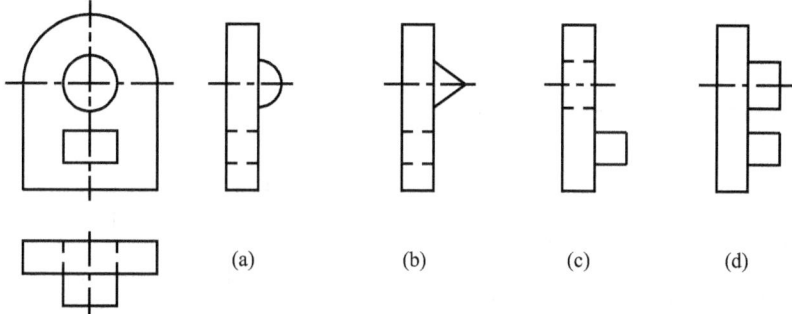

3-3　已知圆柱被截切后的主、俯视图如下图所示，正确的左视图是（　　）。

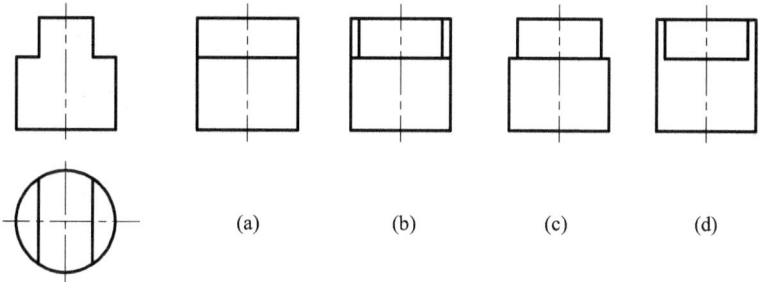

3-4　画出题图3-4所示截切后四棱锥的左视图，并补全俯视图。

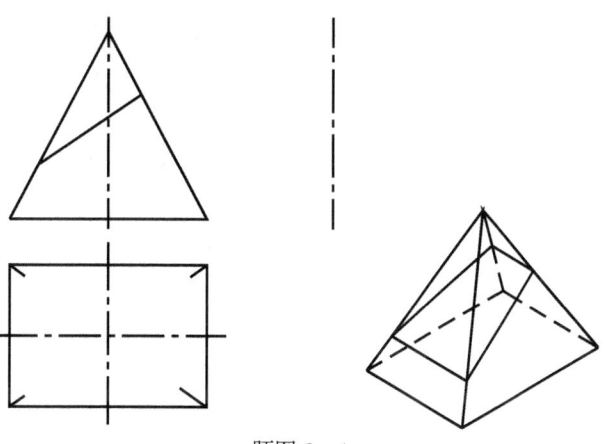

题图 3-4

3-5 分析题图 3-5 截切形体的表面交线,画全三视图。

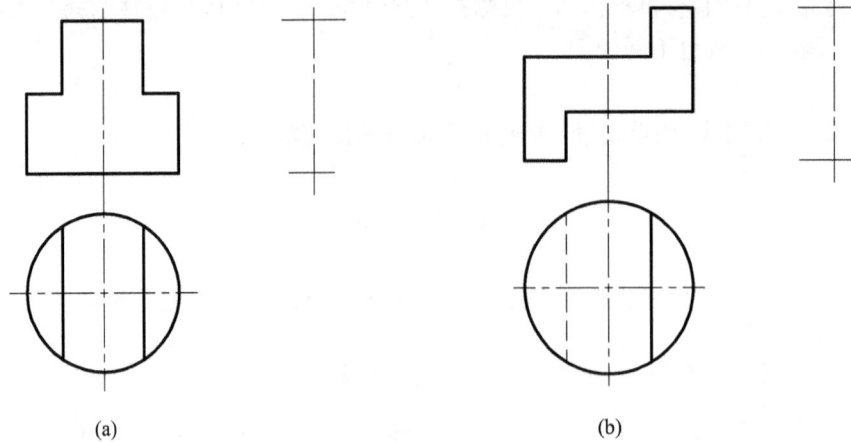

题图 3-5

3-6 根据题图 3-6 给定的主、左两视图,画出俯视图。

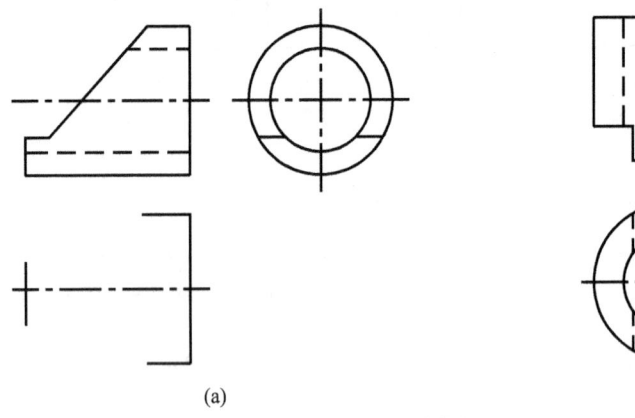

题图 3-6

3-7 分析题图 3-7 相贯形体的表面交线,补画左视图。

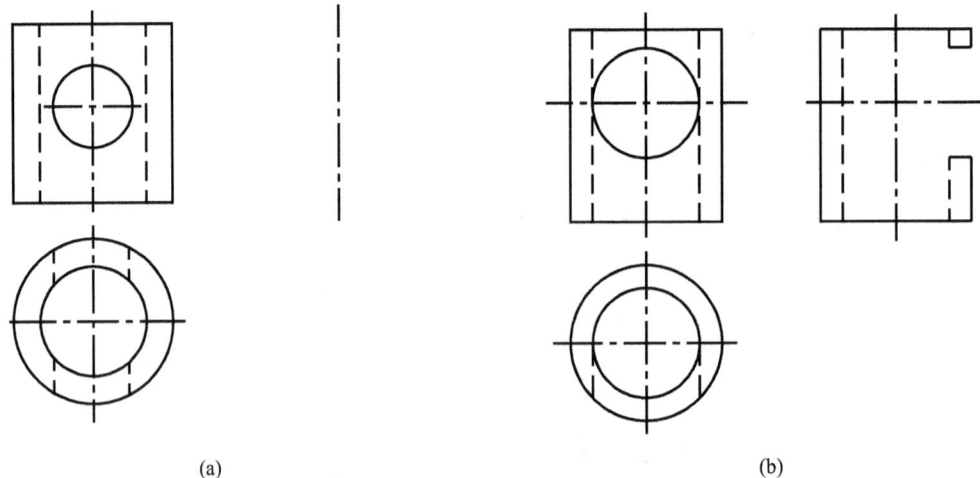

题图 3-7

3-8 分析题图 3-8 相贯形体的表面交线,画全三视图。

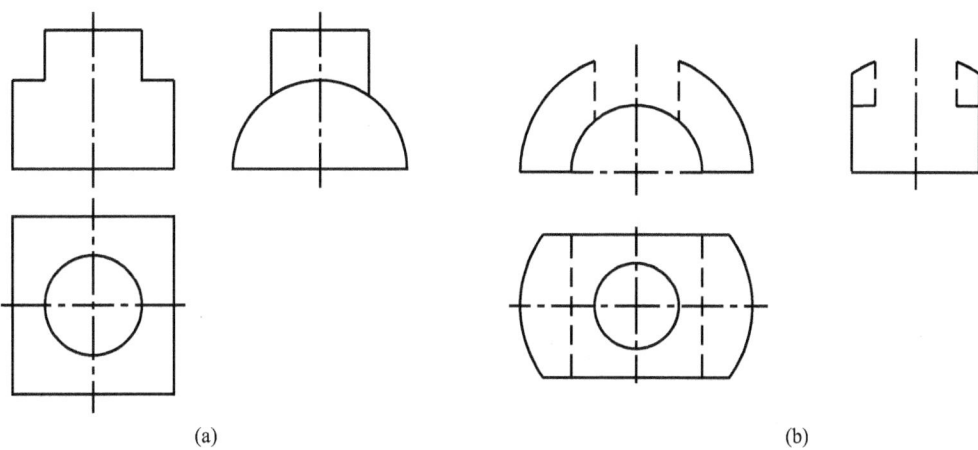

(a) (b)

题图 3-8

3-9 试分析题图 3-9 中物体的表面交线,补画左视图。

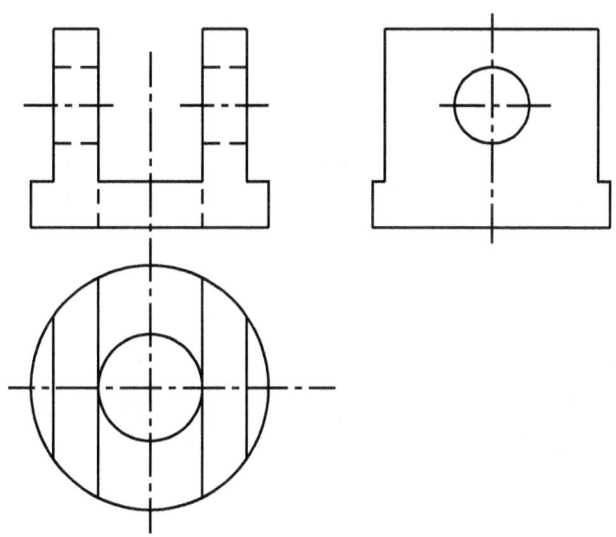

题图 3-9

3-10 试分析题图 3-10 中物体的表面交线,并画全三视图。

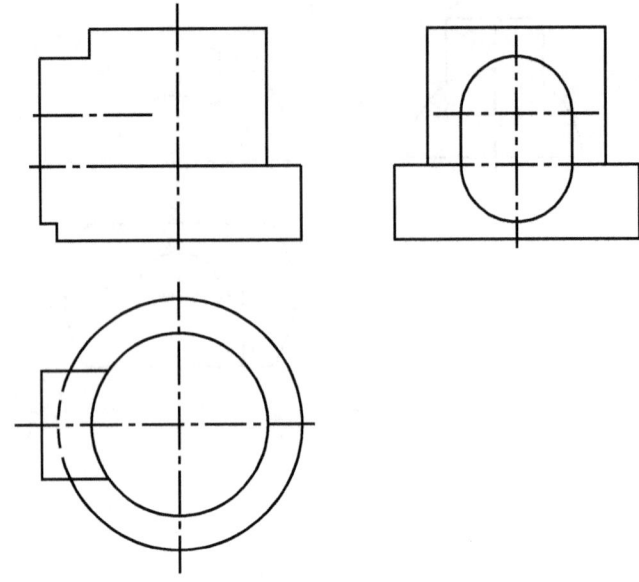

题图 3-10

3-11 试在题图 3-11 视图上标注尺寸(尺寸数值按 1∶1 的比例在图中量取)。

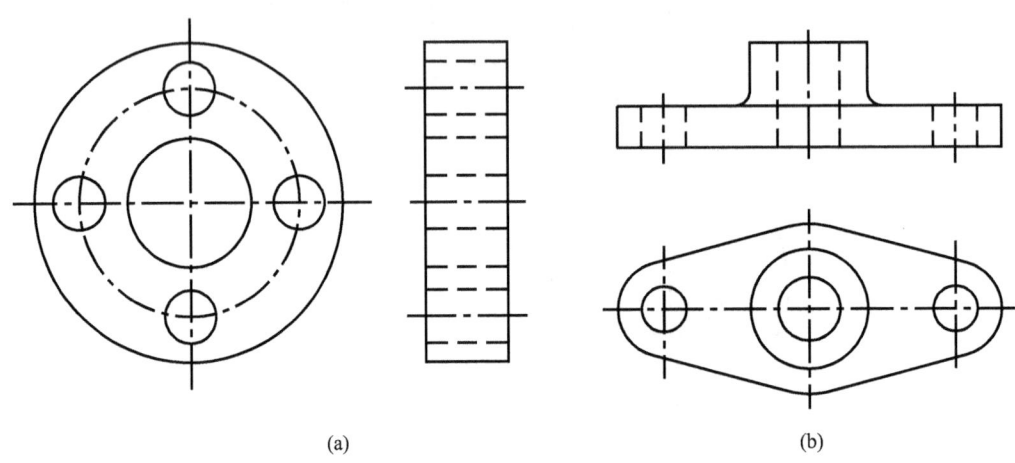

(a)   (b)

题图 3-11

3-12 试在题图 3-12 视图上标注尺寸(尺寸数值按 1∶1 的比例在图中量取)。

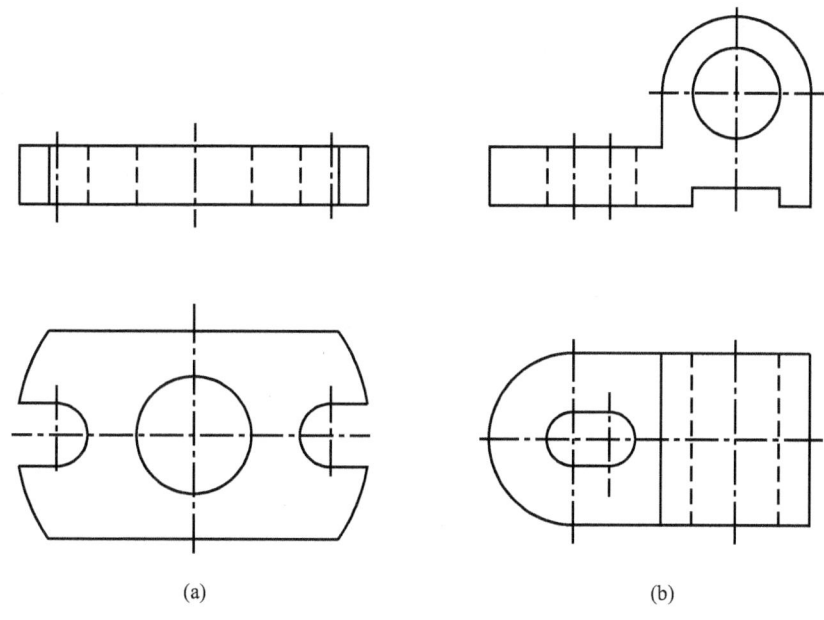

题图 3-12

3-13 试在题图 3-13 视图上标注尺寸(尺寸数值按 1∶1 的比例在图中量取)。

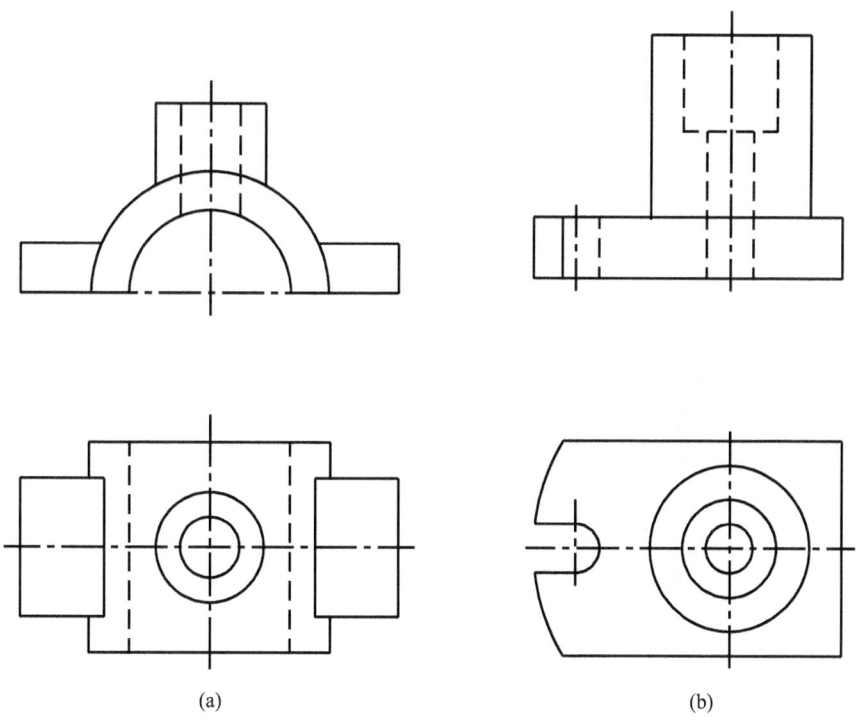

题图 3-13

3-14 根据给定的题图 3-14 主、左两视图,画出俯视图。

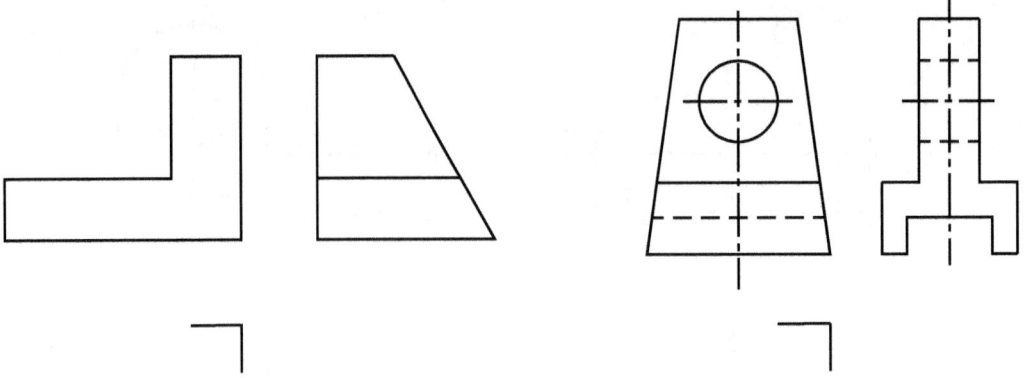

(a) (b)

题图 3-14

3-15 根据给定的题图 3-15 中主、俯两视图,画出左视图。

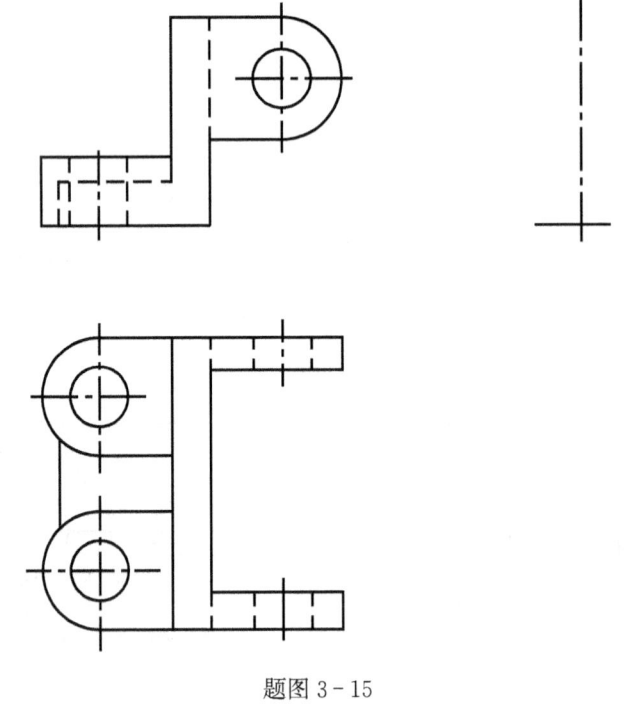

题图 3-15

3-16 根据给定的题图 3-16 主、俯两视图,画出左视图。

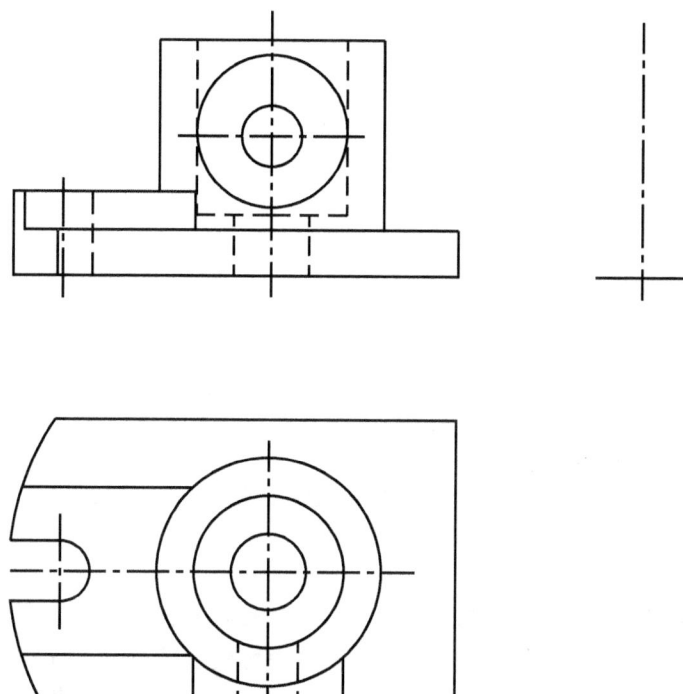

题图 3-16

4 机件常用的表达方法

本章概要 介绍视图、剖视图、断面图及简化画法等常用表达方法,根据视图、剖视图的特点探讨机件的视图表达方案。

> **学习目标:**
> (1) 机件的结构复杂多样,仅用三视图有时不能完整、清晰地表达机件的内外形状,必须进一步掌握各种视图、剖视图、断面图的画法、标注和应用场合。
> (2) 熟悉各种简化画法。
> (3) 能够灵活应用上述表达方法绘制机件图形,并能根据工程图样想象出机件的内外结构形状。

实际生产中的机件,当其结构和形状比较复杂或有倾斜表面时,仅仅采用前述的三视图来表达,往往会出现虚线多、图线重叠、层次不清或投影失真的情况,从而不能将物体的形状清晰地表达出来,为了把机件的结构形状表达得完整、清晰,并使作图简洁、看图方便,国家标准《机械制图》中规定了视图、剖视图、断面图、局部放大图的画法,以及简化画法和其他规定画法,制图时可根据需要选用。

4.1 视图

4.1.1 基本视图和向视图

当某些机件采用三视图不能清晰表达其结构形状时,可以借助基本视图来表达。国家标准规定以正六面体的六个平面为基本投影面,把机件放在其中,分别按照观察者→机件→投影面的位置关系,向六个投影面作正投影,所得到的六个视图称为基本视图,如图4-1(a)所示。除前面已经介绍过的主视图、左视图、俯视图外,其余三个视图是:

右视图——由右向左投影在 W_1 投影面上所得的视图。

仰视图——由下向上投影在 H_1 投影面上所得的视图。

后视图——由后向前投影在 V_1 投影面上所得的视图。

展开基本视图时,各基本投影面的展开方式如图 4-1(b)所示,V_1 投影面绕其与 W 投影面交线向前旋转 90°,再与 W 投影面一起绕 Z 轴向右旋转 90°,H_1 投影面绕其与 V 投影面交线向上旋转 90°,W_1 投影面绕其与 V 投影面交线向左旋转 90°。当六个基本视图按图 4-2(a)配置时一律不标注视图名称,否则应在视图上方用字母标注出视图名称"×",并在相应视图附近用带相同字母的箭头指明投影方向,如图 4-2(b)所示,这种视图称为向视图。由于投影面可以无限扩大,故其边界均省略不画。为了使图形清晰,也不必画出投影图之间的连线。通常视图间的距离可根据图纸幅面、尺寸标注等因素来确定。

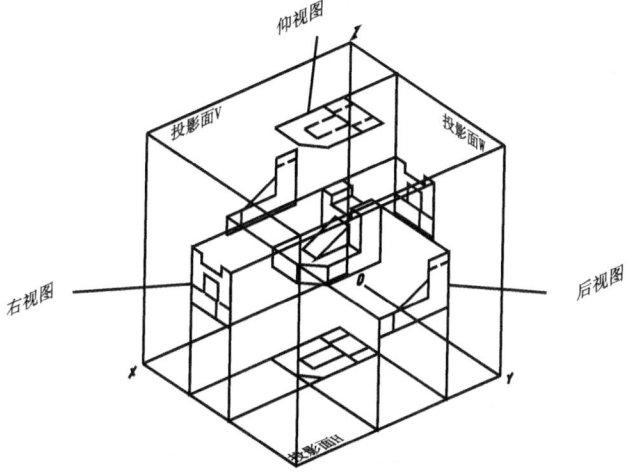

(a) 基本视图的六面投影箱

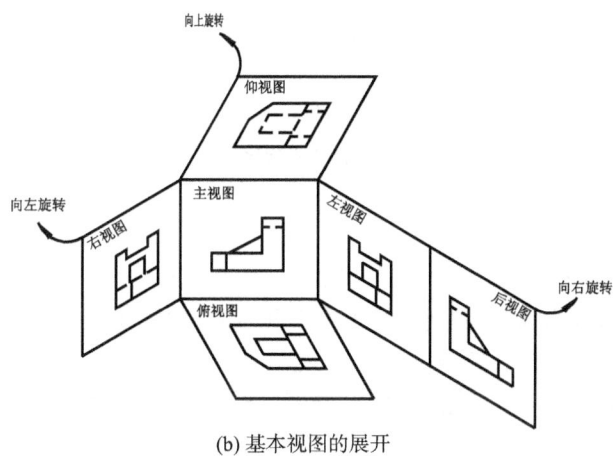

(b) 基本视图的展开

图 4-1 基本视图的形成

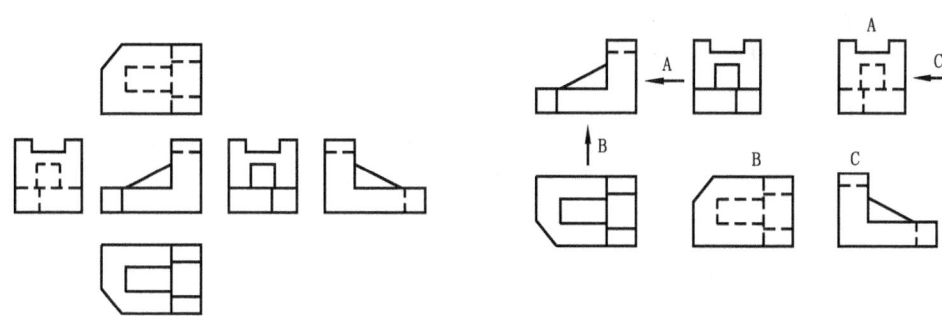

(a) 基本视图配置
（按投影关系配置时不标注视图名称）

(b) 向视图
（不按投影关系配置时要标注视图名称和投影方向）

图 4-2 视图配置

六个基本视图之间同样也具有"长对正、高平齐、宽相等"的投影规律,如图4-3所示,可概括为:

主、俯、仰、后视图长对正;

主、左、右、后视图高平齐;

左、右、俯、仰视图宽相等。

另外,从图4-3可知,主视图与后视图、左视图与右视图、俯视图与仰视图还具有轮廓对称的特点。围绕着主视图,视图上远离主视图的一侧是物体的前边,靠近主视图的一侧是物体的后边。

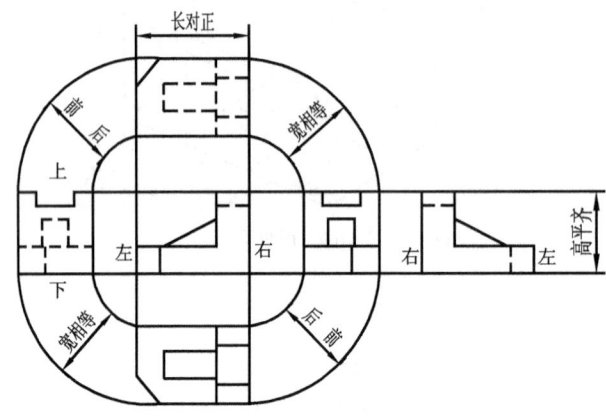

图4-3 六面基本视图的方位关系

4.1.2 局部视图

图4-4(a)所示的机件,用主、俯两个基本视图已清楚地表达了主体结构形状,但为了表达左、右两个凸缘形状,再增加左、右视图显得繁琐和重复,如图4-4(b)所示。当机件在平行于某一基本投影面的方向上仅有某局部结构形状需要表达,但又没有必要画出机件完整的基本视图时,可将机件的局部结构形状向基本投影面投射,仅画出需要表达的局部图形,这样所得的视图称为局部视图。图4-4(c)采用局部视图,只画出左、右两个凸缘形状,可使表达方案简练、清晰,重点突出。

局部视图的画法和标注应符合如下规定:

(1) 局部视图的断裂边界一般以波浪线表示,如图4-4(c)中的A向局部视图。

(2) 当所表示的结构是完整的,且外轮廓又成封闭时,波浪线可省略不画。如图4-4(c)中的B向局部视图。

(3) 局部视图可按基本视图配置的形式配置(如图4-4(c)中的A向局部视图),也可按向视图配置在其他适当位置(如图4-4(c)中的B向局部视图)。

(4) 局部视图一般需进行标注,在局部视图的上方标出视图的名称,如"A",在相应的视图附近,用箭头指明投影方向,并注上同样的字母;当局部视图按投影关系配置,中间又没有其他图形隔开时,可省略标注。如图4-4(c)中的A向局部视图的箭头和字母A均可省略。

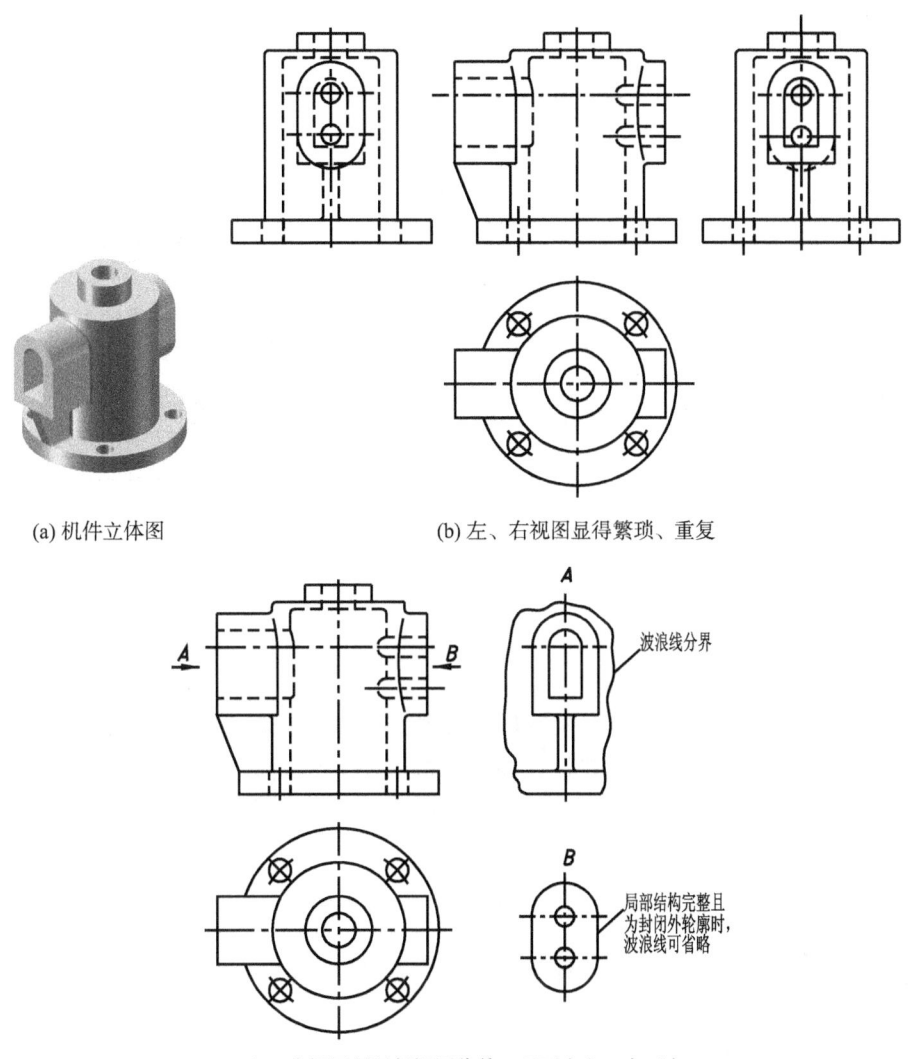

图 4-4 局部视图

4.1.3 斜视图

图 4-5(a)所示机件具有倾斜的结构,其倾斜表面在俯、左视图上都不反映实形,如果设立一个平行于倾斜表面的平面作为辅助投影面,将倾斜部分向此辅助投影面进行投射,就能得到反映该倾斜表面实形的视图,如图 4-5(b)所示。这种把机件向不平行于基本投影面的辅助投影面进行投射所得的视图,称为斜视图。

斜视图的画法和标注应符合如下规定:

(1) 斜视图主要用于表达机件上倾斜部分的真实形状,因此机件的其余部分不必在斜视图上画出,可用波浪线断开。见图 4-5(b)。

(2) 斜视图一般按投影关系配置,必要时也可配置在其他适当的位置,在不致引起误解时,允许将图形旋转,并加注旋转符号,旋转符号的箭头所指方向应与图形实际旋转方向一致。其标注形式如图 4-5(c)所示。

（3）必须在斜视图的上方标出视图的名称，如大写字母"A"，字母应靠近旋转符号的箭头端，在相应的视图附近用箭头指明投射方向，并注上同样的字母"A"，字母一律水平写。

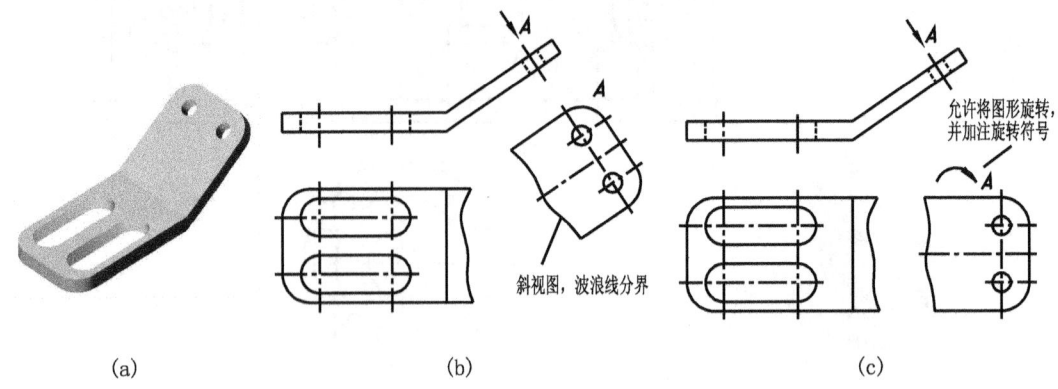

图 4-5 斜视图表达倾斜部分的实际形状

4.2 剖视图

用视图表达机件时，机件的内部结构和被遮盖的外部形状是用虚线表示的，当其结构形状较复杂时，在视图中就会出现很多虚线，如图 4-6 中的主视图，内部结构的虚线和其他线条重叠在一起，影响图形的清晰，不便于读图和标注尺寸，这时可采用剖视的方法表达机件。

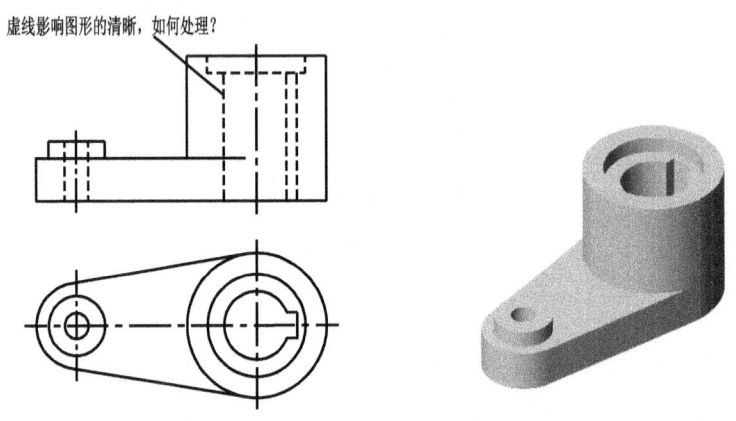

图 4-6 机件的视图

4.2.1 剖视的概念和基本画法

图 4-6 所示的机件，在主视图上其内部结构是用虚线来表示的。为了清楚地表达机件的内部形状，现假想用一个过机件对称平面的正平面为剖切平面切开机件后，移去观察者和剖切平面之间的部分，将留下的部分向正立投影面投射，就得到图 4-7(a)所示主视图位置上的剖视图。这种假想用一剖切平面沿机件的适当位置剖开机件，将处于观察者和剖切平

面之间的部分移去,而将其余部分向投影面投射,并在剖切到的实体部分画上剖面符号,所得到的图形称为剖视图。

下面以图 4-7 为例,介绍画剖视图的步骤。

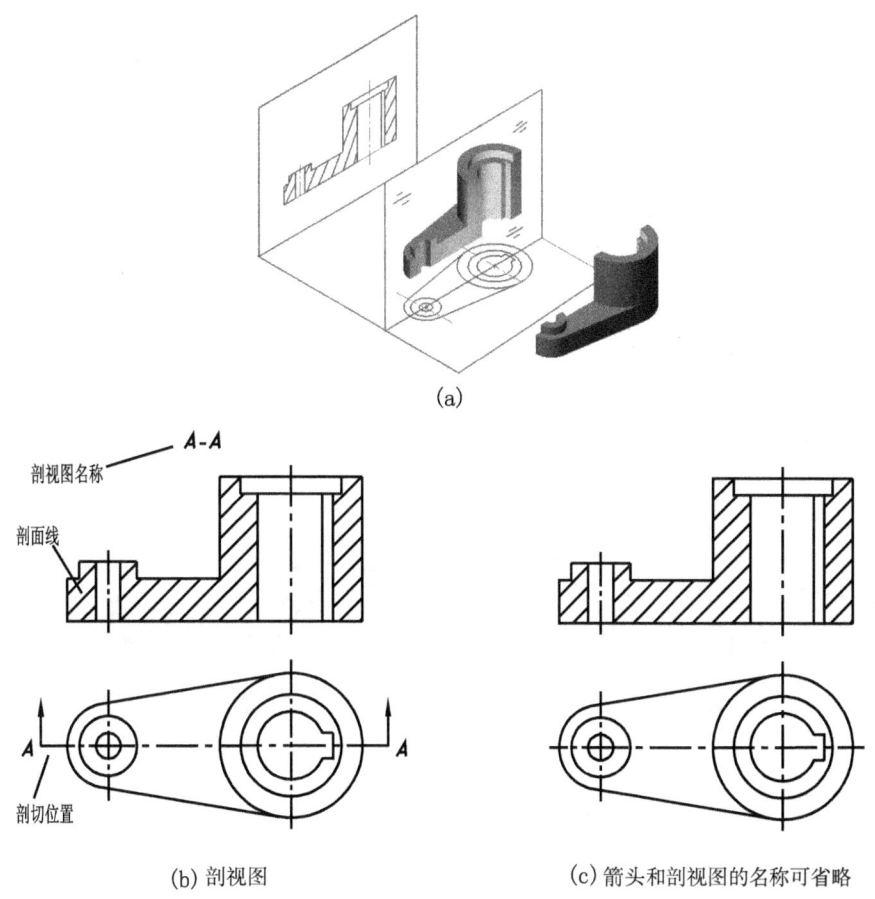

图 4-7 剖视的概念

(1) 确定剖切面的位置

剖切平面一般应通过机件的对称平面或孔、槽等结构的轴线,且要平行(或垂直)于某一基本投影面(图中为平行于正立投影面),这样就能反映机件内部结构的实形。

(2) 画剖视图

移去位于观察者和剖切面之间的部分,画出余下部分机件的视图,从而在主视图上得到剖视图。这时机件内部的孔、槽被显露出来,原来看不见的虚线变成可见,可画成粗实线。

(3) 画剖面符号

在剖视图上,为区分剖切到的实体部分和未剖切到的结构,规定在剖切到的实体部分画上剖面符号。

(4) 标注剖切位置和剖视图名称

① 一般应在剖视图的上方用字母标出剖视图的名称"×—×",在相应的视图上用剖切符号(断开的粗实线,线宽为 1~1.5b,尽可能不与图形的轮廓线相交)表示剖切位置,其两端

用箭头表示投射方向,并标出同样的字母"×"如图 4-7(b)。

② 当剖视图按投影关系配置,中间又没有图形隔开时,可省略箭头;当单一剖切平面通过机件的对称平面或基本对称的平面,且剖视图按投影关系配置,中间又没有图形隔开时,可省略标注。所以图 4-7(b)中剖视图的剖切位置、箭头和剖视图的名称均可省略,见图 4-7(c)。

画剖视图时要注意:

(1) 根据表达机件的实际需要,在一组视图中,可以同时在几个视图中采用剖视。

(2) 剖开零件是假想的,并不是真正把零件切掉一部分,所以一次假想剖切只对一个视图起作用,不影响其他视图的完整性,其他视图仍应按完整的机件画出,如图 4-7(b)的俯视图。

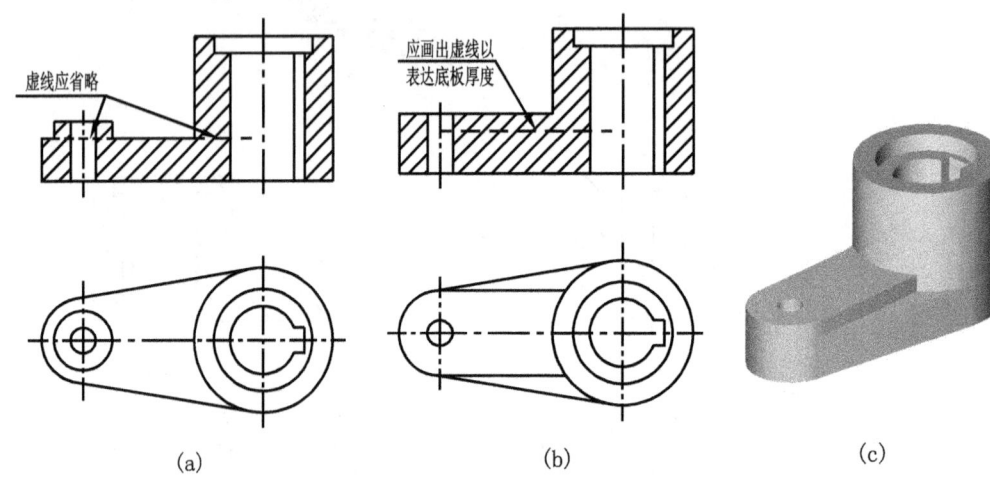

图 4-8 剖视图中虚线的处理

(3) 在剖视图中,不可见轮廓线(虚线)一般省略不画,如图 4-8(a)所示。只有对尚未表达清楚的结构,当不再另画视图表达时,才用虚线画出,但视图需不失清晰,如图 4-8(b)。

(4) 取走剖切面与观察者之间的部分后,留下的部分应全部向投影面投射,被投射部分的可见轮廓线都必须用粗实线画出。应注意不可将已假想被移去的部分画出,图 4-9 示出了常见的错误。

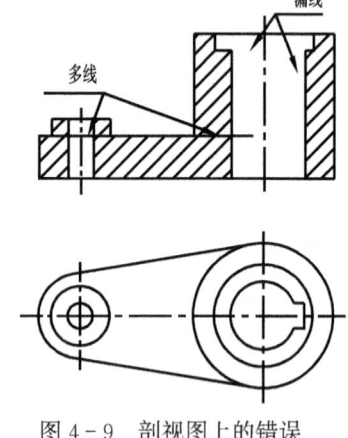

图 4-9 剖视图上的错误

在剖视图中,在剖切到的断面上应画上剖面符号。根据国家标准 GB/T 17453—1998规定,应采用表 4-1 所规定的剖面符号。其中金属材料的剖面符号用与水平线成 45°、间隔均匀的细实线画出,向左上、右上倾斜均可,通常称为剖面线。在同一机件的各个剖视图中,剖面线方向和间隔应一致。

表 4-1 剖面符号

材料名称	剖面符号	材料名称	剖面符号
金属材料 (已有规定剖面符号者除外)		混凝土	
非金属材料 (已有规定剖面符号者除外)		钢筋混凝土	
玻璃及观察用的其他透明材料		格网(筛网、过滤网等)	
型砂、填砂、粉末冶金、砂轮、陶瓷刀片、硬质合金刀片等		固体材料	

4.2.2 剖视图种类

不是所有机件都要完全地剖切开来表达内部结构。根据机件的形状特征,剖视图可分为全剖视图、半剖视图和局部剖视图。

1. 全剖视图

用剖切平面完全地剖开机件所得的剖视图,称为全剖视图。

全剖视图主要用于外形比较简单,内形比较复杂的不对称机件。前面所述的例子均为全剖视图,如图 4-7、图 4-8。

2. 半剖视图

当机件具有对称平面时,在垂直于机件对称平面的投影面上投射所得的图形,可以对称中心线为界,一半画成剖视,另一半画成视图,这样画出的剖视图称为半剖视图。

如图 4-10(a)所示的机件,其内外结构均较复杂,但前后、左右都对称。如果将主视图采用全剖视,则顶板下的凸台就不能表达出来。如采用图 4-10(b)所示的剖切方法,分别将主、俯视图画成半剖视图,这样就能清楚地表示机件的内外结构形状。

画半剖视图时,应注意下列几点:

(1) 在同一机件的各剖视图中的剖面线方向、间隔必须一致,半个视图和半个剖视图的分界线,必须是对称中心线(细点画线)。

(2) 由于图形对称,机件的内形已在剖视的一半中表示,因此,在另一半外形视图上表示内部结构的虚线一般应省略不画。但是,如果机件的某些内部形状在半剖视图中还没有表达清楚时,则在表达外部形状的半个视图中,应该用虚线画出。如图 4-10(c)中,在主视图上,顶板上的圆柱孔和底板上的圆柱孔,都用虚线画出。

(3) 半剖视图的标注方法与全剖视图的标注方法相同。在图 4-10(c)中,按照标注省略条件,主视图省略了标注;而用水平面剖切后得到的半剖视图,因为剖切面不是机件的对称平面,所以必须在半剖视图的上方注出剖视图的名称"A—A",并在另一个图形中用带字母 A 的剖切符号表示剖切位置,由于图形按投影关系配置,中间又没有其他图形隔开,所以表示投射方向的箭头可省略。

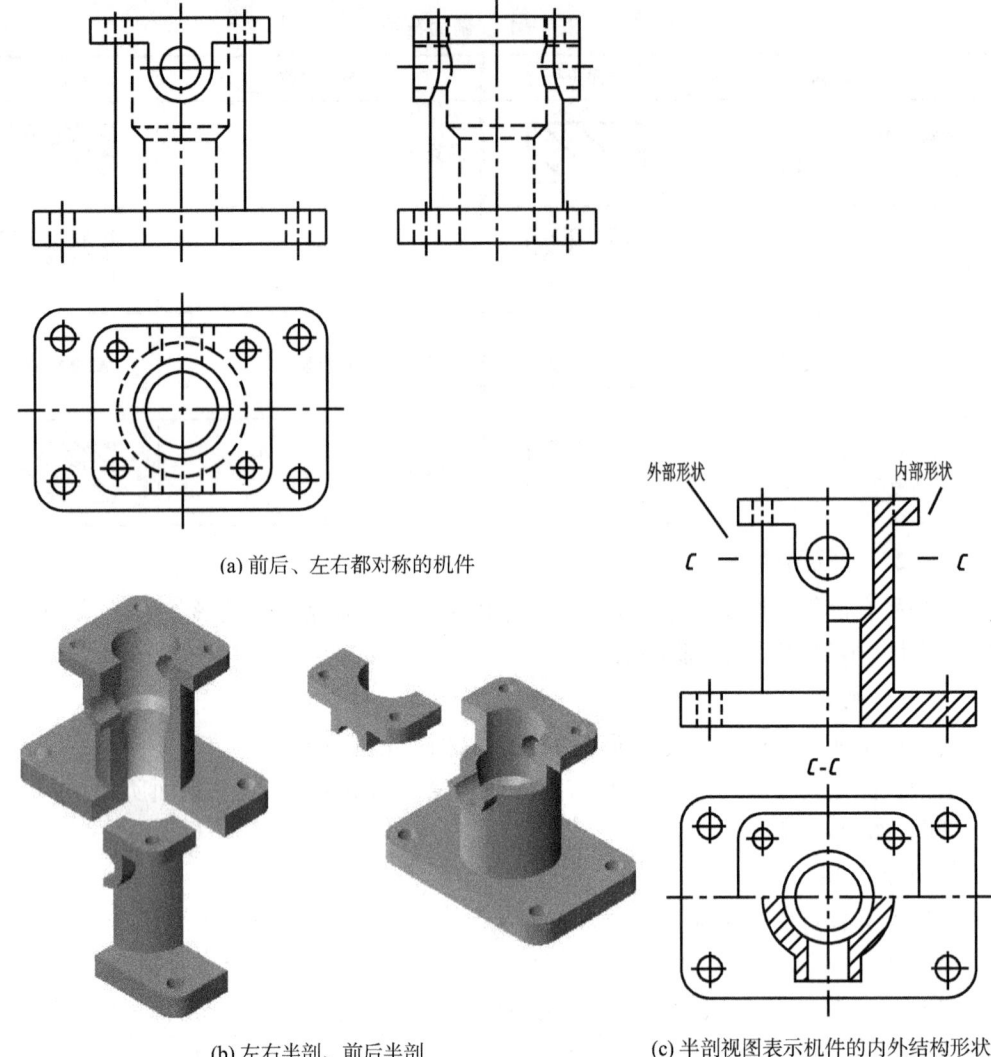

图 4-10 半剖视图

（4）当机件的形状接近对称，且不对称部分已另有图形表达清楚时，也可画成半剖视图，以便将物体的内外结构形状都表达出来。

（5）如果机件形状对称，且外形比较简单，通常不必采用半剖视图，而用全剖视图表达。

图 4-10(a)所示的三视图改用图 4-10(c)的半剖视图表达后，图形更为清晰、简洁且重点突出。

3．局部剖视图

当机件只有局部地方的内部结构需要表达时，改用剖切平面局部地剖开机件，所得到的剖视图，称为局部剖视图。

图 4-11 所示的机件，其上下、左右、前后都不对称。为了使机件的内外部结构都能表达清楚，可将主视图画成局部剖视图；在俯视图上，为保留顶部外形，可采用"A-A"剖切位

置的局部剖视图。

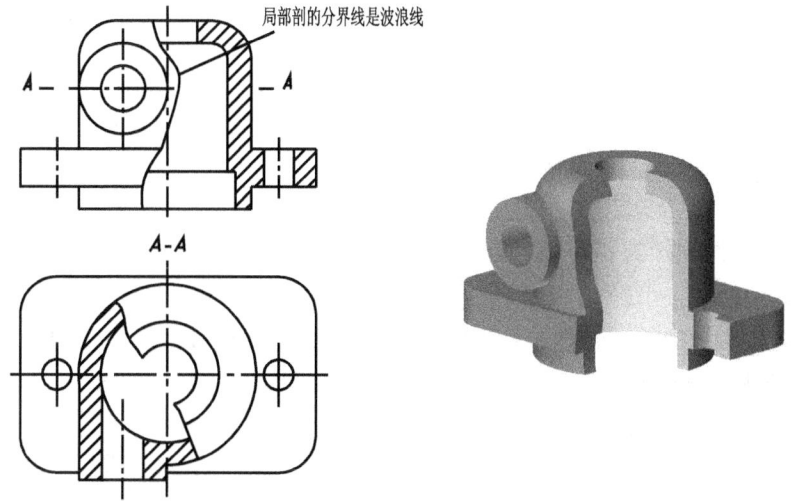

图 4-11 局部剖视图

画局部剖视图时应注意下列几点：

(1) 局部剖视图与视图用波浪线作为分界线，波浪线可看成是机件断裂痕迹的投影，因此它只能画在机件的实体部分，不能超出视图的轮廓线或画在贯通的孔、槽内，也不能和图样上的其他图线重合，或画在轮廓线的延长线上。图 4-12 中示出了波浪线的一些错误画法。

(2) 局部剖视图的标注方法和全剖视图的标注方法相同，但对于剖切位置明显的局部剖视图，一般不必标注。

(3) 当机件的轮廓线与对称中心线重合，不宜画半剖视图时，应画成局部剖视图。见图 4-13。

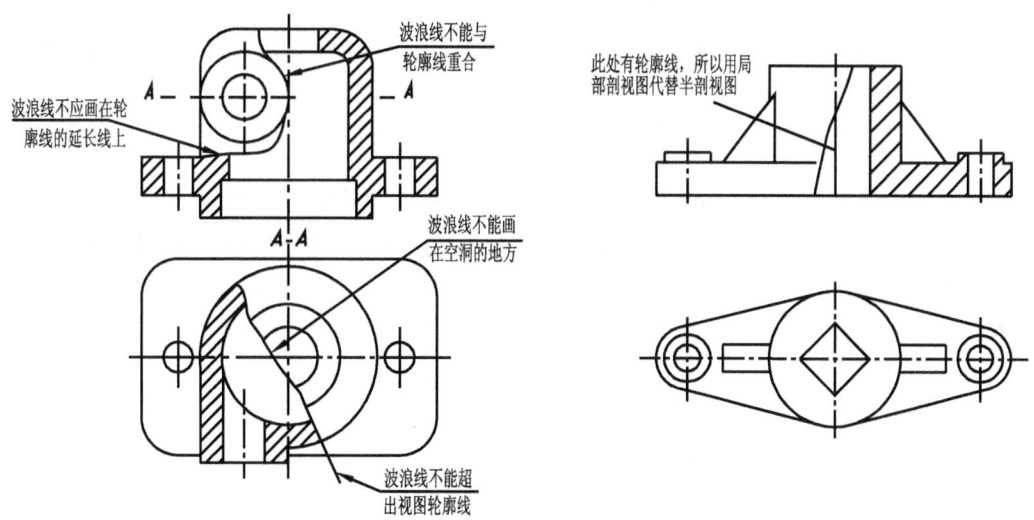

图 4-12 波浪线的错误画法　　　图 4-13 用局部剖视图代替半剖视图

(4) 局部剖视图是一种比较灵活的表达方法，当在剖视图中既不宜采用全剖视图，也不宜采用半剖视图时，则可采用局部剖视图。但在一个视图中，局部剖视的数量不宜过多，以免使图形过于破碎,不利于看图。

> 思考:
> 1. 全剖、半剖、局部分别适用于什么情况?
> 2. 为使机件的表达方案最简洁、清晰,应如何灵活应用六个基本视图、向视图、局部视图、全剖视图、半剖视图、局部视图?

4.2.3 剖切面的种类和剖切方法

上述剖视图的例子中,均采用一个剖切面来剖切机件,事实上采用一个剖切面时,有些机件的内部结构不一定能够清楚表达,这时可以采用其他的剖切方法,常用的剖切面有:单一剖切平面、两相交的剖切平面、几个平行的剖切平面和组合的剖切平面。

1. 单一剖切平面

假想用一个剖切面(一般为平面)剖开机件。前面所述的全剖视图、半剖视图和局部剖视图,都是用平行与某一基本投影面的剖切平面剖开机件后所得出的。

2. 几个相交的剖切平面

图 4-14 所示的机件,若采用全剖视,则机件右前方的结构就不能表达清楚。现假想采用两个相交的剖切平面(交线垂直于某一基本投影面)剖开机件,同时为使倾斜结构在剖视图上反映实形,假想将倾斜剖切平面剖开的结构及其有关部分旋转到与基本投影面平行后再进行投射,这样就可以在同一剖视图上表示出两个相交剖切平面所剖切到的形状。

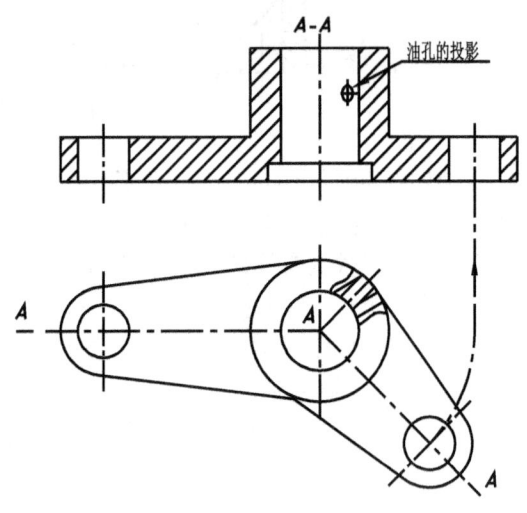

图 4-14 两个相交剖切平面剖得的剖视图

> 几个相交剖切面剖切的注意点:
> (1) 几个相交的剖切面必须保证其交线为零件某回转体的轴线。
> (2) 必须进行标注。在剖视图的上方,用字母标出剖视图的名称,如"A—A",在相应的视图上用剖切符号标明剖切平面起始、转折和终止的位置,并标注相同的字母,用箭头表示投影方向。若旋转视图按投影关系配置,中间又没有其他图形隔开,可省略表示投影方向的箭头,如图 4-14 所示。
> (3) 在剖切平面后的其他结构要素,一般仍按原来位置画出投影。如图 4-14 主视图中,油孔的投影就是按原来位置画出的。
> (4) 特别要注意的是"先剖切再旋转然后再投影"的顺序,不要漏掉"旋转"这一过程。
> (5) 适用场合:对于盘、盖、摇臂类机件,其内部结构处于两个相交的剖切平面上时适合。

3. 几个平行的剖切平面

图 4-15(a)所示机件,若采用一个与对称平面重合的剖切平面进行剖切,则上面板子的两个小孔将剖不到。现假想通过右边孔的轴线再作一个与上述剖切平面平行的剖切平面,这样可以在同一个剖视图上表达出两个平行剖切平面所剖切到的结构,如图 4-15(b)所示。

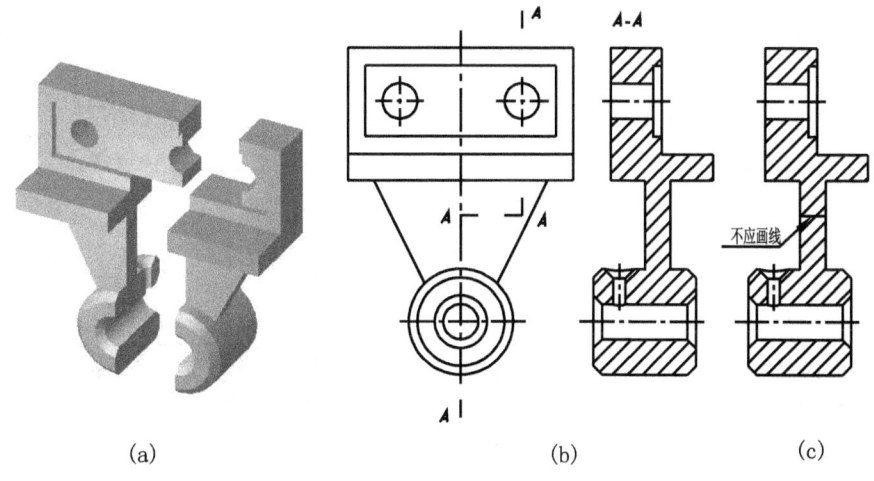

(a)　　　　　　　　　(b)　　　　　　　　　(c)

图 4-15　两个平行剖切面剖得的剖视图

几个平行剖切面剖得的视图必须进行标注,在剖视图的上方标出其名称,如"$A-A$",在相应的视图(图中为主视图)上用剖切符号标明剖切平面起始、转折和终止的位置,并标注相同的字母,用箭头表示投影方向。箭头省略条件与几个相交剖切面剖切相同,例见图 4-15(b)。

画几个平行剖切面剖得的视图时应注意下列几点:
(1) 剖切平面是假想的,剖切平面转折处在剖视图上的投影不应画出。如图 4-15(c)中的画法是错误的。
(2) 剖切平面应以直角转折,不能迂回重叠,剖切符号的转折处,不应与视图中的轮廓线重合;而且剖切平面转折处的剖切符号应对齐不能错开。

4. 组合的剖切平面

用以上方法组合而成的剖切面剖开机件的方法称为复合剖视,用于表达内形复杂的零件。

画复合剖时,机件上被倾斜的剖切平面所剖切到的结构,应旋转到与选定的基本投影面平行后,再进行投射,如图 4-16 所示。

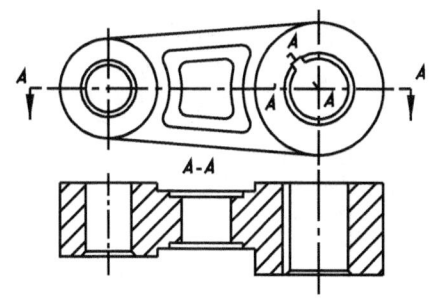

图 4-16　复合剖视图

思考:几个相交剖切面剖、几个平行剖切面剖、复合剖一般应用于什么情况?应注意哪些事项?

> 提示:在作剖视图时,应根据零件的结构特点,恰当选用不同的剖切平面。

4.2.4 剖视图上的尺寸标注

在剖视图上标注尺寸时,应注意下列几点,例见图4-17。

(1) 尽量把外形尺寸集中在视图的一侧,而将内形尺寸集中在剖视的一侧,以便看图。

(2) 在剖视图中,当形状轮廓只画出一半或一部分,而必须标注完整的尺寸时,可使尺寸线的一端用箭头指向轮廓,另一端超过中心线,但不画箭头,数值应按完整的尺寸标出。如图中 $\phi 20$、$\phi 11$。

(3) 如必须在剖面线中注写尺寸数值时,应将剖面线断开,以保证数值的清晰。

> 知识拓展:上面所述的剖视图种类、适用情况、注意事项及标注可总结归纳如表4-2所示。

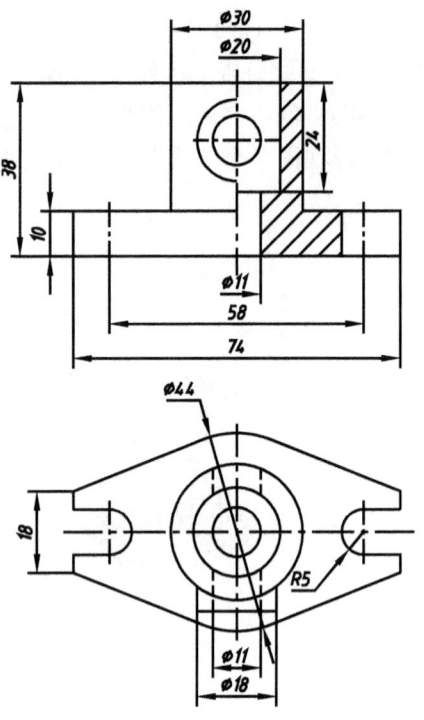

图 4-17 剖视图上的尺寸标注

表 4-2 剖视图的种类及标注

剖视图种类	适用情况	标注	剖切方法	注意事项
全剖视图	表达外形比较简单,内形比较复杂的不对称机件	画带箭头的剖切符号表示剖切位置,注写字母如"X—X" 当剖视图按投影关系配置,中间又没有图形隔开时,可省略箭头	(1) 单一剖切平面 (2) 两相交的剖切平面 (3) 几个平行的剖切平面 (4) 组合的剖切平面	(1) 剖切平面一般应通过机件的对称平面或孔的轴线 (2) 剖切平面后面的可见轮廓线均应画出 (3) 剖视图中表达不可见轮廓线的虚线一般省略不画 (4) 半剖视图中视图和半剖视图用细点画线分界 (5) 局部剖视图上的分界线只能画在机件的实体部分,且不能与其他图线重合 (6) 阶梯剖视中不应画出两个剖切剖面转折处的投影,也不应出现不完整的结构要素 (7) 旋转剖视中剖切平面后的其他结构一般仍按原来位置画出投影
半剖视图	表达对称机件的内、外结构形状	单一剖切平面通过机件的对称平面且按投影关系配置,中间又没有图形隔开时,可省略标注		
局部剖视图	表达机件的局部内形或需保留的局部外形	一般不标注		

4.3 断面图

断面图主要用来表达机件某部分断面的结构形状。

如图 4-18(a)轴上有一键槽,在主视图[见图4-18(b)]上能表达它们的形状和位置,但不能表达其深度。如果采用剖视图表达[如图4-18(b)左视图],则轴肩轮廓重复多余。此时,可假想用一个垂直于轴线的剖切平面,在键槽处将轴剖开,然后仅画出剖切处断面的图形,并加上剖面符号,就能清楚地表达键槽的断面形状和深度。这种用假想剖切平面将机件的某部分切断后,仅画出切断面的图形,称为断面图。断面图常用来表示机件上某一局部断面的形状,例如机件上的肋、轮辐,轴上的键槽和孔等。

> 知识拓展:比较图4-18可知,断面图和剖视图的区别是:断面图只画出机件的断面形状,而剖视图是将机件的断面及剖切平面后面的结构一起投射所得的图形。

根据断面图在绘制时所配置的位置不同,断面可分为移出断面和重合断面。

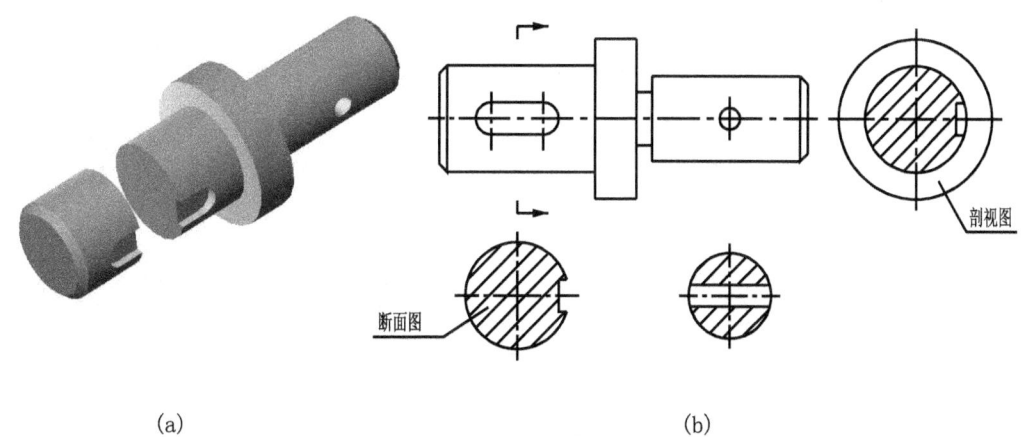

图4-18 用断面图表达轴上的结构、断面图和剖视图的区别

4.3.1 移出断面图

画在视图外的断面,称为移出断面。移出断面的轮廓线用粗实线绘制。标注与剖视图的规定相同,一般用剖切符号表示剖切平面位置,用箭头表示投射方向并注上字母,在断面图的上方用同样字母标出相应的名称,例见图4-19(c)。为了便于看图,移出断面应尽量配置在剖切符号或剖切平面迹线的延长线上,此时,断面可省略字母和断面名称,如图4-19(b)所示。当断面呈对称时,剖切符号、箭头、名称均可省略,必要时,也可将移出断面配置在其他适当的位置,并可以旋转,例见图4-20。

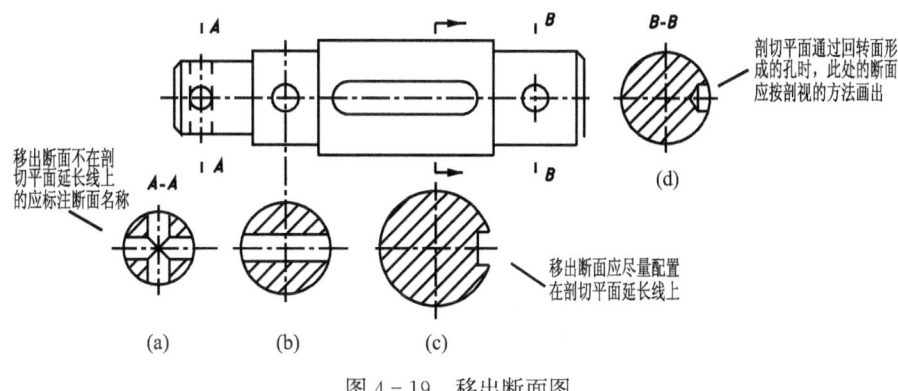

图4-19 移出断面图

画移出断面图时要注意：

（1）一般情况下，断面图仅画出剖切后断面的形状，但当剖切平面通过回转面形成的孔或凹坑的轴线时，则这部分结构的断面应按剖视的方法画出，如图4-19(a)(b)(d)。

（2）当剖切平面通过非圆孔，会导致出现完全分离的两个图形时，则这些结构应按剖视绘制，如图4-20所示。

（3）为了使断面能反映机件上被剖切部位的实形，剖切平面应与被剖部位的主要轮廓线垂直。由两个或多个相交的剖切平面剖切得到的移出断面，中间一般应断开，如图4-21所示。

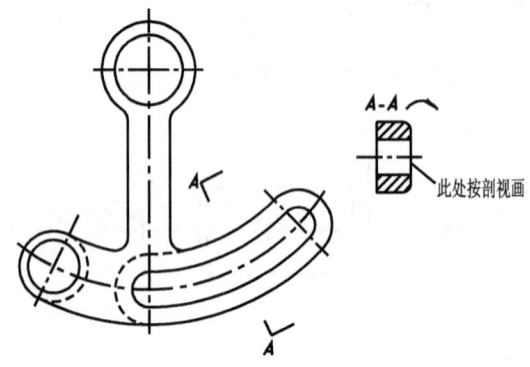 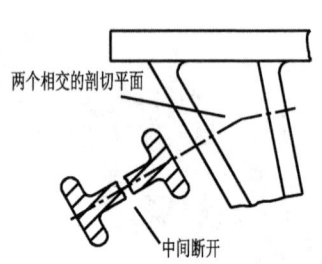

图4-20　移出断面按剖视画　　　　图4-21　相交平面切出的移出断面

4.3.2　重合断面图

画在视图内的断面称为重合断面。只有当断面形状简单，且不影响图形清晰的情况下，才采用重合断面，如图4-22所示。重合断面的轮廓线用细实线画出，以便与原视图的轮廓线相区别。当视图中的轮廓线与重合断面的轮廓线重叠时，视图中的轮廓线仍应连续画出，不可间断，如图4-22(b)所示。

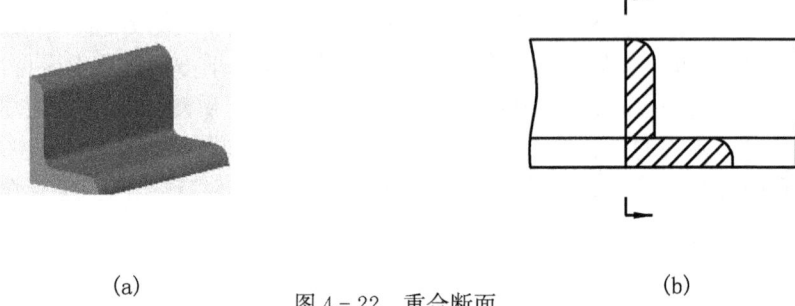

(a)　　　　图4-22　重合断面　　　　(b)

由于重合剖断面是把断面图形直接画在剖切位置处，因此，对称的断面图形可以省略标注。不对称的重合断面应用剖切符号表示剖切位置和用箭头表示投射方向，如图4-22(b)所示。

思考：轴类零件一般采用何种表达方法？断面图的作用、应用场合是什么？其配置要注意什么？

知识拓展：上面所述断面图的种类、适用情况、标注、规定画法可归纳为表4-3。

表 4-3 断面图及其标注

断面图种类	移出断面	重合断面
概念	画在视图的外面	画在图形的里面
轮廓线线型	轮廓线用粗实线绘制	轮廓线用细实线绘制
适用情况	表达机件断面形状或局部小结构	同移出断面,在不影响图形清晰的情况下使用
标注	画在剖切位置延长线上时: (1) 断面对称,不标注。 (2) 断面不对称,标注带箭头的剖切符号,省名称。 　　画在其他位置时均需标注: (1) 断面对称,省箭头。 (2) 断面不对称,需完整标注(带箭头的剖切符号、名称)	与画在剖切位置延长线上的移出断面标注相同
规定画法	(1) 当剖切平面通过回转面形成的孔或凹坑的轴线时,其断面按剖视画,如图 4-19(a)(b)(d)所示。 (2) 当剖切平面通过非圆孔出现完全分离的两个图形时,这些结构按剖视画,如图 4-20 所示。 (3) 由两个或多个相交的剖切平面剖切得到的移出断面,中间一般应断开,如图 4-21 所示	

4.4 局部放大图

当机件上的某些细部结构,在视图上由于图形过小而表达不清,或标注尺寸有困难时,可用大于原图形的作图比例,单独画出这部分结构,这样的图形称为局部放大图。

局部放大图可画成视图、剖视图、断面图,它与被放大部位的表达方式无关。

局部放大图应尽量配置在被放大部位的附近。画局部放大图时,应用细实线圆圈出被放大的部位,并用罗马数字顺序地标记。在局部放大图的上方标出相应的罗马数字和采用的比例,如图 4-23 所示。比例是指该图形与零件实际大小之比,而不是与原图形之比。

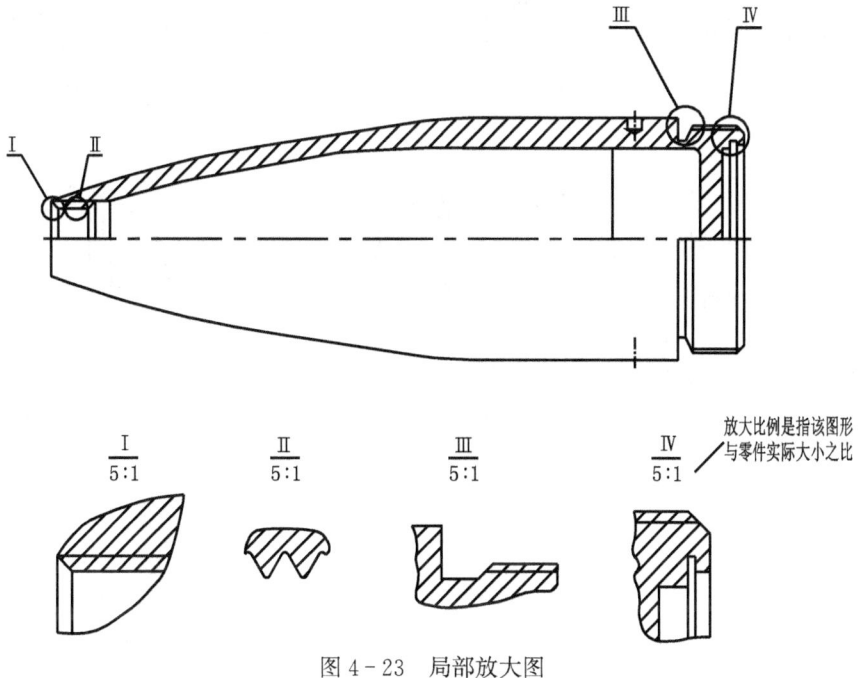

图 4-23 局部放大图

4.5 规定画法和简化画法

4.5.1 规定画法

为了使图形清晰和画图方便,制图标准中有一些规定画法,见表 4-4。

表 4-4 规定画法

规定画法	图 例
1. 肋的剖视画法: 对于机件上肋、轮辐及薄壁等,如按纵向剖切,这些结构在剖视图中都不画剖面符号,而用粗实线将它与邻接部分分开。当这些结构不按纵向剖切时,仍应画上剖面符号	
2. 均匀分布的轮辐画法: 当回转形机件上均匀分布的肋、轮辐、孔等结构不处于剖切平面上时,可假想将这些结构旋转到剖切平面的位置画出,即在剖视图上,应将这些均匀分布的结构画成对称,如右图所示	
3. 均匀分布的孔和肋的画法: 对若干直径相同且均匀分布的孔,允许画出其中一个或几个,其余只表示出其中心位置,但在图中应注明孔的总数,如右图所示	

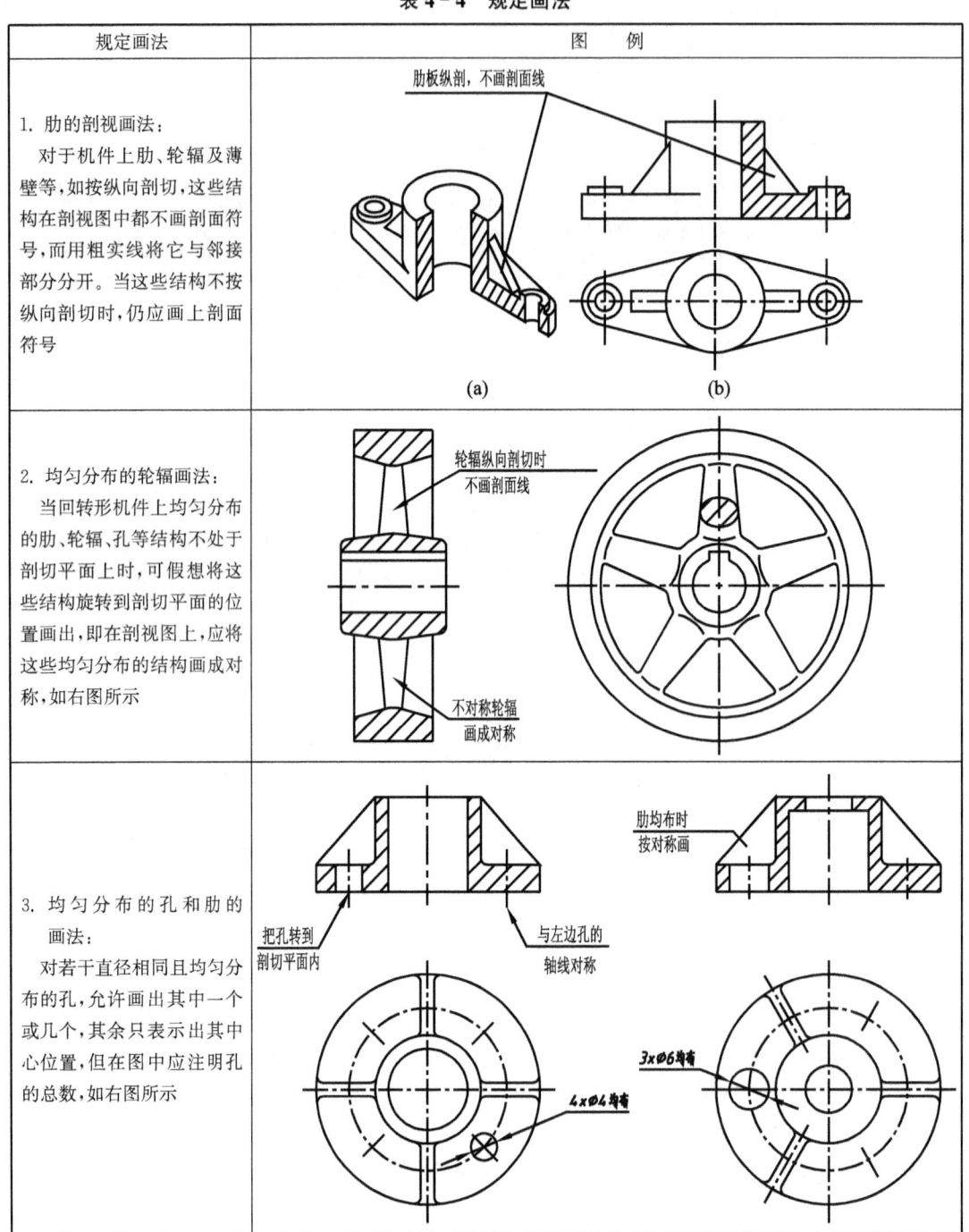

续表

规定画法	图例
4. 剖切平面前结构的规定画法： 在需要表达位于剖切平面前的结构时，这些结构按假想投影的轮廓线（双点画线）绘制，见右图所示	
5. 断面中再作局部剖的画法： 当需要在剖视图的断面中再作一次局部剖时，可采用右图所示的方法表示，两个断面的剖面线应同方向，但要互相错开，并用引出线标注其名称（见右图中 $A-A$）。当剖切位置明显时，也可省略标注	

4.5.2 简化画法

为了提高设计效率和图样的清晰度，国家标准制定了简化画法，如表 4-5 所示。

表 4-5 简化画法

简化画法	图例
1. 机件具有若干相同结构（如齿、槽等），并按一定规律分布时，只需画出几个完整的结构，其余用细实线连接，但在视图中必须注明该结构的总数	

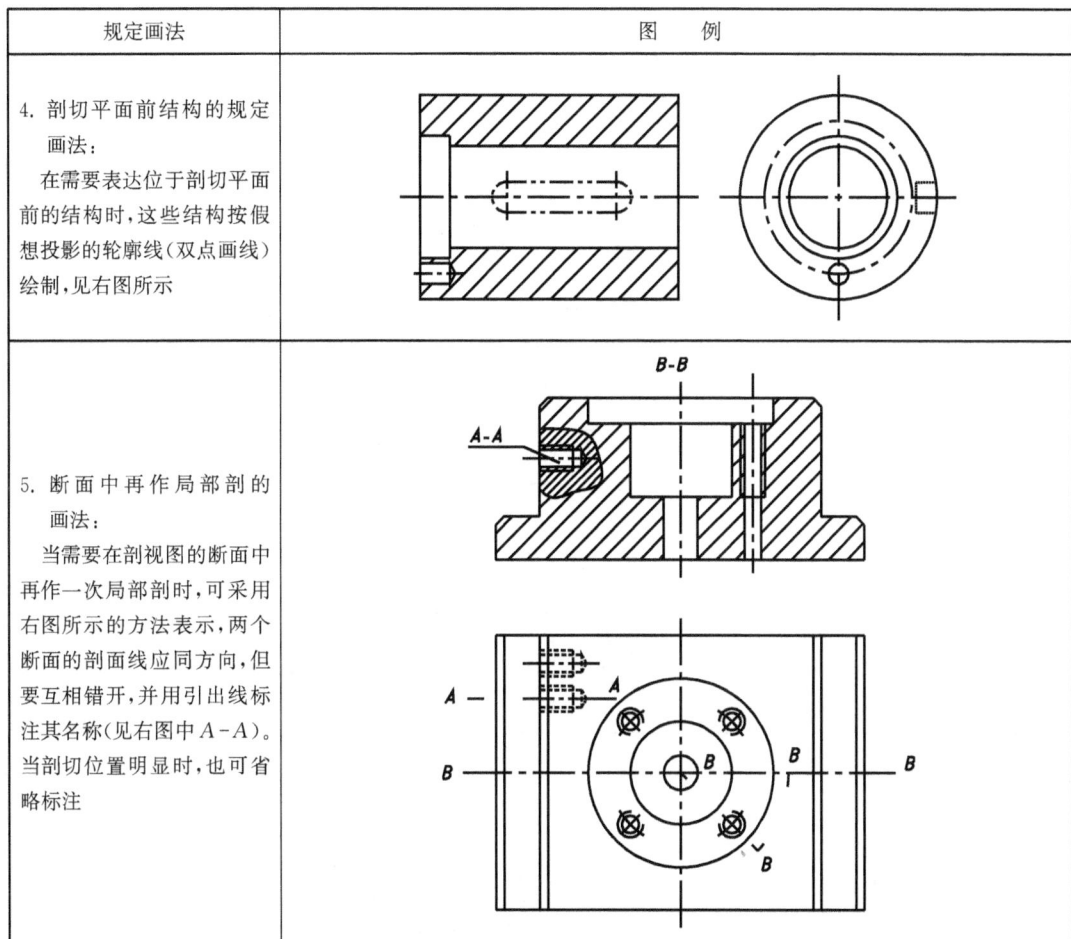

续 表

简化画法	图 例
2. 圆形法兰和类似机件上均匀分布的孔,可按右图所示画法绘制	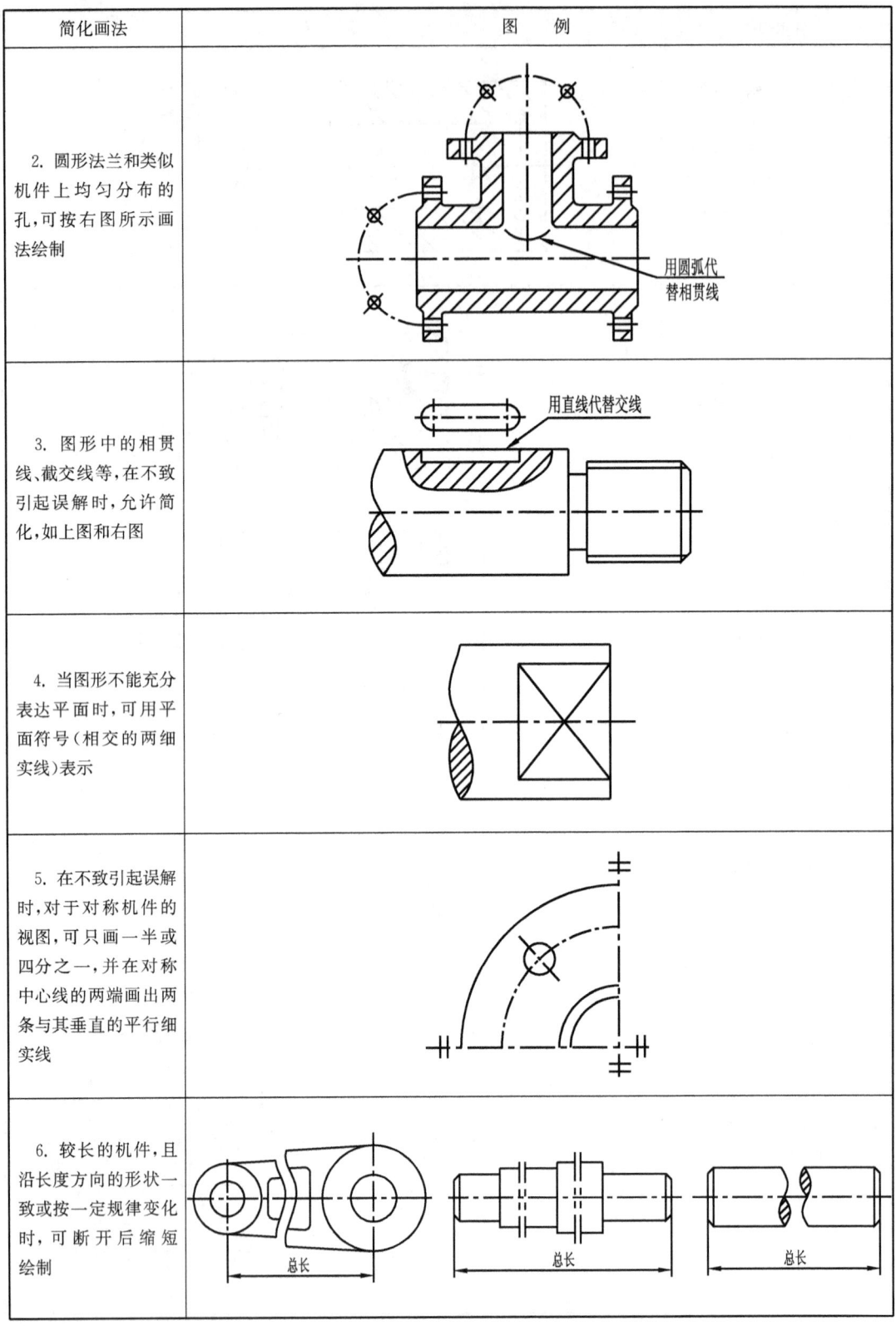
3. 图形中的相贯线、截交线等,在不致引起误解时,允许简化,如上图和右图	
4. 当图形不能充分表达平面时,可用平面符号(相交的两细实线)表示	
5. 在不致引起误解时,对于对称机件的视图,可只画一半或四分之一,并在对称中心线的两端画出两条与其垂直的平行细实线	
6. 较长的机件,且沿长度方向的形状一致或按一定规律变化时,可断开后缩短绘制	

续表

简化画法	图 例
7. 机件上较小的结构,如在一个图形中已表达清楚时,则在其他图形中可以简化或省略,即不必按投影画出所有的线条	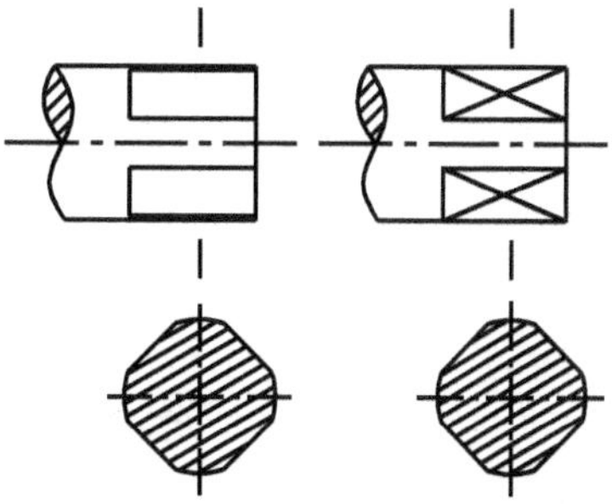
8. 在不致引起误解时,零件图中的小圆角、锐边的 45° 小倒角,允许省略不画,但必须注明尺寸或在技术要求中加以说明	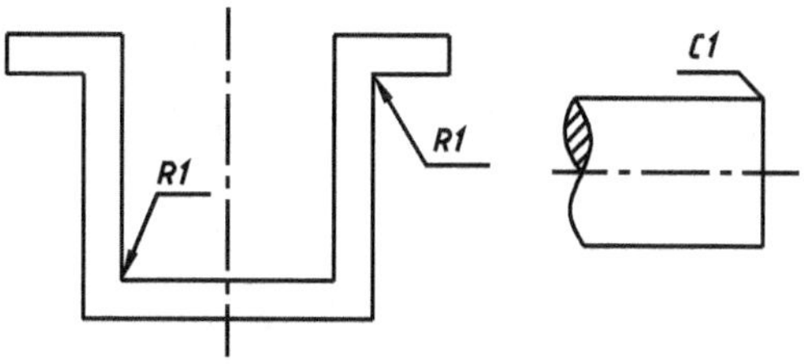
9. 机件上斜度不大的结构,若在一个图形中已表达清楚时,其他图形可按小端画出	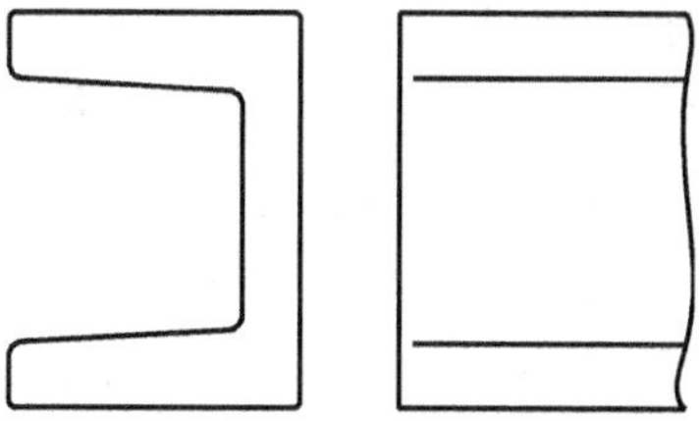
10. 与投影面倾斜角度小于或等于 30° 的圆或圆弧,其投影可用圆或圆弧代替	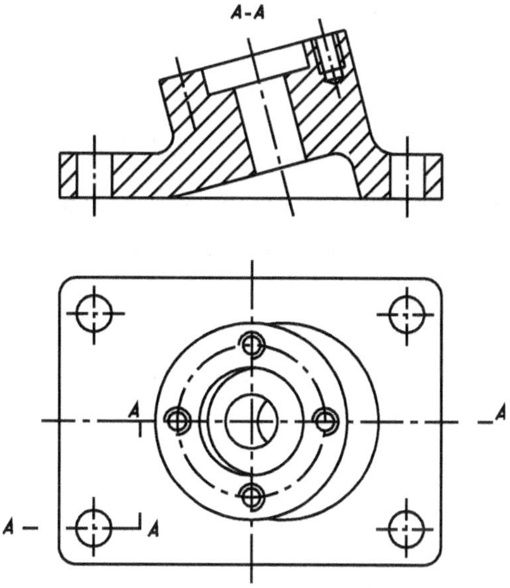

4.6　视图表达方案的探讨

前面介绍了视图、剖视、断面、规定画法及简化画法。每种表达方法都有一定的适用场合,因此,在选择机件的表达方案时,要根据机件的结构特点选用适当的表达方法,各视图间能相互配合和补充,在完整、清晰地表达机件各部分结构形状的前提下,力求简练(即视图少),看图方便,制图简单。

下面以图 4-24(a)所示的机件(阀体)为例,对视图表达方案作探讨。

图 4-24(a)所示阀体如按 E 向投影,能较好地反映机件上各组成部分及其相对位置,所以选用 E 向作为主视图的投射方向。

为了在主视图上表达主体及左侧接管的内部结构,主视图采用了以机件前后对称面为剖切平面的全剖视,如图 4-24(b)所示方案一。

主视图采用全剖视后,尚有顶部凸缘、底板和左侧接管凸缘的形状需要表达。由于阀体前后对称,因而在俯视图上采用了"$A-A$"半剖视,既保留了顶部凸缘,又表达了接管内部结构和底板形状;在左视图中也采用了半剖视,以兼顾左侧接管凸缘和主体内部结构形状的表达。但底板上的小孔还未表达清楚,所以在左视图的外形视图部分再加一个局部剖。

图 4-24(b)所选方案中,每个视图都有一定的表达重点,它们之间相互补充,把阀体的内外结构形状表达清楚。但表达方案能否更为简练? 这是值得进一步探讨的。

在图 4-24(b)中,左视图主要用来表达左侧接管凸缘形状和底板上的小孔。如果将主视图改画成两个局部剖(或用旁注尺寸表示底板上的小孔是通孔),并采用一个局部视图表示左侧接管凸缘的形状,如图 4-24(c)所示方案二,就可省略左视图,使表达方案更加清晰、简练。

对图 4-24(c)的表达方案可作进一步分析。在简化画法中,对于圆形法兰和类似机件上均匀分布的孔,采用简化画法绘制,为此可以在主视图上对阀体上部圆形法兰采用图 4-24(d)方案三的表达方法,省略俯视图,而用 B 向局部视图表示底板的形状。

综上所述,表明一个机件往往可以有几种表达方案,需经比较后选定。

> **知识拓展**:本章内容是在组合体三视图基础上,根据表达需要,进一步增加视图数量(六个基本视图和向视图、局部视图、斜视图)、扩充表达手段[由对机件的外形表达扩展到其内部(剖视图)和断层(断面图)的表达],针对某一具体机件时,面临众多表达方法、多种投射方向和视图位置、多种简化画法,需要注意以下几点:
> (1) 正确理解各种表达方法的概念,切实掌握其应用条件、画法和标注。
> (2) 比较各种表达方法的异同,尤其是各自的长处。
> (3) 能够把各种表示方法加以综合应用,从中选取最佳表达方案。

小结:本章介绍了视图、剖视图、断面图及简化画法等常用表达方法,绘图时,可根据机件的结构特点,灵活恰当地选用,并能根据视图、剖视图等的特点,读懂机件的内外结构形状。

关键概念：视图、剖视图、全剖、局部剖、半剖、断面图、简化画法。

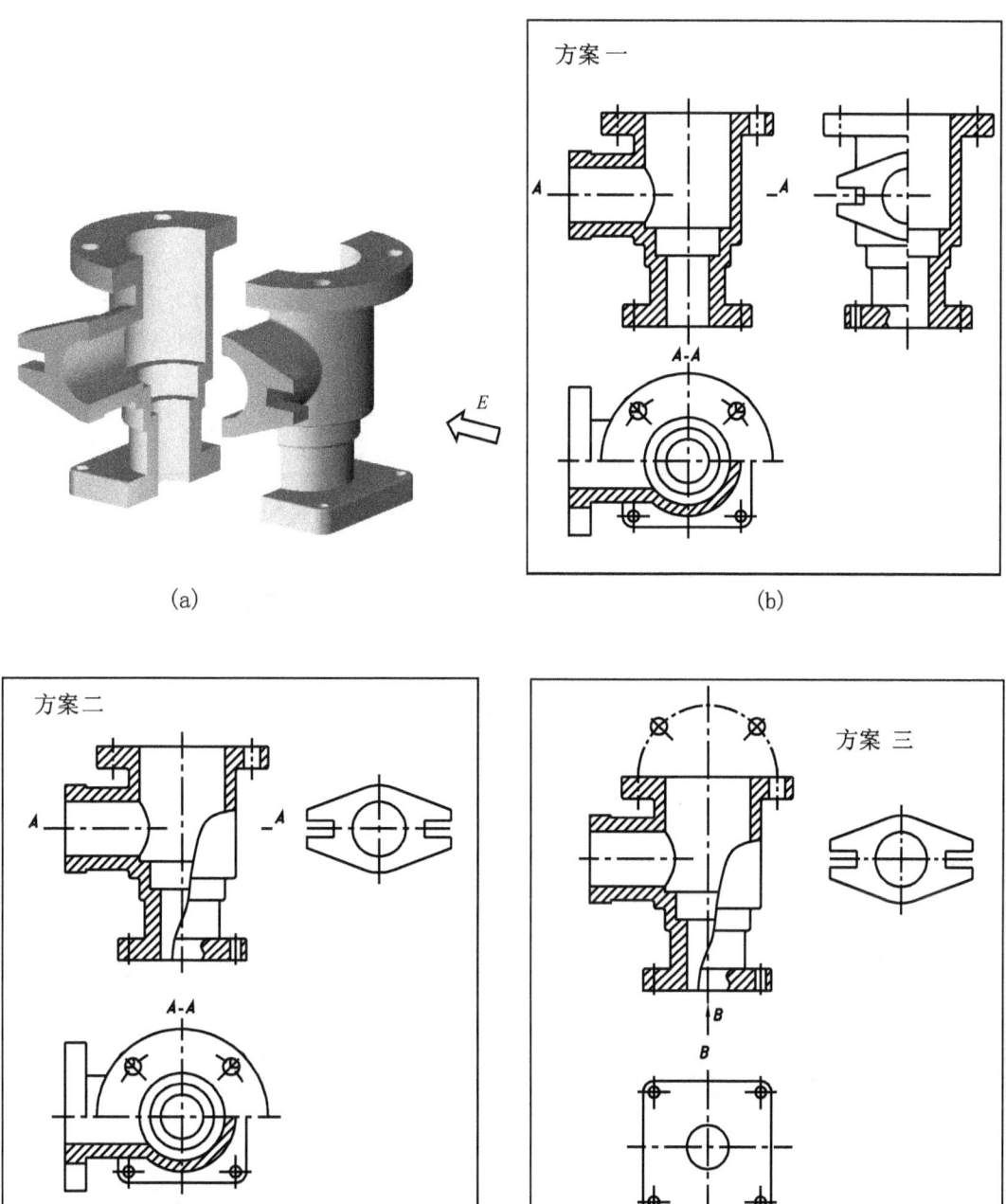

图 4-24 阀体的视图方案

自 测 题

4-1 什么是基本视图？基本视图共有几个视图？
4-2 除基本视图外，常用的还有哪些视图？分别应用于什么场合？
4-3 局部视图和斜视图的波浪线表示什么？可否省略？
4-4 剖视图有哪几种？如何选用？剖切平面的位置如何选择？
4-5 剖切面后面的实线、虚线如何处理？
4-6 什么叫断面图？断面图分哪几种？怎么画？怎么标注？
4-7 什么叫局部放大图？画局部放大图时应注意哪些问题？长机件的简化画法有几种形式？
4-8 对机件上的肋板、轮辐、薄壁等结构，在作剖视图时应注意哪些问题？肋板剖视何时要画剖面线？
4-9 已知立体的主视图和俯视图，下面经过剖视后的左视图中正确的是（　　　）。

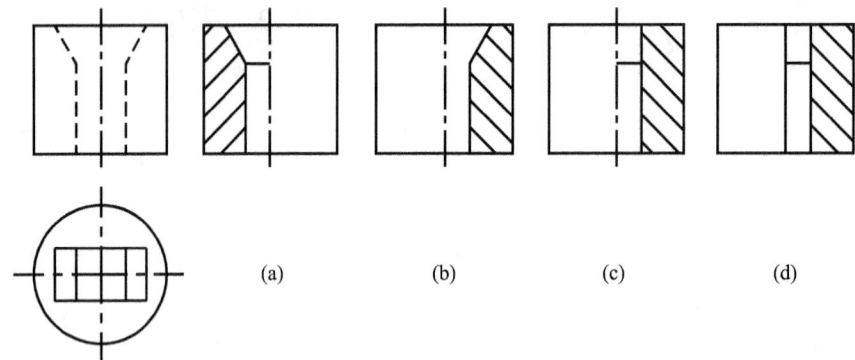

4-10 视图与局部剖视图的分界线是中心线吗？重合断面图的轮廓线用粗实线还是细实线画出？
4-11 改正题图 4-11 剖视图中的错误。
4-12 改正题图 4-12 全剖视图中的错误。

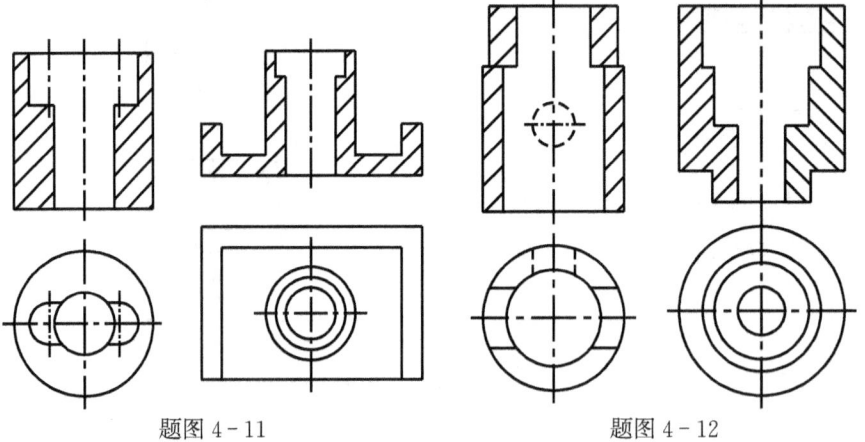

题图 4-11　　　　　　　　题图 4-12

4-13 将题图 4-13 机件的主视图改画成半剖视图。

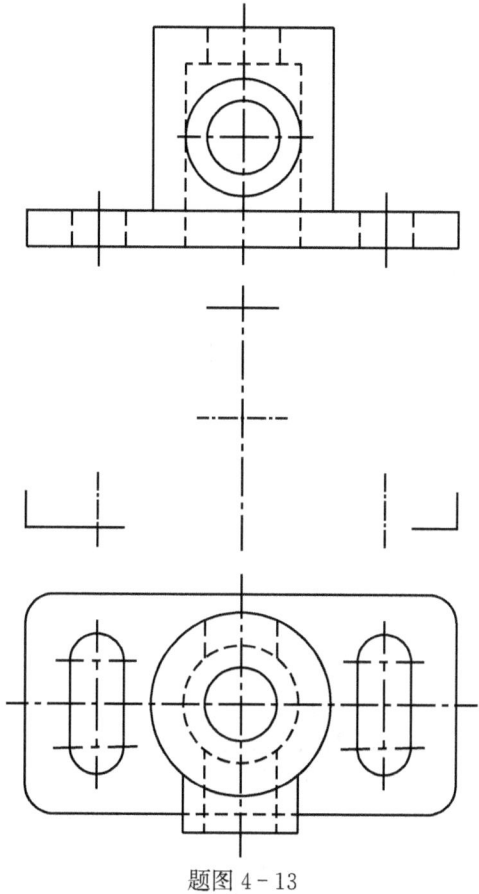

题图 4-13

4-14 将题图 4-14 主视图改画成全剖视图。

4-15 已知物体的两个视图,画出半剖的左视图(题图 4-15)。

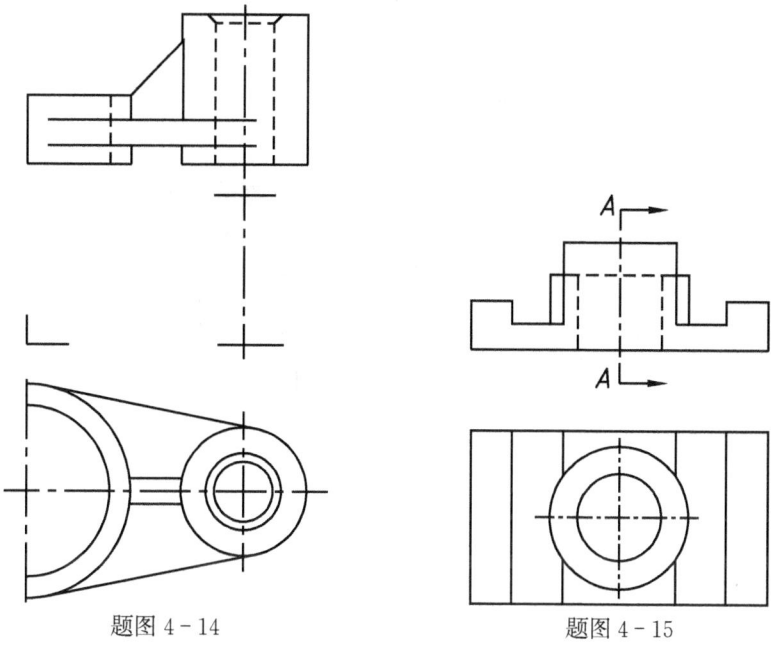

题图 4-14　　　　　题图 4-15

4-16 在题图 4-16 指定位置,将主视图画成全剖视图,并补画半剖的左视图。

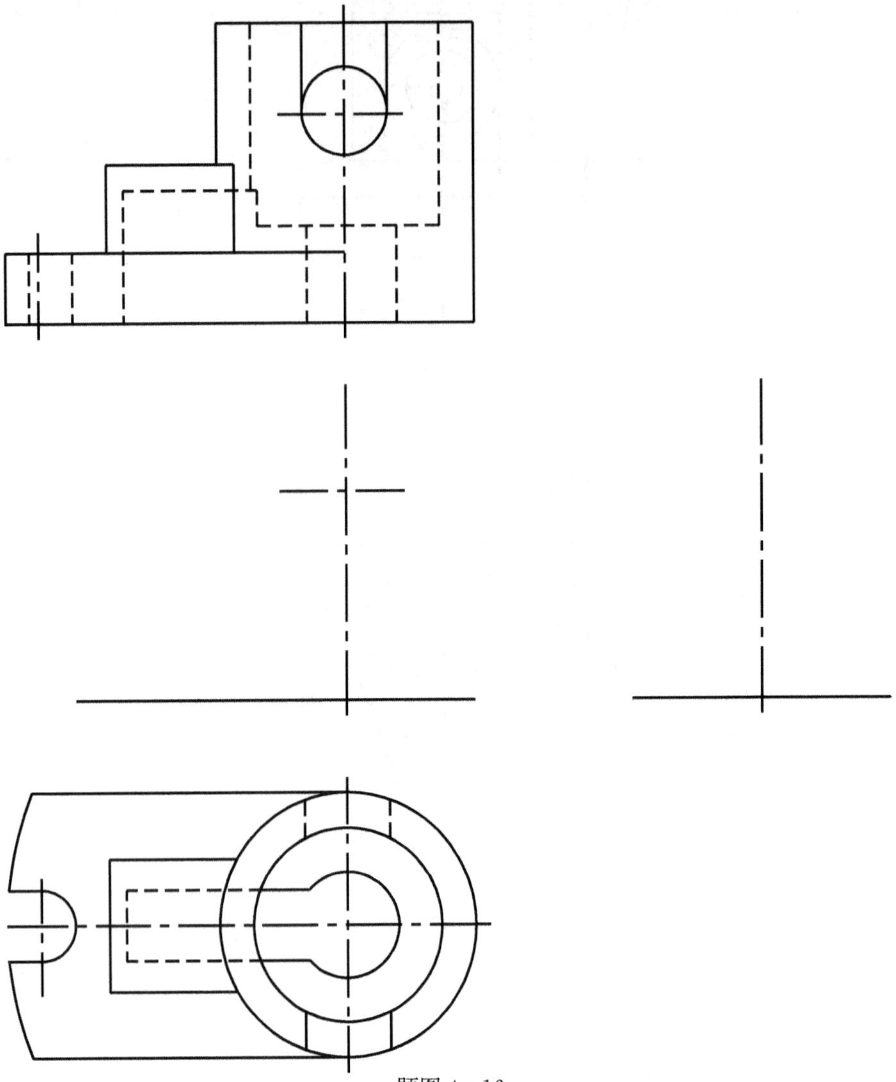

题图 4-16

4-17 在题图 4-17 中画出轴上指定位置的断面图(左面键槽深 4mm)。

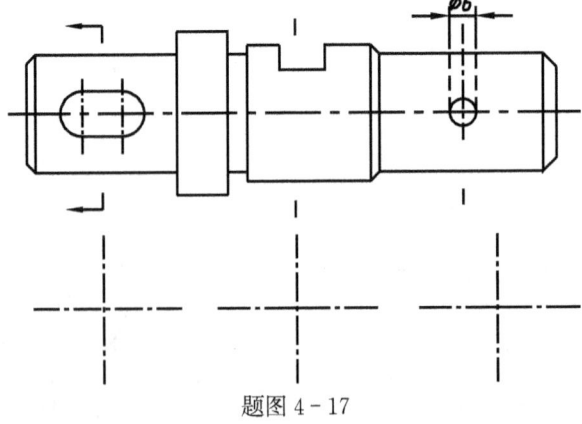

题图 4-17

4-18 选出题图 4-18(a)(b)中正确的断面图,并予以标注。

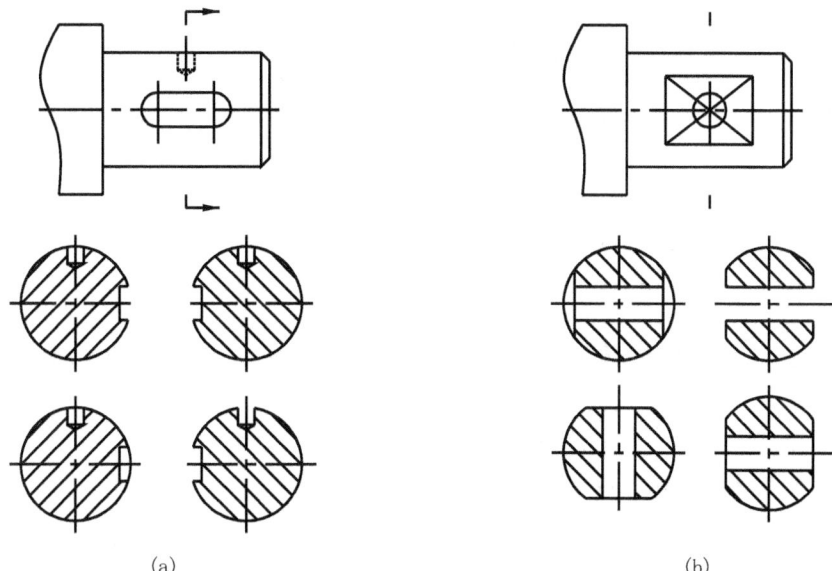

(a)　　　　　　　　　　　　(b)

题图 4-18

4-19 探讨题图 4-19 机件的表达方案。

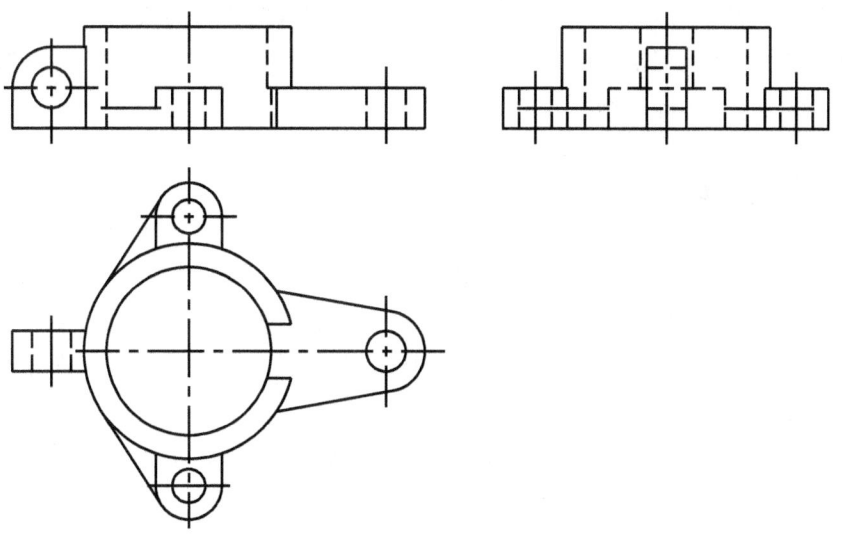

题图 4-19

5 零件图

本章概要 介绍零件图的基本内容,零件的表达方法、尺寸标注、技术要求,标准件和常用件的画法,以及阅读零件图的方法。

> **学习目标:**
> (1) 了解零件图的内容,熟悉典型零件的表达方法、尺寸标注、技术要求和工艺结构。
> (2) 了解标准件和常用件的画法,熟悉各种代号的含义。
> (3) 能读懂和绘制一般复杂的零件图。

任何机器或部件都是由若干零件按一定的技术要求装配而成。零件是组成机器的不可分拆的最小单元,零件的结构形状和加工要求由零件在机器中的功用确定,表达单个零件的形状、尺寸和技术要求的图样称为零件图。

零件分为标准件和非标准件两大类。标准件(如螺钉、螺母、垫片等)的结构和尺寸都由标准系列确定,通常由专业厂家生产,一般不需要画零件图;而非标准件的结构、形状、大小等需要根据它们在机器或部件中的作用进行设计确定,然后画出每个零件的零件图,以便加工制造。本章主要介绍非标准零件的零件图。

5.1 零件图的内容

在零件的生产过程中,要根据零件图样中注明的材料和数量进行落料,根据图样表示的形状、大小和技术要求进行加工制造,最后还要根据图样进行检验。因此,零件图应具有制造和检验零件的全部技术资料。图 5-1 为端盖的零件图,从图中可知,一张完整的零件图应包括如下内容。

(1) 一组图形 选用一组适当的视图、剖视、剖面等图形,完整清晰地表达零件各部分的结构和形状。

(2) 尺寸 正确、完整、清晰、合理地标注出确定零件各部分形状大小和相对位置所需要的全部尺寸。

(3) 技术要求 说明零件在制造、检验、材质处理等过程中应达到的一些质量要求。如图 5-1 中,尺寸 $\phi 130_{-0.039}^{-0.014}$ 表明该尺寸在加工时所允许的尺寸偏差;$\sqrt{Ra\,32}$ 表明零件加工的表面粗糙度要求;技术要求可以用符号注写在图上或在图纸空白处统一写出。

(4) 标题栏 位于图纸的右下角,其中列有零件的名称、材料、数量、比例、图号及出图单位等,以及对图纸具体负责的有关人员在标题栏中签署的姓名、日期。

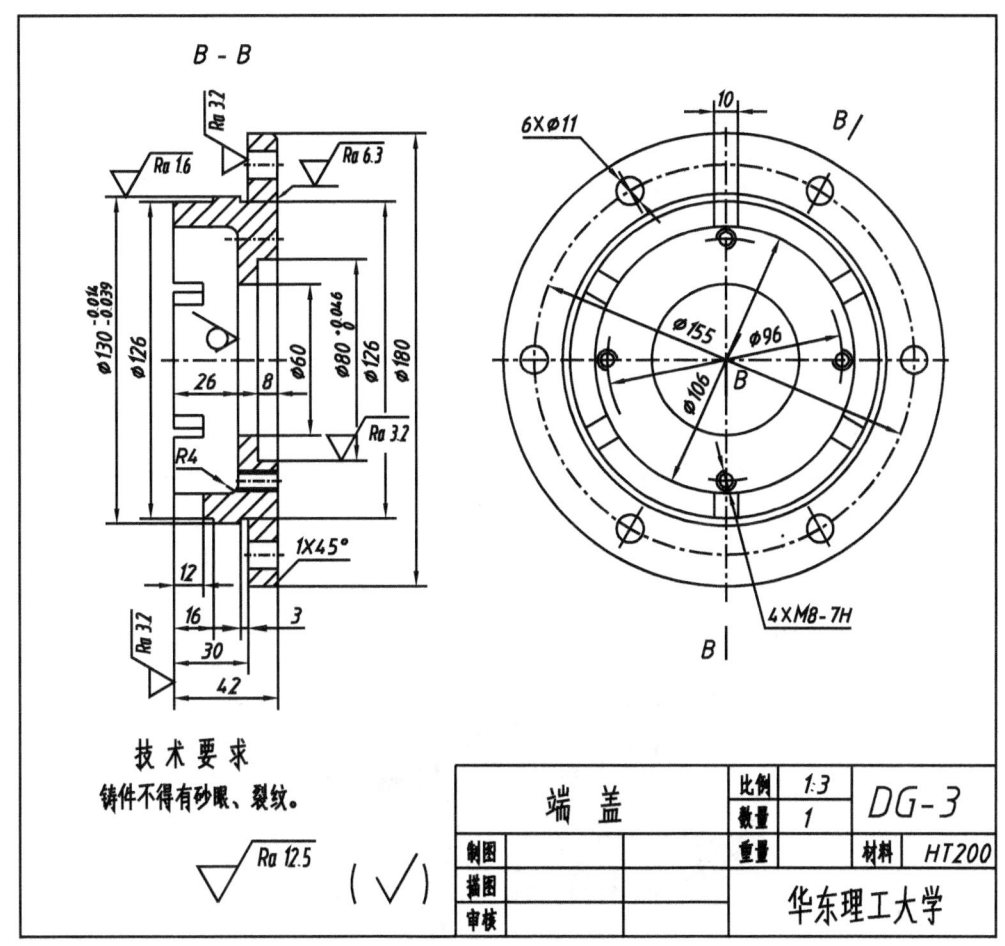

图 5-1 端盖的零件图

5.2 零件上的常见结构及画法

从图 5-1 可知,零件图上通常会有螺纹、圆角、倒角等工艺结构,下面介绍这些结构的形成及画法。

5.2.1 螺纹

1. 螺纹的形成

螺纹是零件上最常见的一种结构。螺栓、螺母、螺钉等零件均是在圆柱表面制有螺纹而起连接或传动作用的。下面以使用最多的圆柱螺纹为例,介绍螺纹的有关知识。

螺纹是在圆柱表面上,沿着螺旋线加工所形成的,具有相同断面的连续凸起和沟槽的结构称为螺纹。凸起部分称为牙顶,沟槽部分称为牙底。

在圆柱外表面形成的螺纹称为外螺纹;在圆柱内表面形成的螺纹称为内螺纹。

螺纹的加工方法很多,车削螺纹是常见的一种加工方法,图 5-2 表示在车床上车削内、外螺纹的情况。外螺纹亦可用板牙铰出,对于加工直径较小的螺孔,可先用钻头钻出光孔,再用丝锥攻丝得螺纹。

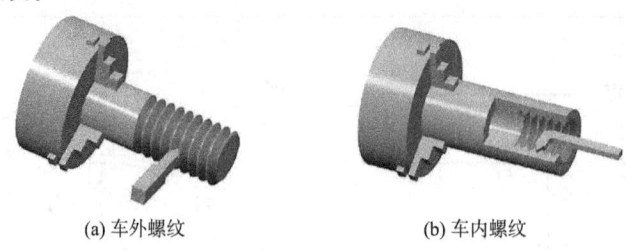

(a) 车外螺纹　　　(b) 车内螺纹

图 5-2　螺纹加工

2. 螺纹的要素

螺纹的形状和尺寸由下列要素决定。

(1) 牙型　在通过螺纹轴线的剖面上,螺纹的轮廓形状称为牙型。常见的有三角形、梯形和锯齿形等,见表 5-1。

(2) 大径和小径　与外螺纹牙顶或内螺纹牙底相重合的假想圆柱面的直径称为大径,内、外螺纹的大径分别以 D 和 d 表示;与外螺纹牙底或内螺纹牙顶相重合的假想圆柱面的直径称为小径,内、外螺纹的小径分别以 D_1 和 d_1 表示,见图 5-3 所示。

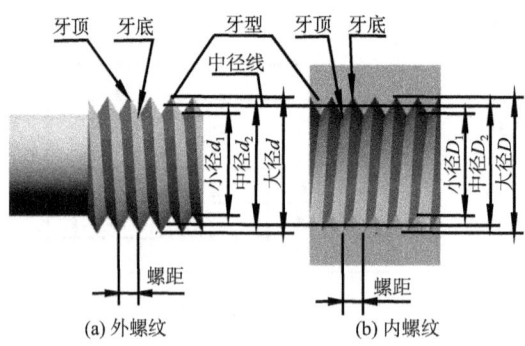

(a) 外螺纹　　　(b) 内螺纹

图 5-3　螺纹要素——牙型、直径、螺距

(3) 线数　螺纹有单线和多线之分。沿一条螺旋线形成的螺纹为单线螺纹;沿两条或两条以上在轴向等距离分布的螺旋线所形成的螺纹称为多线螺纹,见图 5-4。

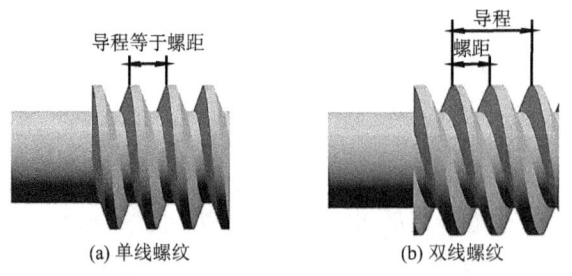

(a) 单线螺纹　　　(b) 双线螺纹

图 5-4　螺纹要素——线数、螺距、导程

(4) 螺距和导程　螺纹相邻两牙在中径线上对应两点的轴向距离,称为螺距,用 P 表示。同一条螺旋线上的相邻两牙在中径线上对应两点间的轴向距离称为导程,用 L 表示。

螺距和导程的关系如下：

单线螺纹 $P=L$， 多线螺纹 $P=L/n$ （n 为线数）

(5) 旋向　螺纹分右旋和左旋两种。顺时针方向旋转时，螺纹旋进者为右旋螺纹，旋出者为左旋螺纹。工程上常用右旋螺纹。

在螺纹的五项要素中，牙型、大径和螺距又是决定螺纹的最基本要素，称为螺纹三要素。凡三要素符合标准的，称为标准螺纹；牙型符合标准，而大径、螺距不符合标准的，称为特殊螺纹；牙型不符合标准的，称为非标准螺纹。

3. 螺纹的规定画法

绘制螺纹的真实投影十分繁琐（见图 5-3），并且在实际生产中也没有必要。为了便于绘图，国家标准(GB/T 4459.1—1995)对螺纹的画法作了规定，综述如下：

(1) 内、外螺纹的画法

① 可见螺纹的牙顶（即外螺纹大径、内螺纹小径）用粗实线表示；可见螺纹的牙底（即外螺纹小径、内螺纹大径）用细实线表示，在螺杆的倒角或倒圆部分也应画出，见图 5-5 和图 5-6。

② 在投影为圆的视图中，表示牙底圆的细实线只画约 3/4 圈（空出的约 1/4 圈的位置不作规定），此时，螺杆或螺孔上的倒角圆投影不应画出（图 5-5、图 5-6）。

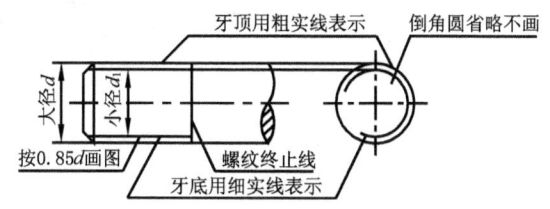

图 5-5　外螺纹的画法

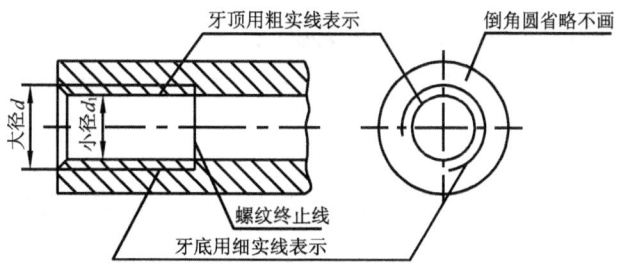

图 5-6　内螺纹的画法

③ 有效螺纹的终止界线用粗实线表示。

④ 无论外螺纹或内螺纹，在剖视或断面图中的剖面线都必须画到粗实线为止，见图 5-6。

⑤ 不可见螺纹的所有图线用虚线绘制，见图 5-7。

(2) 内外螺纹连接的画法

以剖视图表示时，其旋合部分应按外螺纹绘制，其余部分仍按各自的画法表示（图 5-8）。

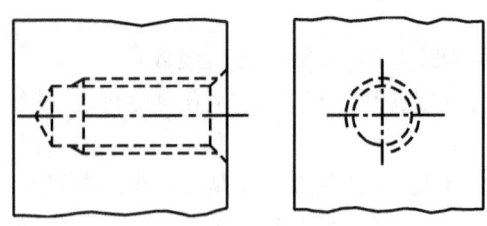

图 5-7　不可见螺纹的画法

> 注意：内外螺纹连接时，由于牙型、大径、小径、螺距、旋向、线数必须一致，所以在图中表示螺纹大、小径的粗实线和细实线应分别对齐。

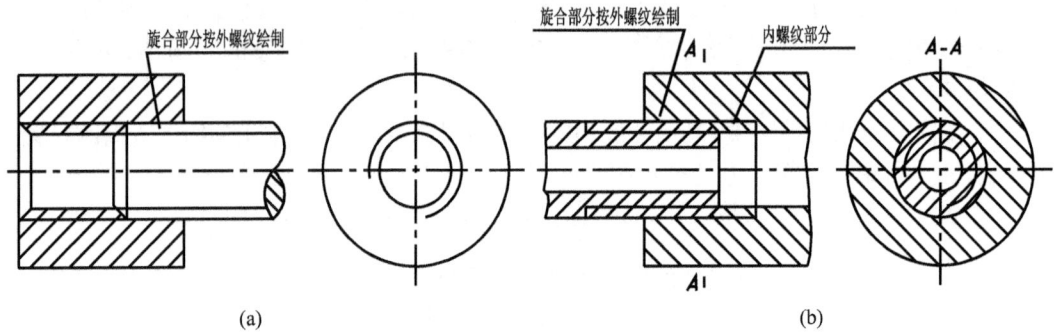

图 5-8　螺纹连接的画法

4．螺纹的种类和标注

1）螺纹的种类

螺纹按用途可分为连接螺纹和传动螺纹两大类。

每种螺纹都有相应的特征代号（用字母表示），标准螺纹的各参数如大径、螺距等均已规定，设计选用时应查阅相应标准。

（1）连接螺纹

连接螺纹用于连接两个或两个以上零件。常见的有三种：粗牙普通螺纹、细牙普通螺纹和管螺纹。

连接螺纹的共同特点是牙型均为三角形，其中普通螺纹的牙型角为 60°，管螺纹的牙型角为 55°。

同一种大径的普通螺纹，一般有几种螺距，螺距最大的一种称粗牙普通螺纹，其余称细牙普通螺纹。细牙普通螺纹多用于细小的精密零件或薄壁零件的连接，而管螺纹多用于水管、油管、煤气管等的管道连接。

（2）传动螺纹

传动螺纹用于传递动力和运动。常用的有梯形螺纹，有时也用锯齿形螺纹和矩形螺纹。

常见螺纹的种类如表 5-1 所示。

2）螺纹的标注

螺纹的完整标注格式如下：

各项说明如下：

① 特征代号 如表 5-1 所列，如粗牙普通螺纹和细牙普通螺纹的特征代号均为 M。应注意的是，粗牙普通螺纹不标注螺距。

② 公称直径 除管螺纹(特征代号 G)为管子公称直径外，其余螺纹均为大径。

③ 旋向 当螺纹为左旋时，要注标"LH"两个大写字母；右旋则不标注。

④ 公差带代号 由表示公差等级的数字和表示基本偏差的字母组成，如 7H，6g 等，代号中小写字母指外螺纹，大写字母指内螺纹。内、外螺纹的公差等级和基本偏差都已有规定。螺纹公差带代号标注时应顺序标注中径公差带代号与顶径公差带代号，当两个公差带代号完全相同时，可只标一项。

⑤ 旋合长度代号 分别用 S、N、L 表示短、中等、长三种不同旋合长度，其中 N 省略不注。

表 5-1 介绍了常用标准螺纹的标注示例。

表 5-1 常用标准螺纹的种类和标注

螺纹种类		外形图	特征代号	标注示例	说明
连接螺纹	粗牙普通螺纹		M		M60-6g：粗牙普通螺纹，公称直径 60mm，右旋，螺纹公差带中径、大径均为 6g，旋合长度属中等的一组。
	细牙普通螺纹				细牙普通螺纹，公称直径 16mm，螺距 1.5mm，右旋
	非螺纹密封的管螺纹		G		非螺纹密封的管螺纹，尺寸代号 1 英寸，右旋，引出标注
传动螺纹	梯形螺纹		Tr		梯形螺纹，公称直径 36mm，双线，导程 10mm，螺距 5mm，左旋

> 思考:内外螺纹连接的条件是什么？绘制螺纹连接时应注意些什么？

5.2.2 零件的常见工艺结构

1. 拔模斜度

零件在铸造成型时,为了便于将木模从砂型中取出,要求木模上沿拔模方向做成 3°～7° 的斜度。拔模斜度在零件图上一般不必画出,必要时可在技术要求中说明,如图中注明"拔模斜度为 1∶20",如图 5-9 所示。

2. 铸造圆角

铸造表面转角处应做成圆角,这样既便于起模,又能防止浇注铁水时将砂型转角处冲坏,还可避免铸件冷却时因应力集中而在转角处产生裂纹,影响铸件质量。零件图上一般应画出铸造圆角,铸造圆角的半径通常为 $R2 \sim R5$,统一注写在技术要求中,如图 5-10 所示。

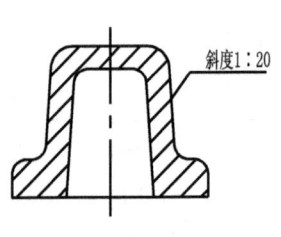
图 5-9 拔模斜度

图 5-10 铸造圆角

3. 倒角和倒圆

切削加工时,为了去除零件表面的毛刺、锐边和便于装配,在轴和孔的端部一般都应加工出倒角,见图 5-11(a)(b);为避免轴肩处因应力集中而产生裂纹,导致断裂,往往加工成圆角过渡形式,称为倒圆,如图 5-11(c)所示。

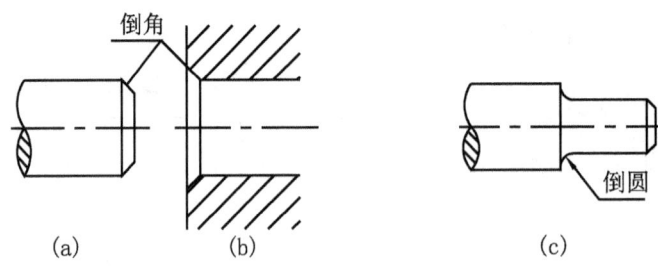
图 5-11 倒角和倒圆

4. 凸台与凹槽

为了使零件的某些装配表面与相邻零件接触良好且减少加工面积,常在铸件上设计出凸台、凹槽等结构,如图 5-12 所示。

5. 沉孔

为了适应各种形式的螺钉连接,铸件上常常设计出各种沉孔结构,如图 5-13 所示为一种沉孔结构。

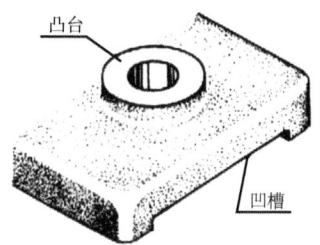

图 5-12 凸台与凹槽

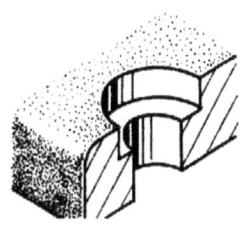

图 5-13 沉孔

5.3 零件的表达方案选择

不同功能的零件其形状、结构完全不同,绘制零件图时选择的视图表达方案也不同,那么针对某一具体零件,该如何恰当、合理地选择零件的表达方案呢?

为了将零件上每一部分的结构形状和相对位置表达得完整、正确、清晰,便于绘图和读图,必须根据零件的作用、结构特点及加工方法,合理地选择一组最简明的图形来表达零件。

5.3.1 主视图的选择

主视图是零件图的核心,表示零件信息量最多,并且一旦主视图确定,零件的安放状态就确定了,其他各基本视图的投影方向随之也被确定。所以首先应考虑的问题是选择主视图应从哪几个角度入手?

选择主视图一般应重点考虑两点,即零件的安放位置和零件的投影方向。

1. 零件的安放位置

主视图应尽量符合零件的加工位置或工作位置。

加工位置是零件在加工中所处的位置。如轴类零件,主要在车床上加工。装夹时,其轴线处于水平位置,因此,轴类零件的主视图一般选择水平放置位置,以便加工时看图。

工作位置是指零件在机器上的装配位置。有些零件的加工面较多,具有多种加工位置。这时,主视图可按零件的工作位置安放,以便与装配图取得一致。

对于一些具有多种加工位置而工作位置又不确定的零件,一般可按主要加工位置或自然平稳位置安放。

2. 零件的投影方向

主视图应能清楚地表达零件的结构特征和相对位置特征。

如图 5-14 中的支架,选择 A 向为主视图的投影方向能清楚地反映该零件的主要结构和相对位置,较 B 向为好。

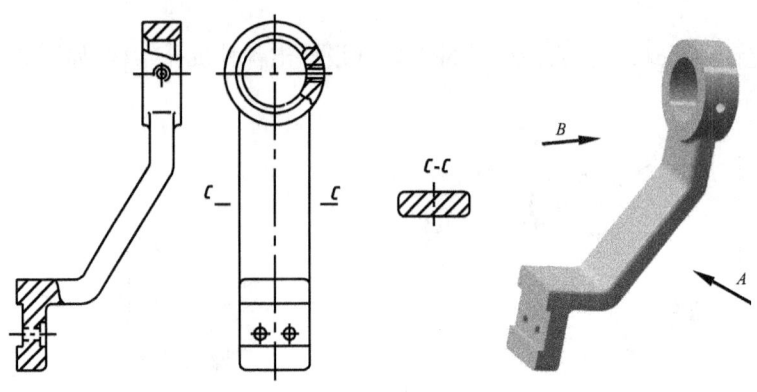

图 5-14 主视图的投影方向

5.3.2 其他视图的选择

主视图确定后,其他视图的选择应首先考虑:

(1) 还有哪些结构形状尚未表达?

(2) 还有哪些结构形状的相对位置尚未确定?各部分形状和相对位置唯一确定吗?

然后,选择适当的视图、剖视、剖面等表达方法,以满足上述两个问题。同时要考虑:方案是否最简练,各个图形表达是否突出重点,能否优化等。

以轴类零件为例,如图 5-15(a)所示,轴类零件主要在车床上加工。因此,它们的主视图按加工位置安放,即轴线呈水平放置,大端在左,小端在右,如图 5-15(b)所示。

由于这类零件基本形状是同轴回转体,一般只选用一个基本视图(主视图);其他结构如孔、槽等,常采用移出断面、局部视图、局部剖视图来表达;细部结构如螺纹退刀槽、砂轮越程槽等可采用局部放大图来表达。

如图 5-15 所示的轴,右端有销孔,在主视图上采用局部剖视表达;螺纹退刀槽的细部结构形状,用局部放大图表达;两个移出剖面表达了轴上凹坑和键槽Ⅰ、键槽Ⅱ的深度。

另外,其他典型的零件还有盘盖类零件、支架类零件、箱体类零件,下面分别阐述其表达方案。

盘盖类零件的基本形状为扁平的盘状。如法兰、皮带轮、手轮、端盖等均属盘盖类零件。这类零件主要也在车床上加工,主视图按加工位置安放。例如轴承盖,如图 5-16(a),主视图的投影方向可以按如图 5-16(b)选取,既能反映形状特征,又能反映各部分的相对位置及倒角等结构;左视图表达了螺栓孔的数量和分布情况。

支架类零件结构形状比较复杂,常有倾斜、弯曲的结构,一般在铸件毛坯上进行切削加工后形成。如图 5-17(a)所示的轴承座零件,这类零件的加工位置较多,主视图一般按工作位置安放;选择最能反映其形状特征的观察方向作为主视图的投影方向。再根据结构特点选择其他视图。这类零件通常需要两个或两个以上的基本视图,并常用局部视图、断面图等表达局部结构形状。图 5-17(b)用了三个基本视图,其中俯视图作 $E-E$ 剖面,以表达支承肋的截面形状,以及底板形状。

箱体类零件是用来支承、包容、保护运动零件或其他零件的。一般来说,其结构形状较前三类零件复杂,通常也是在铸件毛坯上进行切削后形成,加工位置变化更多,主视图的选择主要考虑工作位置和形状特征。图 5-18 所示的传动箱即属箱体类零件。

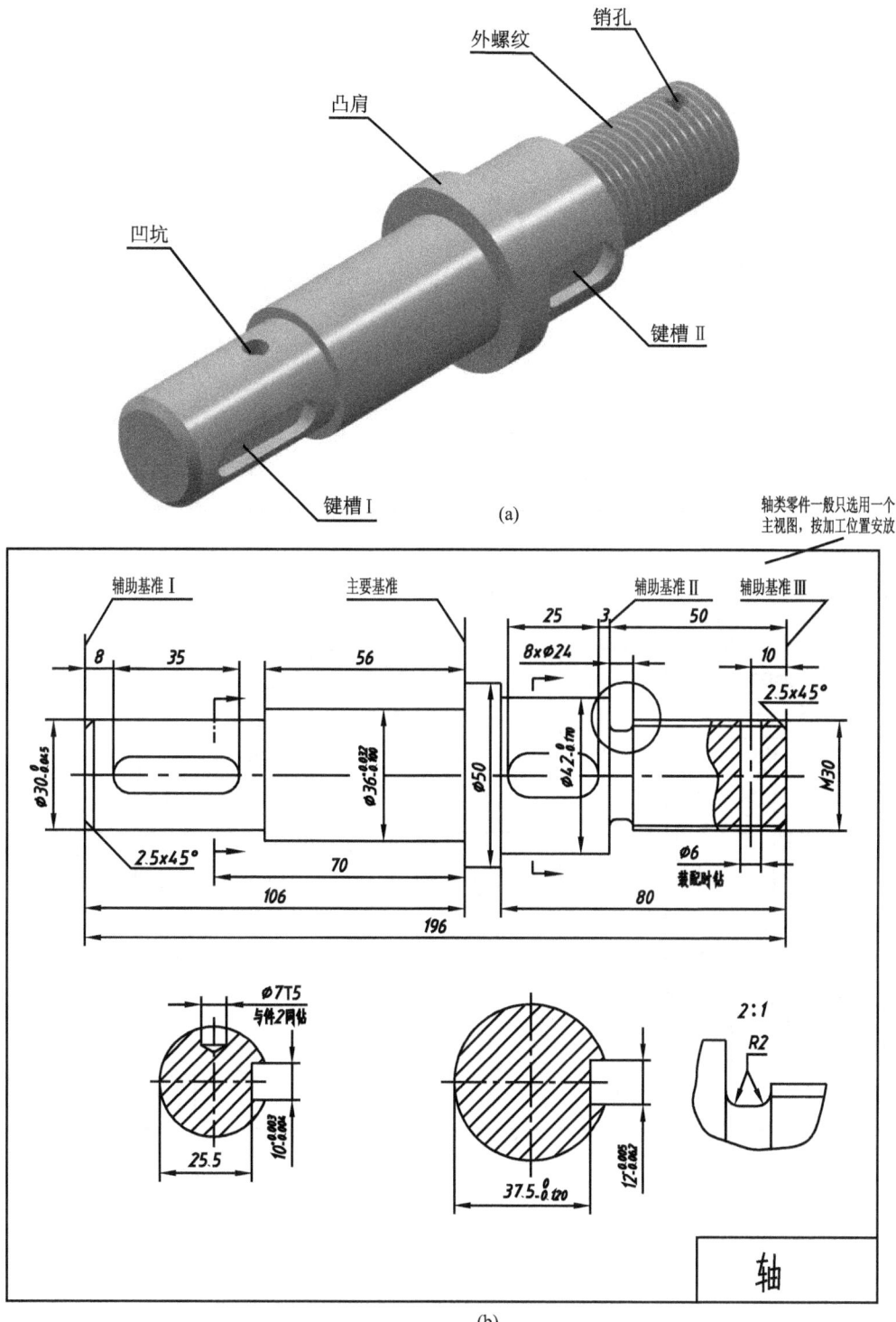

图 5-15 轴的表达方案

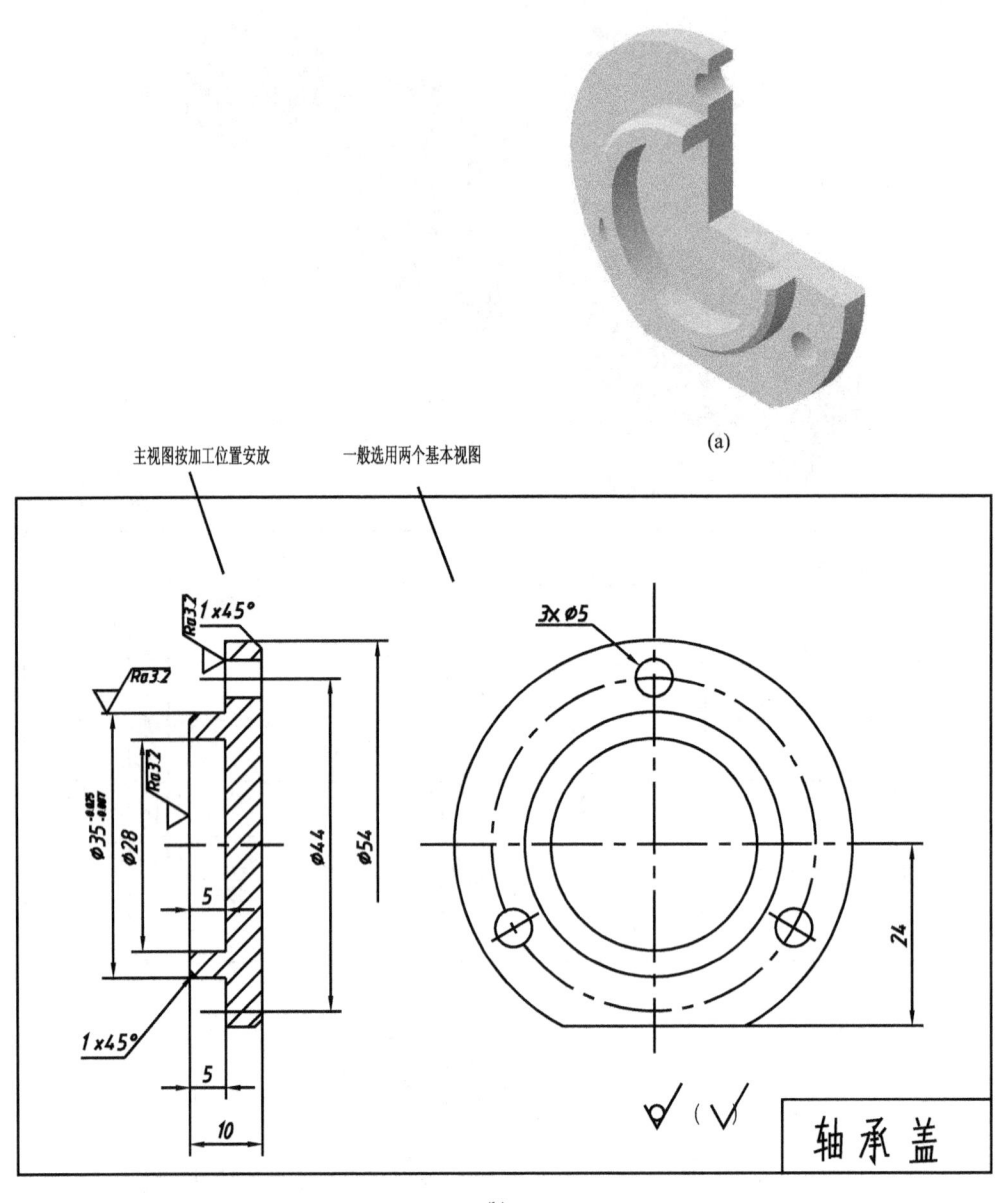

图 5-16 轴承盖及其表达方案

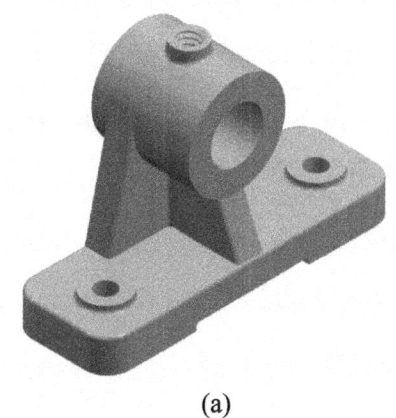

(a)

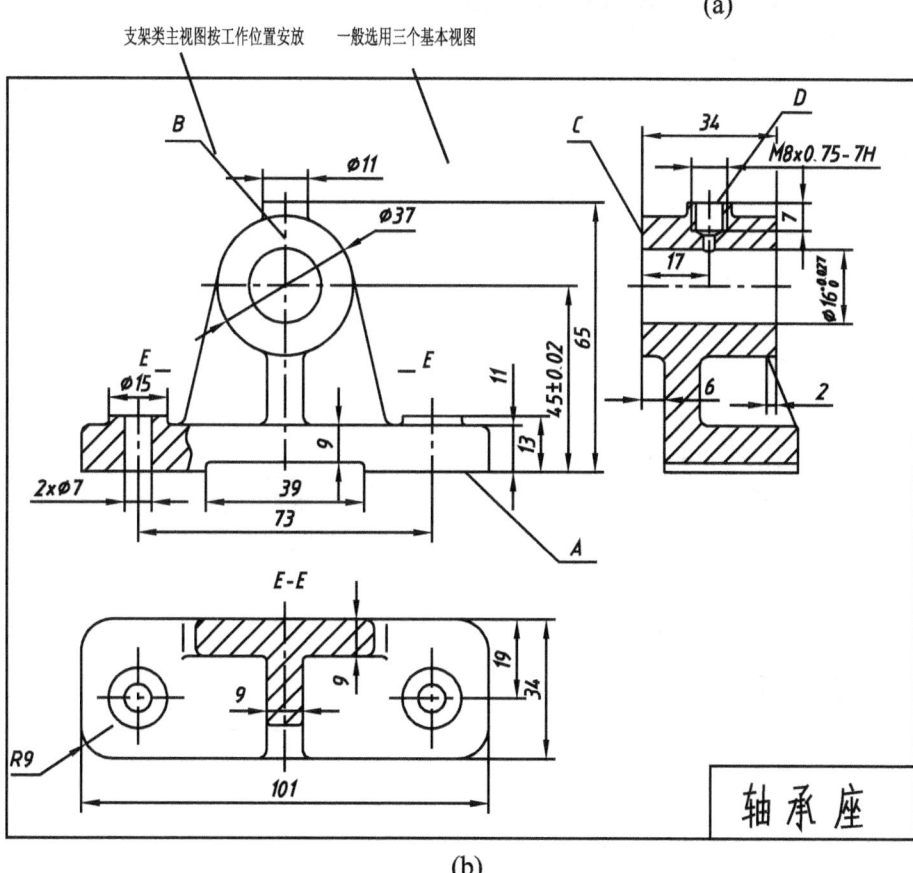

(b)

图 5-17 轴承座表达方案

传动箱零件选用了三个基本视图和一个局部视图,如图 5-19。主视图用全剖表达它的内部结构。

俯视图为局部剖,表达箱体前、后壁上的开孔和凸台的结构形状;左视图不剖,表达了左端面的形状和螺纹孔的分布;C向局部视图表达了前端面的形状、螺孔数量和分布。选用这四个图形,较完整、清晰地表达了该零件的内、外结构形状。这类零件一般需三个或三个以上的基本视图。

图 5-18 传动箱零件

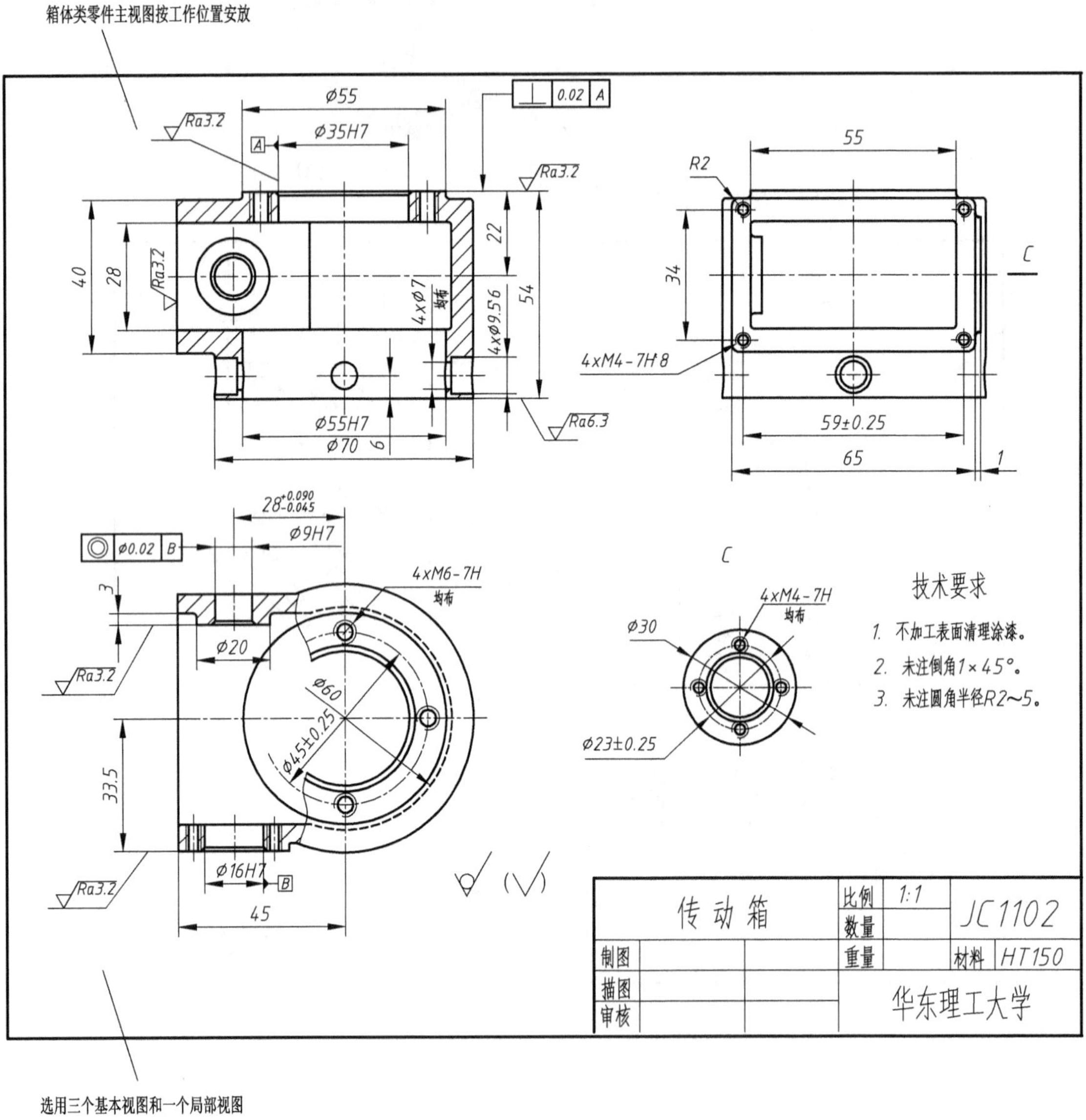

图 5-19 传动箱表达方案

5.4 零件图上的尺寸标注

在第1、2章中曾介绍了尺寸标注的一些基础知识。在零件图上标注尺寸，除了应符合前面所述的正确、完整、清晰的要求外，还必须合理，即标注的尺寸能满足设计、加工及测量的要求，使零件便于制造、测量和检验。当然这需要生产实践经验和有关机械设计、加工方面的知识，这里介绍零件图上合理标注尺寸的原则和常见工艺结构的习惯注法、简化注法。

5.4.1 尺寸基准的选择

零件上度量尺寸的起点，称为尺寸基准。在零件图上标注尺寸时，应合理选择尺寸基准。尺寸基准分为两类，用以确定零件在机器或部件中位置及其几何关系的基准，即满足设计要求的基准，称作设计基准；而在加工、测量时所依据的基准，即满足工艺要求的基准，称作工艺基准。

图5-17为轴承座。一根轴通常要有两个轴承座支承，两者的轴孔应在同一轴线上，所以在标注轴承孔高度方向的定位尺寸时，应以底面 A 为基准，以保证轴孔到安装底面的距离相等，见图中尺寸"45 ± 0.02"。在标注底板上两个螺栓孔长度方向的定位尺寸时，应以对称面 B 为基准，以保证底板上两孔之间的距离对于轴孔的对称关系，见图中尺寸"65"。底面 A 和对称面 B 都是满足设计要求的基准。

轴承座顶部螺孔的深度尺寸，若以底面为基准标注，测量起来就不方便。应以顶部端面 D 为基准，标注出尺寸6，这样测量起来也方便，这就是工艺基准。

由于每个零件一般都有长、宽、高三个方向的尺寸，在零件的长、宽、高三个方向都应有一个主要基准，若同一方向上有几个尺寸基准，其中主要基准必为设计基准，其余辅助基准为工艺基准。并且，主要基准和辅助基准之间应有尺寸联系。选择基准时应尽量使设计基准与工艺基准重合，以减少尺寸误差，便于加工、检测和提高产品质量。

图5-17中的轴承座，长度方向的主要基准是对称面 B，宽度方向的主要基准为端面 C，高度方向主要基准为底面 A。为了便于加工和测量，还选择 D 为辅助基准，它与主要基准 A 之间由尺寸"58"相联系。

选择尺寸标注基准的原则是：零件的主要尺寸应从设计基准标注；对其他尺寸，考虑到加工、检测的方便，一般应由工艺基准标注。

常用的基准有：基准面，包括底板的安装面、重要的端面、装配结合面、零件的对称面等；基准线即回转体的轴线。

标注尺寸时还需注意：对零件间有配合关系的尺寸，如孔和轴的配合，应分别注出相同的定位尺寸。

图5-15所示为轴的尺寸标注，联系轴的结构可知：轴颈（$\phi36$）在工作时与轴承配合，轴颈长度56必须保证。凸肩（$\phi50$）的左端面是轴向定位的主要端面，应作为轴向尺寸的主要基准，定出56、70。车削时，以轴的左端面为基准（辅助基准Ⅰ），按尺寸106定出凸肩的左端面，即主要基准面，同时可定出轴的总长196，倒角 $2.5\times45°$ 以及键槽尺寸8和35。选轴的右端面为辅助基准Ⅲ，由此定出尺寸80、50，以及钻孔定位尺寸10和倒角 $2.5\times45°$。选轴辅

助基准Ⅱ定出右键槽的定位尺寸3和长度25,以及螺纹退刀槽的宽度8。这样选择基准标注的尺寸,既满足了轴的设计要求,又兼顾了加工工艺要求,所以是比较合理的。

5.4.2 常见结构的尺寸标注

零件上常见结构的习惯注法和简化注法见表5-2。

表5-2 常见结构的习惯注法和简化注法

零件结构类型	标注示例		说明
	45°倒角	非45°倒角	
倒角	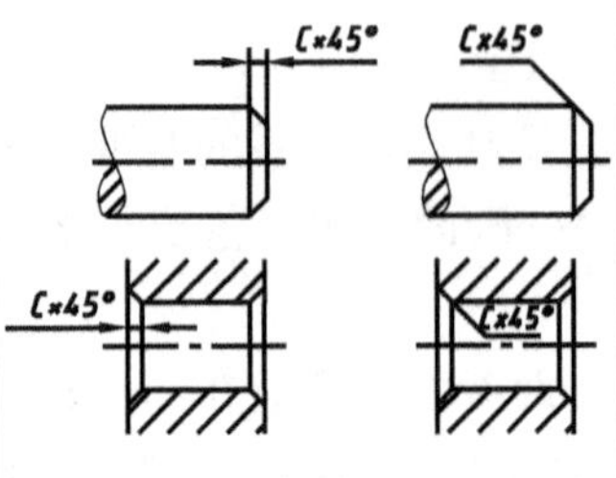	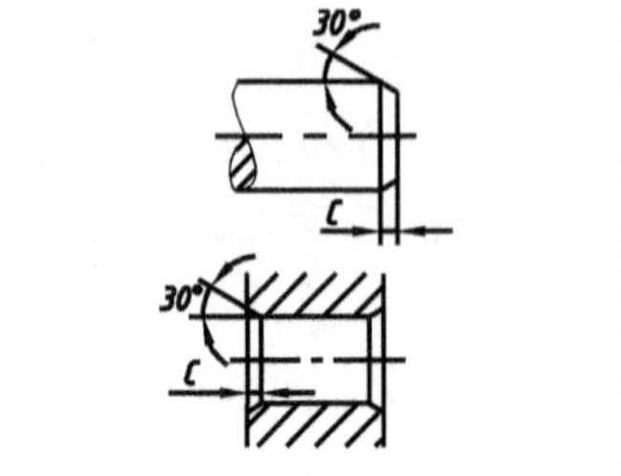	倒角45°时可与倒角的轴向尺寸C连注;倒角非45°时,要分开标注图样中倒角尺寸全部相同或某个尺寸占多数时,可在图样的空白处作总的说明,如"全部倒角1.5×45°"、"其余倒角1×45°"等,而不必在图中一一注出
退刀槽及砂轮越程槽	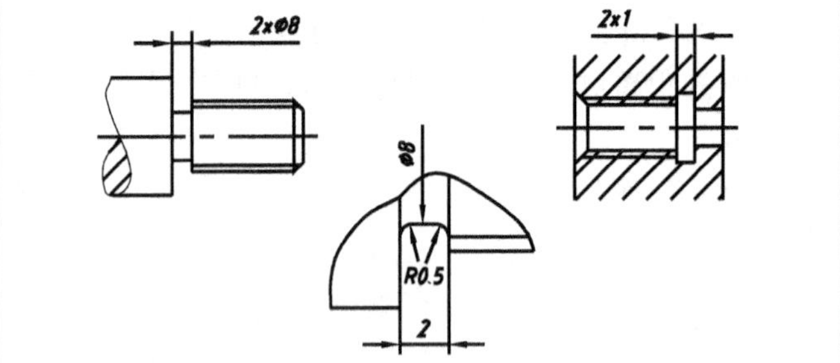		加工时,为便于选择割槽刀,退刀槽宽度应直接注出,可按"槽宽×直径"或"槽宽×槽深"的形式注出直径或切入深度
光孔	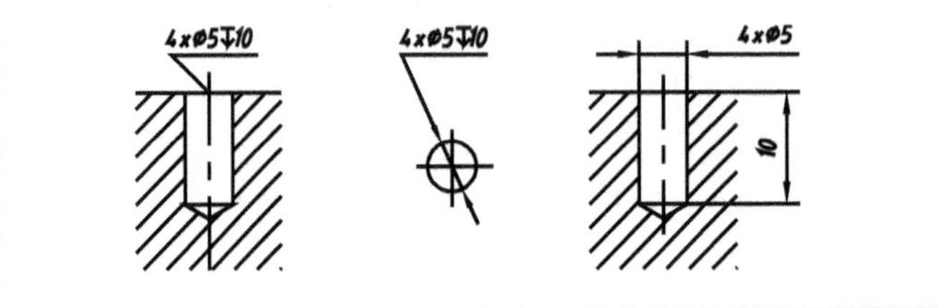		4×φ5 表示直径为5、有规律分布的四个光孔,孔深可与孔径连注,也可分开注出
沉孔	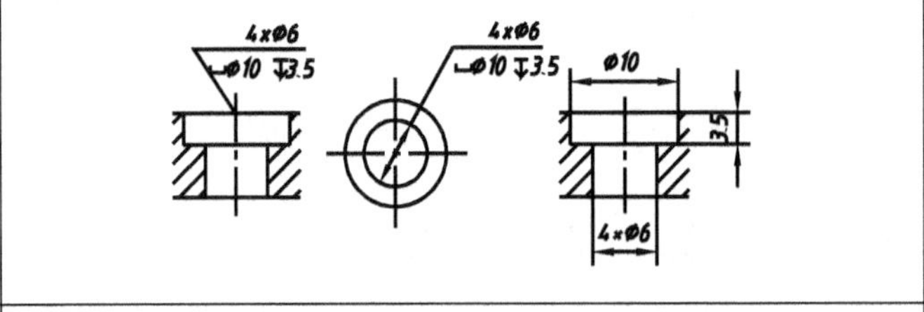		4×φ6 表示直径为6、有规律分布的四个孔,柱形沉孔的直径为10,深度为3.5,均需注出
螺孔	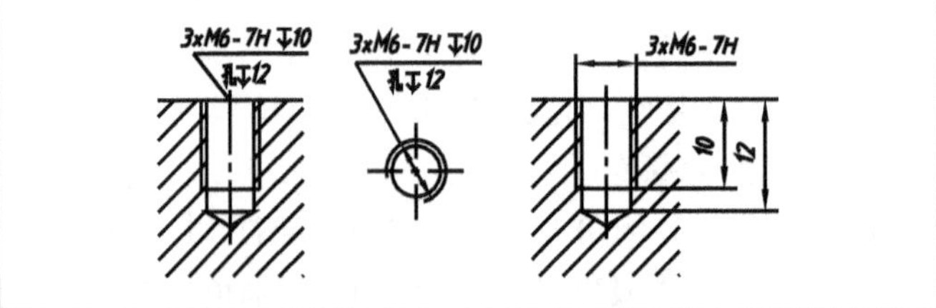		螺孔深度、钻孔深度可与螺孔直径连注,也可分开注出

5.5 零件图中的技术要求

技术要求用来说明零件在制造时应达到的一些质量要求,以符号和文字方式注写在零件图中,用以保证零件加工制造精度,满足其使用性能。

零件图中有哪些技术要求? 从图 5-1 可知,零件图中的技术要求主要包括:表面粗糙度、极限与配合、形状和位置公差、热处理和表面处理等内容。

5.5.1 表面粗糙度

1. 表面粗糙度的概念

经过加工的零件,零件表面加工得再精细,放大后观察,其表面仍然具有大小不同的峰、谷,呈现高低不平的状况,如图 5-20 所示。这是由于零件在加工过程中,机床和刀具的振动、材料的不均匀及切削时表面金属的塑性变形等影响。这种表面上具有较小间距的峰谷所组成的微观几何形状特性,称为表面粗糙度。

表面粗糙度是评定零件表面质量的一项重要指标。一般来说,凡零件上有配合要求或相对运动的表面、要求耐磨、抗腐蚀的表面,其表面粗糙度的值要小,其加工成本则更高。因此,应在满足零件表面的功能的前提下,合理地选用表面粗糙度参数。

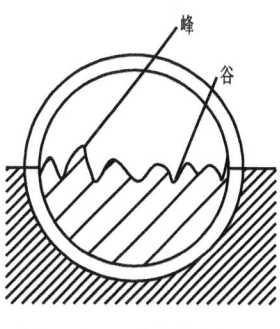

图 5-20 表面粗糙度

2. 表面粗糙度的评定参数

表面粗糙度常以高度方向的轮廓算术平均值 Ra(单位为微米)的数值来表示。常用的数值有 25,12.5,6.3,3.2,1.6……数值越大的表面越粗糙,数值越小的表面越光滑。

3. 表面粗糙度的符号、代号

零件表面粗糙度的符号、代号及其在图样上的注法,见表 5-3。

表 5-3 表面粗糙度的符号

符 号	意 义 及 说 明
∨	基本符号,表示表面可用任何方法获得。当不加注粗糙度参数值或有关说明(例如:表面处理、局部热处理状况)时,仅适用于简化代号标注
∀	基本符号加一短画,表示表面是用去除材料的方法获得。如车、铣、钻、磨、剪切、抛光、腐蚀、电火花加工、气割等
∮	基本符号加一小圆,表示表面是用不去除材料的方法获得。如铸、锻、冲压变形、热轧、冷轧、粉末冶金等,或者是用于保持原供应状况的表面(包括保持上道工序的状况)

表面粗糙度 ∨Ra3.2 的标注含义为:用任何方法获得的表面粗糙度,Ra 的上限值为 3.2μm。

表面粗糙度 ∀Ra3.2 的标注含义为:用去除材料的方法获得的表面粗糙度,Ra 的上限值为 3.2μm。

4. 表面粗糙度在图样上的标注

零件的所有表面都应有明确的表面粗糙度要求。表面粗糙度符号、代号一般标注在可见轮廓线、尺寸界线、引出线或它们的延长线上。符号的尖端必须从材料外指向表面。在同一图样上，每一表面一般只标注一次符号、代号，并尽可能地靠近有关的尺寸线。当地位狭小或不便标注时，符号、代号可以引出标注。表面粗糙度在图样上的标注方法见表5-4。

表5-4 表面粗糙度在图样上的标注

(1) 表面粗糙度代号中数字及符号的方向必须按图中规定标注 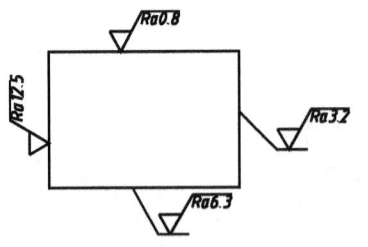	(3) 当零件封闭轮廓各表面具有相同的表面粗糙度要求时，可在完整粗糙度符号上加圆圈，标注在工件封闭轮廓线上 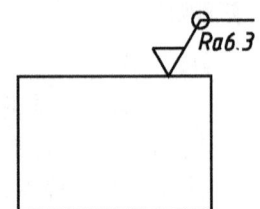
(2) 零件表面具有不同的粗糙度要求时，应分别标出其粗糙度代号。当零件大部分表面具有相同的表面粗糙度时，统一标注在图样的标题栏附近，且该符号后面的圆括号内应给出无任何其他标注的基本符号，表示"除此之外" 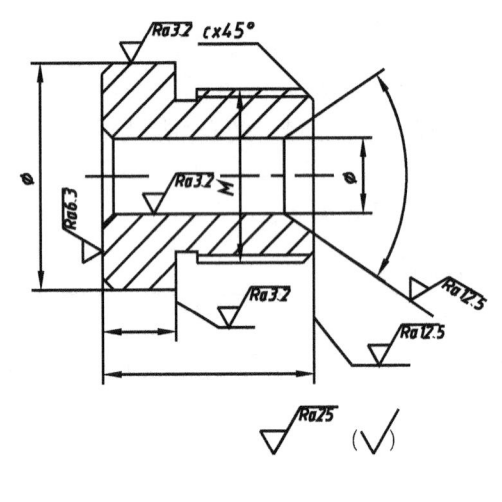	(4) 对不连续的同一表面，可用细线相连，其表面粗糙度符号、代号可只标注一次，如图(a)所示底部粗糙度。同一表面粗糙度要求不一致时，应该用细实线分界，并注上尺寸与表面粗糙度代号，如图(b)所示 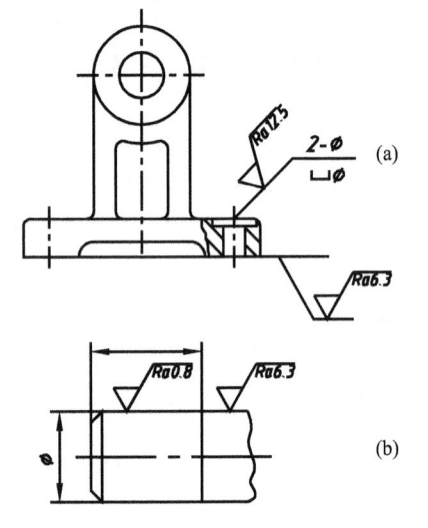

5.5.2 极限与配合

在大批量生产中，为了提高效率，相同的零件必须具有互换性。从批量生产的同类型零件中任取一个，不经修配就能立即装到机器上去，并能保证使用要求。这就必须要求零件的尺寸精度，但并不是要求零件的尺寸都必须准确地制成一个指定的尺寸，而是允许将其限定在一个合理的范围内变动，以满足不同的使用要求，由此就产生了"极限与配合"的制度。

相配合的零件（如轴和孔）只有达到一定的精度要求，即对零件功能尺寸限制其不超过设定的最大极限值和最小极限值，装配在一起才能满足所设计的松、紧程度和工作精度要求，保证机器正常运转并具有互换性。

1. 极限

在零件的加工过程中,由于机床精度、刀具磨损、测量等因素的影响,不可能也没必要将批量生产的零件尺寸做到绝对准确。但为了确保零件具有互换性,在满足产品质量的前提下,又必须将零件的尺寸限制在一定的范围内,由此就规定了极限尺寸。零件加工后的实际尺寸应在规定的上极限尺寸和下极限尺寸之内。这一尺寸允许的变动量称为尺寸公差,简称公差。

有关公差的一些术语,以图 5-21 的圆柱尺寸 $\phi 50^{+0.016}_{-0.025}$ 为例,作简要说明。

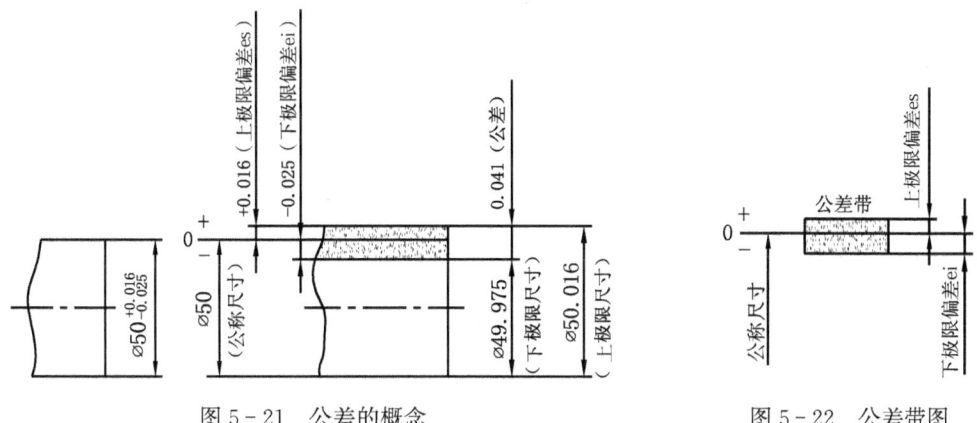

图 5-21 公差的概念　　　　图 5-22 公差带图

公称尺寸:设计时给定的尺寸。$\phi 50$ 是根据计算和结构上的需要确定的尺寸。

极限尺寸:允许尺寸变化的两个极限值,它以公称尺寸为基数来确定。其中较大的一个称为上极限尺寸,如图中的 $\phi 50.016$;较小的一个称为下极限尺寸,如图中的 $\phi 49.975$。

尺寸偏差:某一尺寸减去其公称尺寸所得的代数差。上极限尺寸和下极限尺寸减去其公称尺寸所得的代数差,分别称为上极限偏差和下极限偏差,统称极限偏差。国标规定偏差代号为:孔的上、下极限偏差分别用 ES、EI 表示,轴的上、下极限偏差分别用 es、ei 表示。如图 5-21 中:

上极限偏差 es=50.016-50= +0.016

下极限偏差 ei=49.975-50=-0.025

偏差是一个代数值,可以为正、负或零值。

公差:允许尺寸的变动量。它等于上极限尺寸与下极限尺寸代数差的绝对值:|50.016-49.975|=0.041;也等于上极限偏差与下极限偏差之代数差的绝对值:|+0.016-(-0.025)|=0.041。

零线:因公称尺寸与尺寸偏差大小悬殊,不适宜用同一比例在图中表示,国标用公差带图表示公差,如图 5-22 所示。在公差带图中,确定偏差的一条基准直线,即零偏差线称为零线。通常零线表示公称尺寸。

公差带:在公差带图中,由两条直线所限定的一个区域,如图 5-22 所示。

公差带是由公差带区域的大小和公差带相对于零线的位置两个独立的要素所确定。公差带的大小好比是公差带的定形尺寸,由标准公差确定;公差带的位置好比是公差带的定位尺寸,由基本偏差确定,如图 5-23 所示。国标对于标准公差和基本偏差制定了标准系列。

基本偏差:用以确定公差带相对于零线位置的上极限偏差或下极限偏差(一般指靠近零线的那个偏差),称为基本偏差。当公差带在零线的上方时,基本偏差为下极限偏差;反之,则为上极限偏差。

国标规定了孔、轴各有 28 个基本偏差,形成了基本偏差系列。其代号用拉丁字母表示,

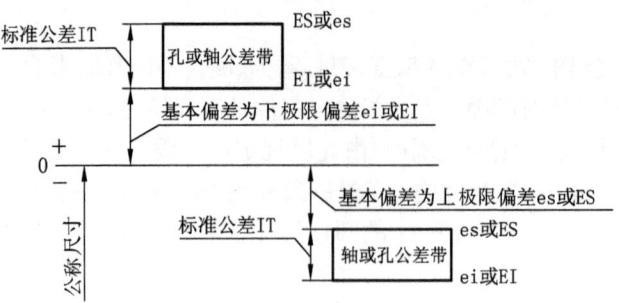

图 5-23 公差带的大小和位置

大写的表示孔,小写的表示轴,如图 5-24 所示。由基本偏差系列图可以看到:孔的基本偏差 $A\sim H$ 为下极限偏差,$J\sim ZC$ 为上极限偏差;轴的基本偏差 $a\sim h$ 为上极限偏差,$j\sim zc$ 为下极限偏差;J_S 和 js 的公差带对称分布于零线的两边,孔和轴的上下偏差分别均为 $+\dfrac{IT}{2}$、$-\dfrac{IT}{2}$。基本偏差系列图只表示公差带的位置,不表示公差带的大小,因而图中只确定公差带属于基本偏差的一端,另一端是开口的,开口的一端由标准公差限定。

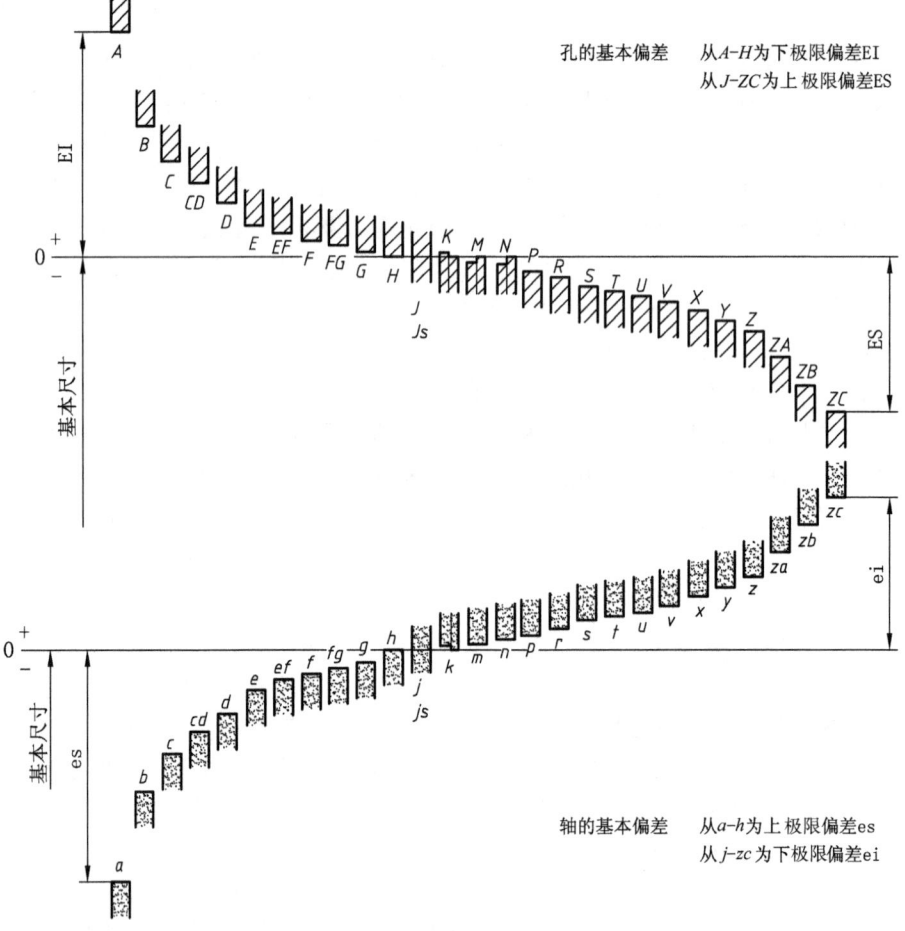

图 5-24 基本偏差系列示意图

标准公差:用以确定公差带大小的任一公差,称为标准公差。标准公差分20个等级,即IT01、IT0、IT1、…、IT18。IT是"国际公差"的符号,数字表示公差等级,它是反映尺寸精度的等级。IT01公差数值最小,精度最高;IT18公差数值最大,精度最低。各级标准公差的数值,可以查阅相关标准,表5-5仅列出了基本尺寸为30~400的标准公差数值。

表5-5 部分标准公差数值

尺寸(mm) 等级		IT01	IT0	IT1	IT2	IT3	IT4	IT5	IT6	IT7	IT8	IT9	IT10	IT11	IT12	IT13	IT14	IT15	IT16	IT17	IT18
大于	至	μm													mm						
…																					
30	50	0.6	1	1.5	2.5	4	7	11	15	25	39	62	100	160	0.25	0.39	0.62	1.00	1.6	2.5	3.9
50	80	0.8	1.2	2	3	5	8	13	19	30	46	74	120	190	0.30	0.46	0.74	1.20	1.9	3.0	4.6
80	120	1	1.5	2.5	4	6	10	15	22	35	54	87	140	220	0.35	0.54	0.87	1.40	2.2	3.5	5.4
120	180	1.2	2	3.5	5	8	12	18	25	40	63	110	160	250	0.40	0.63	1.00	1.60	2.5	4.0	6.3
180	250	2	3	4.5	7	10	14	20	29	46	72	115	185	290	0.46	0.72	1.15	1.85	2.9	4.6	7.2
250	315	2.5	4	6	8	12	16	23	32	52	81	130	210	320	0.52	0.81	1.30	2.1	3.2	5.2	8.1
315	400	3	5	7	9	13	18	25	36	57	89	140	230	360	0.57	0.89	1.40	2.3	3.6	5.7	8.9

公差带代号:由于国标对某一个基本尺寸段的各基本偏差和各级标准公差都已确定了数值,对于一个公称尺寸,取标准规定中的一种基本偏差,配上某一级标准公差,就可以形成一个公差带。如:当轴的基本尺寸为$\phi 60$时,取基本偏差为h,标准公差为IT8,就可以得到一个上极限偏差为0,下极限偏差为-0.046的公差带(查表5-5)。我们可以用基本偏差代号和标准公差等级代号中的数字组成公差带代号"h8"来表示该公差带。

思考:请说出$\phi 100H8$和$\phi 80f7$的含义。

(1)$\phi 100H8$含义为:基本尺寸为$\phi 100$、基本偏差代号为H、公差等级为IT8的孔。

(2)$\phi 80f7$含义为:基本尺寸为$\phi 80$、基本偏差代号为f、公差等级为IT7的轴。

2. 配合

基本尺寸相同的、互相结合的孔与轴公差带之间的关系,称为配合。根据使用要求不同,孔和轴装配之后的松紧程度有所不同,国标将配合分为三类:间隙配合、过盈配合、过渡配合。

(1)间隙配合

具有间隙(包括最小间隙等于零)的配合。此时,孔的实际尺寸大于轴的实际尺寸,孔的公差带完全在轴的公差带之上,如图5-25所示。

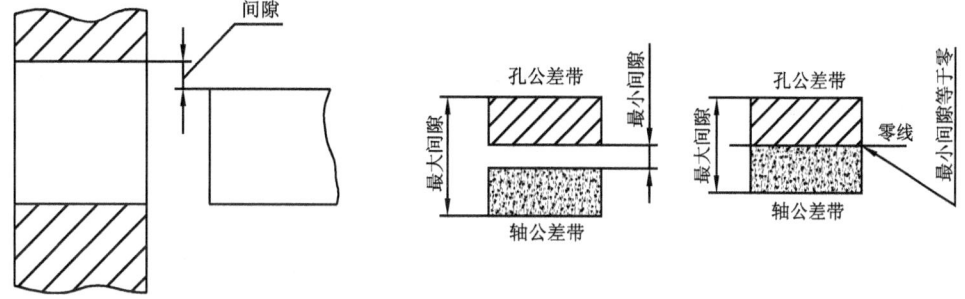

图5-25 间隙配合

(2) 过盈配合

具有过盈(包括最小过盈等于零)的配合。此时,孔的实际尺寸小于轴的实际尺寸,轴的公差带完全在孔的公差带之上,如图 5-26 所示。

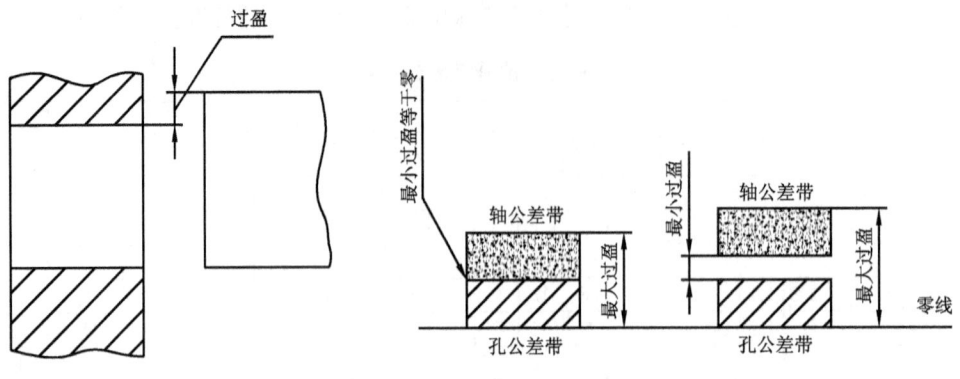

图 5-26 过盈配合

(3) 过渡配合

具有间隙或过盈的配合。此时,孔的实际尺寸可能大于轴的实际尺寸,也可能小于轴的实际尺寸,孔的公差带与轴的公差带相互交叠,如图 5-27 所示。

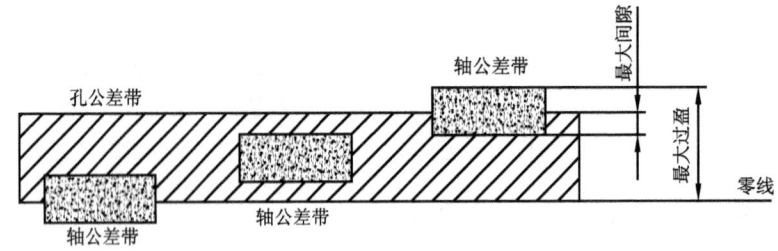

图 5-27 过渡配合

(4) 基孔制与基轴制

为了实现孔、轴之间不同松紧程度的配合,国家标准规定了两种配合制度,即基孔制与基轴制。

1) 基孔制配合

基本偏差为一定的孔的公差带与不同基本偏差的轴的公差带形成各种配合的一种制度。国家标准规定基孔制配合中的孔为基准孔,其下偏差为零,代号为 H,上偏差为正值,最小极限尺寸等于公称尺寸。

2) 基轴制配合

基本偏差为一定的轴的公差带与不同基本偏差的孔的公差带形成各种配合的一种制度。国家标准规定基轴制配合中的轴为基准轴,其上偏差为零,代号 h,下偏差为负值,最大极限尺寸等于公称尺寸。

知识拓展:

(1) 基孔制就是将孔的公差带保持一定,通过改变轴的公差带,使孔、轴之间形成松紧程度不同的间隙配合、过渡配合、过盈配合。

（2）基轴制就是将轴的公差带保持一定，通过改变孔的公差带，使孔、轴之间形成松紧程度不同的间隙配合、过渡配合、过盈配合。

3. 极限与配合在图样上的标注

（1）在装配图上的标注

在装配图上应标注配合。

标注的形式为：

$$\text{公称尺寸}\frac{\text{孔的公差带代号}}{\text{轴的公差带代号}}\left(\text{如：}\phi20\frac{H7}{f6}\right)$$

如图 5-28(a)所示即为在图中的标注，其中"$\frac{H7}{f6}$"称为配合代号。

（2）在零件图上的标注

在零件图上标注的方法常用的有三种：只注公差带代号、只注极限偏差数值（根据公差带代号由标准公差表查出）、同时注出公差带代号和极限偏差数值，如图 5-28(b)所示。偏差和公称尺寸均以 mm 为单位。

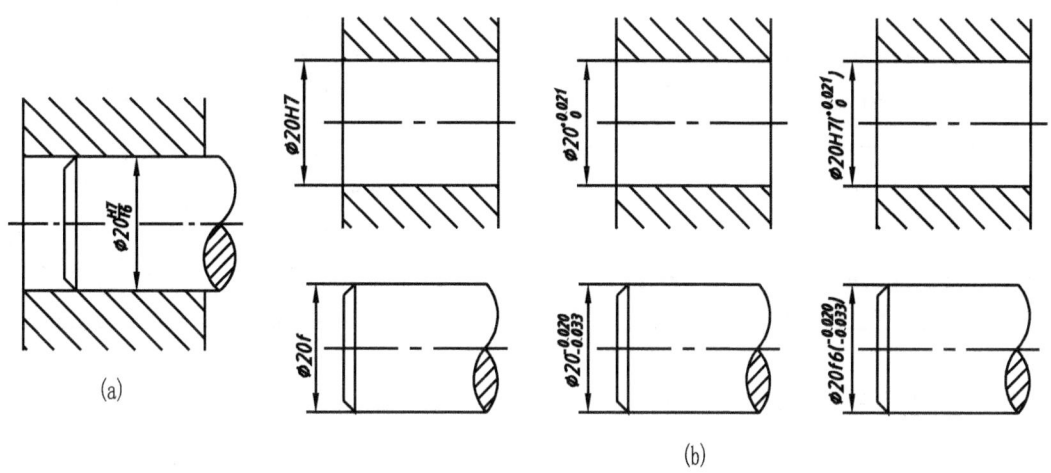

图 5-28 极限与配合在图样上的标注

知识拓展：注写偏差数值时应注意：

（1）上、下极限偏差字体要比公称尺寸的字体小一号，下极限偏差应与公称尺寸注在同一底线上，上极限偏差注在下极限偏差上方，上、下极限偏差小数点要对齐；

（2）上、下极限偏差小数点后的位数必须相同，位数不同时，少的位数用"0"补齐；

（3）某一偏差为零时，用数字"0"标出，并与另一偏差的个位数字对齐；

（4）上、下极限偏差相同时，在公称尺寸后面用"±"号，然后写偏差数值，其字体大小与公称尺寸的字体大小相同。

5.5.3 形状和位置公差简介

形状和位置公差(简称形位公差)是指零件的实际形状和实际位置对于理想形状和理想位置的允许变动量。

对于一般零件来说,其形位公差可由尺寸公差、加工机床的精度等加以保证;有些要求较高的零件,则应根据设计要求,在加工图纸上注出国标所规定的形位公差。因此,形位公差同尺寸公差、表面粗糙度一样,是评定零件质量的一项重要指标。

国家标准 GB 1182—2018 规定了形状和位置公差的各项目,其名称和对应的符号见表 5-6。

表 5-6 形位公差各项目符号

公 差		特征项目	符 号	公 差		特征项目	符 号
形状		直线度	─	定向		平行度	∥
		平面度	▱			垂直度	⊥
		圆 度	○			倾斜度	∠
		圆柱度	⌭	位置	定位	同轴(同心)度	◎
形状或位置	轮廓	线轮廓度	⌒			对称度	≡
						位置度	⊕
					跳动	圆跳动	↗
		面轮廓度	⌒			全跳动	↗↗

5.6 标准件和常用件简介

在各种机械设备中,常会遇到一些通用零件,如螺栓、螺钉、螺母、垫圈、键、销、滚动轴承等。由于这些零件的应用量大面广,且种类繁多,为了降低成本、保证互换性,在多数情况下都组织专业化的规模生产。生产过程中只要选用标准件即可。为了便于生产和选用,它们的结构和尺寸都已标准化,这类零件称为标准件。还有一些广泛使用的零件,它们的部分结构也已标准化,如齿轮的齿形等,这类零件称为常用件。

标准件和常用件的某些结构形状比较复杂(如螺纹、齿轮等),这些结构不必按真实投影画出,所有标准件的结构、尺寸都已标准化,常用件的部分结构、尺寸也已标准化,投影图的画法均有相应的规定画法,标准件的种类、型式、规格以代号表示。下面介绍部分标准件和常用件的画法和标记。

5.6.1 螺纹紧固件

螺纹紧固件是指通过螺纹旋合起到紧固、连接作用的零件。常用的螺纹紧固件有:螺栓、螺钉、螺柱、螺母和垫圈等,均为标准件。在设计时,标准件不必画零件图,只需在装配图中画出,并注明所用标准件的标记即可。它们的结构形式、尺寸和技术要求都可以从国标中查到。

1. 螺纹紧固件的标记方法

螺纹紧固件的简化标记通式为:

| 名称 | 国标号 | 规格尺寸 |

表5-7列出了常用的螺纹紧固件及其标记示例。

表5-7 常用螺纹紧固件的标记示例

名称	标准号	图例	标记示例	标注说明
六角头螺栓—C级	GB/T 5780		螺栓 GB/T 5780 M12×80	螺纹规格$d=12$,公称长度$l=80$mm,性能等级为4.8级、C级的六角头螺栓
双头螺柱—B型	GB/T 897		螺柱 GB/T 897 M10×50	两端均为粗牙普通螺纹,$d=10$mm,$l=50$mm,性能等级为4.8级、B型,$b_m=1d$的双头螺柱(B省略不注)
六角螺母—C级	GB/T 41		螺母 GB/T41 M12	螺纹规格$D=12$,性能等级为5级,C级六角螺母
开槽盘头螺钉	GB/T 67		螺钉 GB/T 6 M5×20	螺纹规格$d=5$,公称长度$l=20$mm,性能等级为4.8级的开槽盘头螺钉

2. 螺纹紧固件的比例画法

在绘制螺纹紧固件时,除螺纹部分按规定画法绘制外,其余部分应从螺纹紧固件的标准中查得其形状和尺寸后绘图。但为了简便绘图和提高效率,通常采用比例画法。

比例画法就是螺纹大径选定后,紧固件的其他各部分尺寸都取与紧固件的螺纹大径d成一定比例的数值来作图的方法,如图5-29所示。

5.6.2 键和销

1. 键的种类和标记

键是标准件。用来连接轴及轴上的传动件,如齿轮、皮带轮等,起传递扭矩的作用。

常用的键有普通平键、半圆键和钩头楔键等,如表5-8所示。其中又以普通平键最为常见。

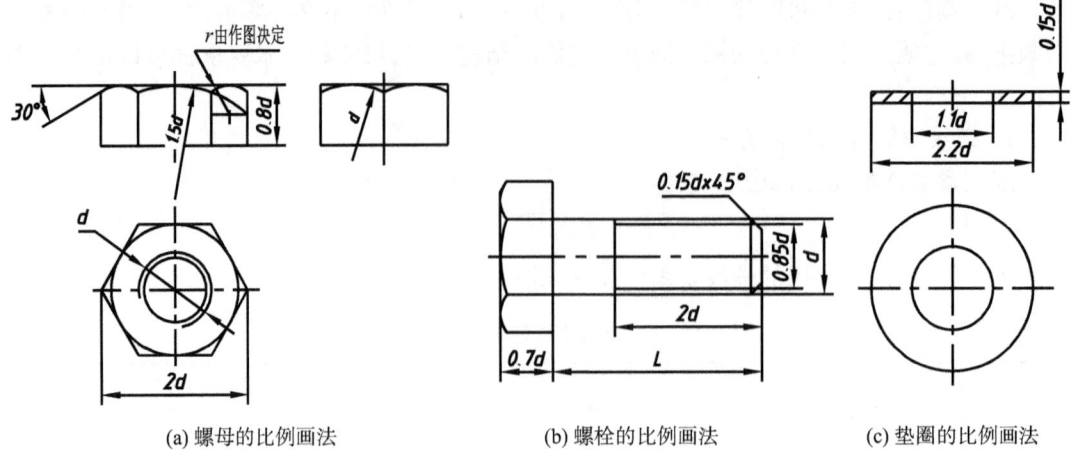

(a) 螺母的比例画法　　(b) 螺栓的比例画法　　(c) 垫圈的比例画法

图 5-29　螺栓、螺母、垫圈的比例画法

键的标记通式为：

| 名称 | 规格(宽×长) | 国标号 |

选用时可根据轴的直径查键的标准，得出它的尺寸。平键和钩头楔键的长度 L 应根据轮毂长度和受力大小选取相应的系列值。

表 5-8 列出了常用键的型式和标记。

表 5-8　常用键的型式和标记

名　称	图　例	标记示例
普通平键		键 18×100 GB/T1096—1979 表示：键宽 b=18mm 　　　键长 L=100mm 的圆头普通平键(A 型)。 注：A 型省略不注，B 型和 C 型必须在标记中写"B"和"C"
半圆键		键 6×25 GB/T1099—1979 表示：键宽 b=6mm 　　　直径 d=25mm 的半圆键
钩头楔键		键 18×100 GB1065—1979 表示：键宽 b=18mm 　　　键长 L=100mm 的钩头锲键

2. 销的种类和规定标记

销也是标准件。销连接主要用来固定零件之间的相对位置,也可用于轴和轮毂或其他零件的连接。

常用的销有:圆柱销、圆锥销、开口销三种。表 5-9 列出了三种销结构型式和标记示例。

表 5-9 常用销的型式和标记示例

名 称	图 例	标记示例
圆柱销		公称直径 $d=6$mm,公差 $m6$,公称长度 $l=30$mm,材料为钢,不淬火,不表面处理的圆柱销: 销 GB/T119.1 $6m6\times30$
圆锥销	1:50	公称直径 $d=10$mm,公称长度 $l=60$mm,材料为 35 钢,热处理 28~38HRC,表面氧化的 A 型圆锥销: 销 GB/T117 10×60
开口销		公称直径 $d=5$mm,长度 $l=50$mm 的开口销: 销 GB/T91 5×50

思考:紧固件的连接形式有几种?各用在什么场合?

5.6.3 滚动轴承

滚动轴承是标准组件。它的作用是支持轴旋转及承受轴上的载荷。由于滚动轴承的摩擦阻力小,所以在生产中使用比较广泛。

滚动轴承按其受力方向,可分为三大类:向心轴承,推力轴承,向心推力轴承。

滚动轴承一般由内圈、外圈、滚动体和保持架四个部分组成,如图 5-30 所示。

1. 滚动轴承的画法

滚动轴承不必画零件图,因为是标准组件,由专业化生产,需要时可根据要求确定型号选购。在设计机器时,只要在装配图中按规定画出即可。在装配图中,滚动轴承可以用通用画法、特征画法和规定画法绘制,见表 5-10。

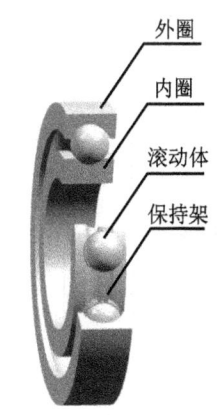

图 5-30 滚动轴承的结构

表 5-10 常用滚动轴承的形式和画法

名称、标准号、结构和代号	由标准中查出数据	规定画法	特征画法	通用画法
深沟球轴承 GB/T276—1994  60000型	D d B	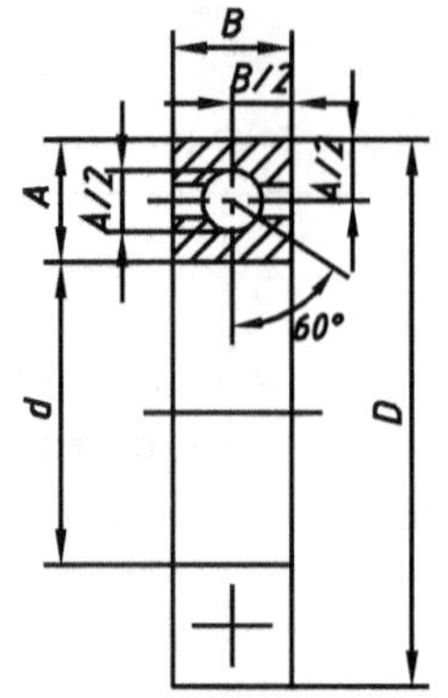	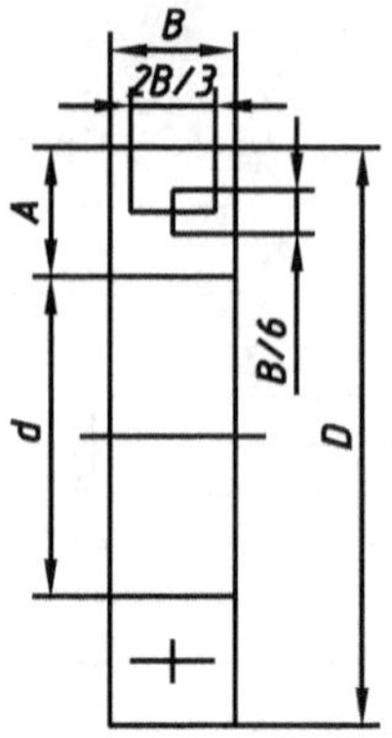	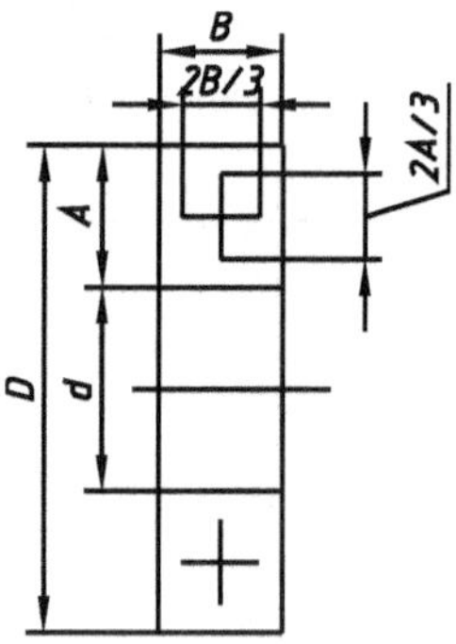
圆锥滚子轴承 GB/T297—1994  30000型	D d T B C			
推力球轴承 GB/T301—1995  51000型	D d H			

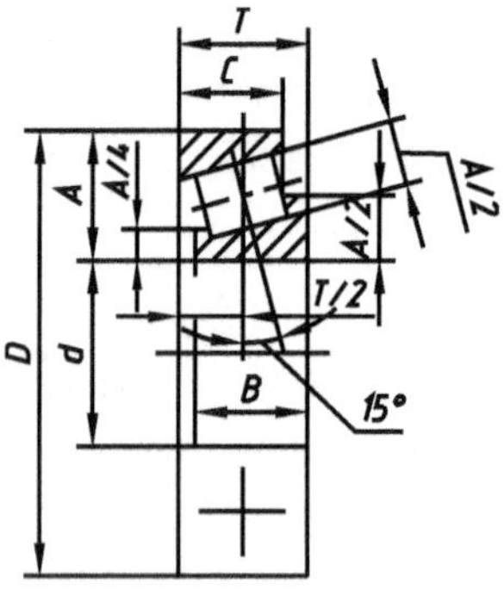

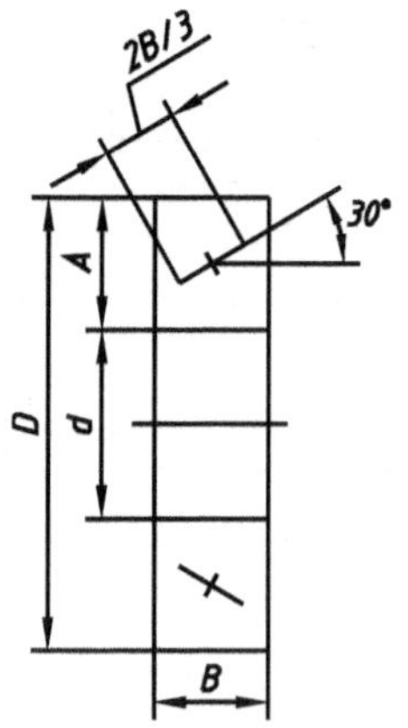

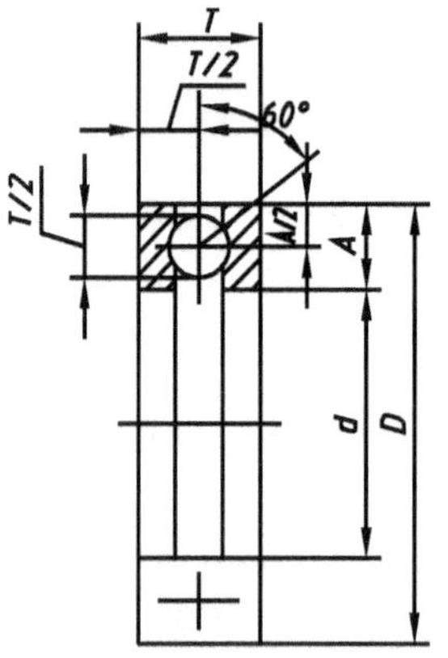

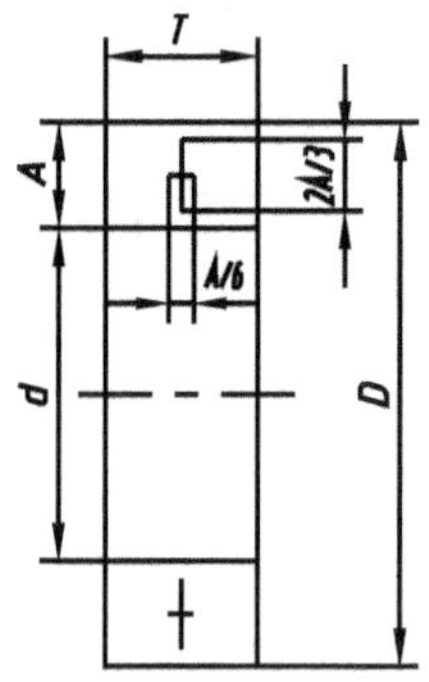

前两种属简化画法,在同一图样中一般可采用这两种简化画法中的一种。具体作图时可遵循下列原则:

(1)滚动轴承剖视图轮廓应按外径 D、内径 d、宽度 B 等实际尺寸绘制,轮廓内可用规定画法或简化画法绘制。

(2)在剖视图中,当不需要确切地表示滚动轴承外形、载荷特性、结构特征时,可用表中所示的通用画法画出。

(3) 在装配图中,需要较详细地表达滚动轴承的主要结构时,可采用规定画法,只需要简单表达滚动轴承的主要结构时,可采用特征画法。

(4) 一般情况下,用规定画法绘制在轴的一侧,另一半用通用画法绘制。

5.6.4 齿轮

齿轮是机器中广泛应用的传动零件,可用来传递动力,改变运动速度和方向,以及变换运动方式等。齿轮的种类很多,根据其传动情况可分为三类(见图 5-31):

圆柱齿轮——用于两平行轴之间的传动。

圆锥齿轮——用于两相交轴之间的传动。

蜗轮蜗杆——用于两交叉轴之间的传动。

(a) 圆柱齿轮　　(b) 圆锥齿轮　　(c) 蜗轮蜗杆

图 5-31　常见的齿轮传动

齿轮的轮齿部分结构尺寸已标准化,国标规定了它的简化画法。这里主要介绍圆柱齿轮各部分的尺寸及规定画法。

1. 圆柱齿轮的参数

常见的圆柱齿轮按齿的方向分成直齿、斜齿、人字齿等,其中直齿、斜齿齿轮又可分为标准齿轮和变位齿轮。

现以标准直齿圆柱齿轮为例来介绍,齿轮的参数见图 5-32。

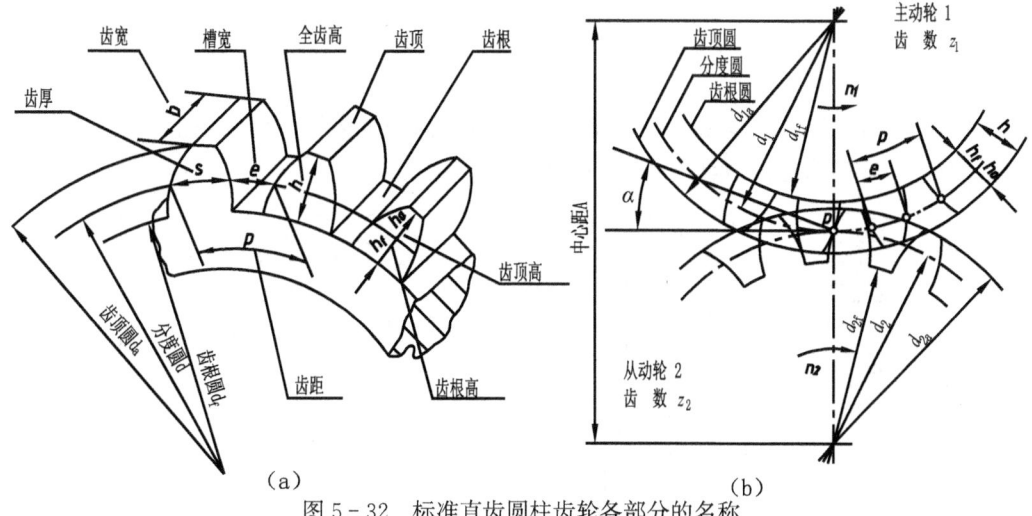

(a)　　　　　　　　　　　(b)

图 5-32　标准直齿圆柱齿轮各部分的名称

2. 圆柱齿轮的规定画法

1) 单个圆柱齿轮的画法

(1) 在视图中,齿轮的轮齿部分按下列规定绘制:

齿顶圆和齿顶线用粗实线表示。分度圆和分度线用点画线表示。齿根圆和齿根线用细实线表示,也可省略不画,见图 5-33(a)。

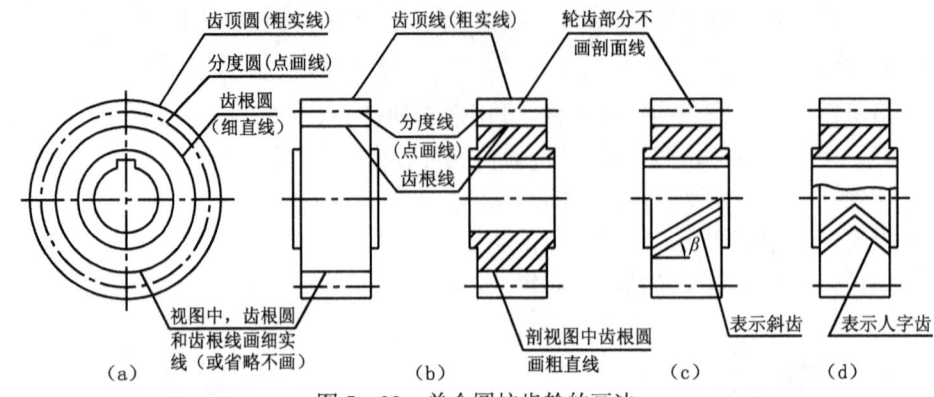

图 5-33 单个圆柱齿轮的画法

(2) 在剖视图中,当剖切平面通过齿轮的轴线时,轮齿一律按不剖处理。这时齿根线用粗实线绘制,见图 5-33(b)。

(3) 对于斜齿、人字齿齿轮,可在非圆的外形图上用三条与轮齿倾斜方向相同的平行细实线表示轮齿方向,见图 5-33(c)、(d)。

2) 圆柱齿轮啮合的画法

两标准齿轮啮合时,它们的分度圆处于相切的位置,此分度圆又称节圆。啮合部分的规定画法如下:

(1) 在投影为圆的视图中,两齿轮的节圆应该相切。啮合区内的齿顶圆仍画粗实线,见图 5-34(a),也可省略不画,见图 5-34(b)。

(2) 在投影为非圆的视图上,外形视图的节线重合,用粗实线绘制,啮合区内齿顶线不画,见图 5-34(c)。

(4) 在剖视图中,当剖切平面不通过两啮合齿轮的轴线时,轮齿一律按不剖绘制。

(3) 在剖视图中,当剖切平面通过两啮合齿轮的轴线时,在啮合区内,节线重合,用点画线绘制;齿根线画粗实线;齿顶线一个齿轮画粗实线,另一个齿轮画虚线(也可省略不画),见图 5-34(a)。非啮合区的画法与单个齿轮相同。

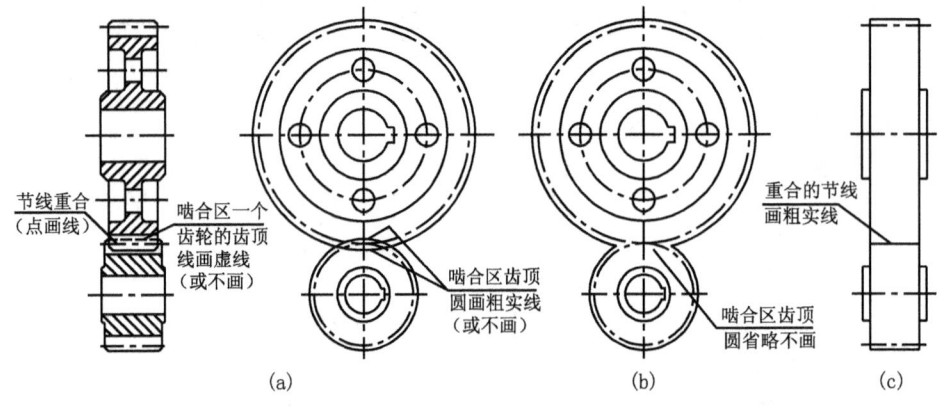

图 5-34 圆柱齿轮的啮合画法

5.7 零件图的阅读

零件图是产品制造和检验的依据,作为工程技术人员必须具有准确阅读图样的技能。

阅读零件图,就是按照零件图的视图表达,想象其空间形状;根据零件图上尺寸标注,看懂长宽高三个方向的尺寸基准,看懂各组成部分的定形尺寸和定位尺寸,弄懂确保零件工作性能的重要尺寸;根据技术要求,看懂尺寸公差、形位公差、表面粗糙度,一般说来,有尺寸公差的尺寸都是比较重要的尺寸,往往有配合的要求,要看清尺寸公差等级和上、下偏差数值,对标有形位公差的框格要分析哪个是被测要素,哪里是基准要素,在分析表面粗糙度时,要注意哪个表面要求较高,哪个表面是一般要求,哪个表面是不加工的,从而确定有关部分的加工方法。

5.7.1 阅读零件图的方法步骤

(1) 看标题栏,了解概貌

通过阅读标题栏,了解零件的名称、材料、比例等。通过名称可大致了解零件的功能和相应的结构形状特点。

(2) 看视图,想象形状

分析零件图的视图方案,各个视图的配置以及视图间的投影关系,运用投影规律和形体分析的方法,逐一看懂零件各部分的内、外结构以及它们之间的相对位置。最后,想象出零件的整体形状。

(3) 看尺寸

了解零件长、宽、高三个方向的尺寸基准,找出各部分的定位尺寸,并进一步分析零件图上尺寸标注是否合理等。

(4) 看技术要求

了解零件图上表示粗糙度、尺寸公差、形位公差等全部技术要求。零件图上的技术要求是制造零件的质量指标。

5.7.2 阅读零件图举例

图 5-35 所示为齿轮泵泵盖的零件图,我们按阅读的方法步骤来看懂它。

(1) 看标题栏

零件名称为泵盖,可见该零件属盖类零件;材料为 HT200(铸铁),从而可知,零件是在铸造毛坯上加工而成的,抗拉强度是 200,作图比例为 1∶1。

(2) 看视图

盖类零件采用了主、左两个基本视图来表达其内外形状。为剖到定位销孔,主视图采用 A—A 旋转剖,分别表达了两轴孔、安装孔、定位销孔的内部形状;左视图主要表达泵盖左侧看到的形状,六个安装孔的位置及处在 45°位置的定位销孔,其立体图见 5-36。

(3) 看尺寸

① 尺寸基准

长度方向尺寸基准是泵盖右端面,这是安装结合面,长度方向的尺寸都以该面为基准。

高度方向尺寸基准是下面的 $\phi 15_0^{+0.018}$ 轴孔的轴线。

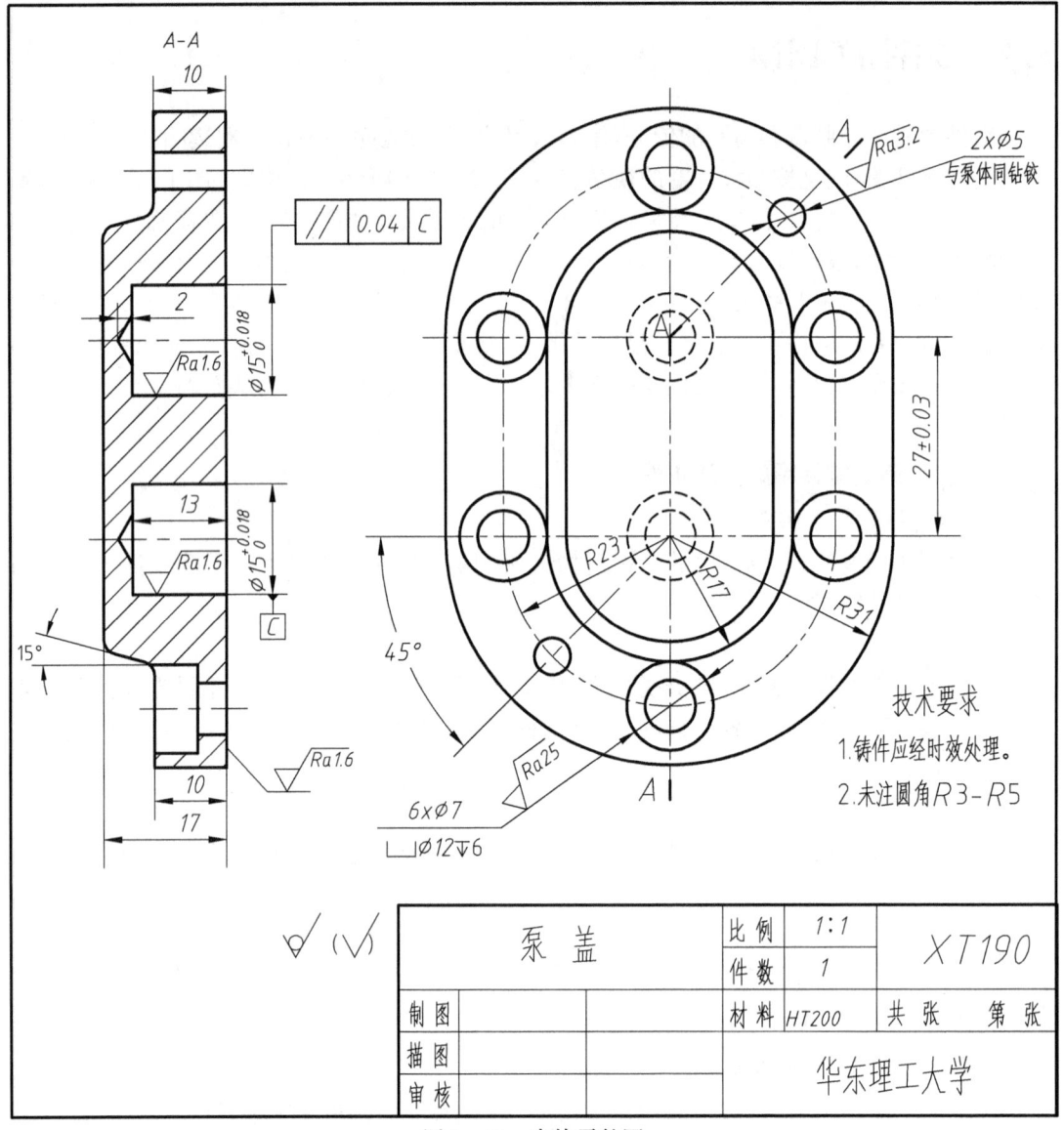

图 5-35 壳体零件图

宽度方向尺寸基准是通过两个 $\phi 15^{+0.018}_{0}$ 轴孔轴线的平面。

2) 重要尺寸

27 ± 0.03 是确保两齿轮正确啮合的轴向距离,必须严格控制,两个 $\phi 15^{+0.018}_{0}$ 基准孔是保证孔轴配合性质的重要尺寸。

$2\times\phi 5$ 的定位销孔待装配时与泵体上销孔配合加工。

$6\times\phi 7$ 是安装螺栓孔。⊔ $\phi 12$ 表示沉孔的直径 $\phi 12$,深度为 6。

(4) 看技术要求

∥ 0.04 C 表示上面 $\phi 15^{+0.018}_{0}$ 孔的轴线对基准要素下面 $\phi 15^{+0.018}_{0}$ 孔的轴线平行度误差不得大于 0.04。

泵盖右端面、定位销孔表面及两个 $\phi 15^{+0.018}_{0}$ 孔的表面结构要求粗糙度为 $\sqrt{Ra1.6}$。6 个安装孔的表面结构要求 $\sqrt{Ra25}$，其余表面为 $\sqrt{}$，即不加工。未注铸造圆角均为 R3～R5。

> 提示：零件图是生产中的实际图样，应在前面知识的基础上，把图形、尺寸和技术要求作为重点来分析，多看多读，才能提高看图能力。

小结：本章介绍了零件图的基本内容、典型零件的表达方法、尺寸标注、技术要求和工艺结构，应了解标准件和常用件的画法，并能利用前面所学的各种图样表达方法，绘制零件图，读懂零件图所表达的几何形状、理解所标注的技术要求。

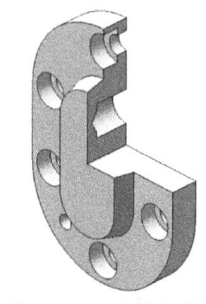

图 5-36　壳体立体图

关键概念：零件图、零件的表达方法、尺寸标注、技术要求、粗糙度、极限、配合，标准件、螺纹。

自　测　题

5-1　零件图在工程上起什么作用？一张完整的零件图应包含哪些内容？选择主视图的原则是什么？

5-2　在选择零件图主视图的投影方向时，通常应使主视图优先满足哪项要求。（　　）

(A) 最容易绘制；　　　　　　　(B) 最能反映零件的形状特征；

(C) 最容易测量；　　　　　　　(D) 应选加工位置且轴线横放。

5-3　什么叫标准件？常用的标准件有哪些？

5-4　试述单个直齿圆柱齿轮的规定画法。在齿轮投影为圆的视图上，分度圆采用（　　）线绘制。

5-5　滚动轴承的画法有哪些规定？

5-6　内外螺纹及其连接画法有哪些规定？

5-7　无论是外螺纹还是内螺纹，在剖视图中的剖面线都应画到粗实线为止。这句话对不对？

5-8　什么叫尺寸基准？合理标注尺寸应注意哪些问题？

5-9　M20—6H 和 M20×1.5—6g 分别表示什么螺纹？两者有何区别？

5-10　指出题图 5-10 中螺纹画法的错误，并更正之。

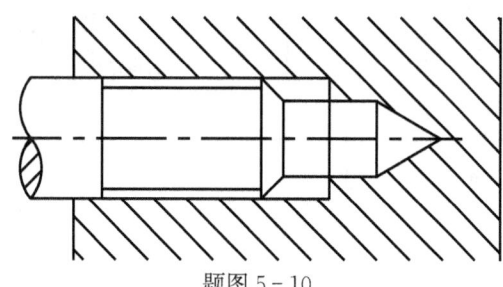

题图 5-10

5-11　零件图上有哪些技术要求？

5-12　什么是表面粗糙度？它用哪些符号表示？其含义是什么？

5-13　$\phi 80H6$ 的含义是什么？

5-14　试说明配合代号 $\phi 40 \dfrac{H9}{d9}$、$\phi 25 \dfrac{N7}{h6}$、$\phi 50 \dfrac{H9}{h9}$ 和 $\phi 30 \dfrac{H7}{p6}$ 的含义。

5-15 按题图 5-15 所示的公差要求，查表 5-5，标出相应的上偏差、下偏差、公差数值。

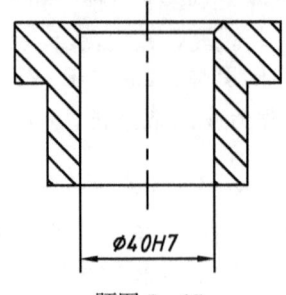

题图 5-15

5-16 什么是表面形状和位置公差？怎样在零件图上标注形状和位置公差？

5-17 看零件图的要求是什么？怎样看零件图？

5-18 读题图 5-18 拨叉的零件图，并填空回答下列问题。

(1) 主视图是按＿＿＿＿＿＿＿位置安放的。

(2) 86±0.05 的含义是基本尺寸是＿＿＿＿，尺寸的上偏差是＿＿＿＿，下偏差是＿＿＿＿，公差为＿＿＿＿。

(3) 螺纹 M10×1 的含义是＿＿＿＿＿＿＿＿＿＿＿，该螺纹的定位尺寸为＿＿＿＿＿＿＿＿＿＿＿。

(4) 拨叉的材料是＿＿＿＿＿＿＿＿＿＿＿＿＿＿＿＿，该零件的比例是＿＿＿＿＿＿＿＿＿＿＿。

(5) 符号 $\sqrt{Ra\,32}$ 的含义是＿＿＿＿＿＿＿＿＿＿＿＿＿＿＿＿＿＿＿＿＿＿＿＿＿＿＿＿。

(6) 画出该零件的俯视图。

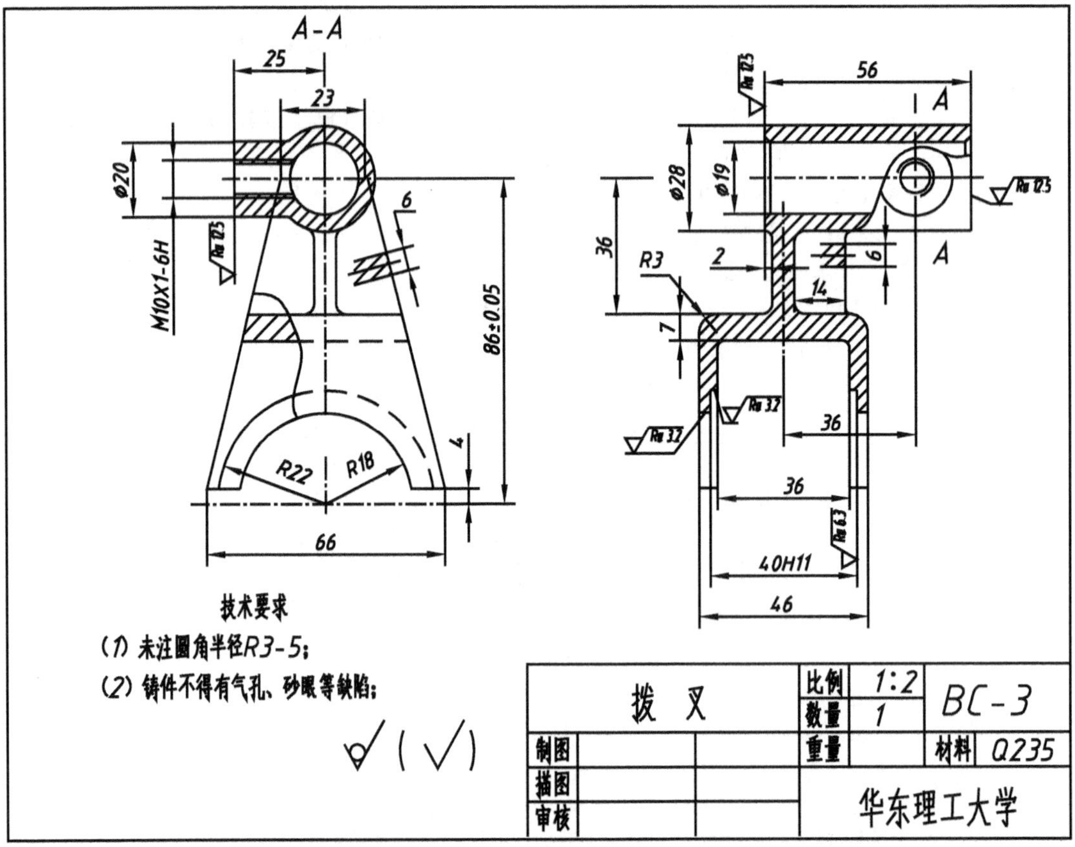

题图 5-18

5-19 读题图 5-19 端盖的零件图,试填空回答下列问题。

1) 主视图采用了_____剖视。

2) 在视图上用文字和指引线指出轴向尺寸基准和径向尺寸基准。

3) 用箭头和指引线标出垂直度和同轴度的测量基准。

4) 尺寸 Rc 1/4 中,Rc 表示_____,1/4 表示_____。

5) 图中尺寸 3×M5 深 10 的含义是_____。

6) 端盖的零件图中,表面粗糙度要求最高的是哪个表面?没有标注粗糙度的表面,其粗糙度值是多少?

7) 根据盘盖类零件的特点,常用的表达方法归纳为:_____。

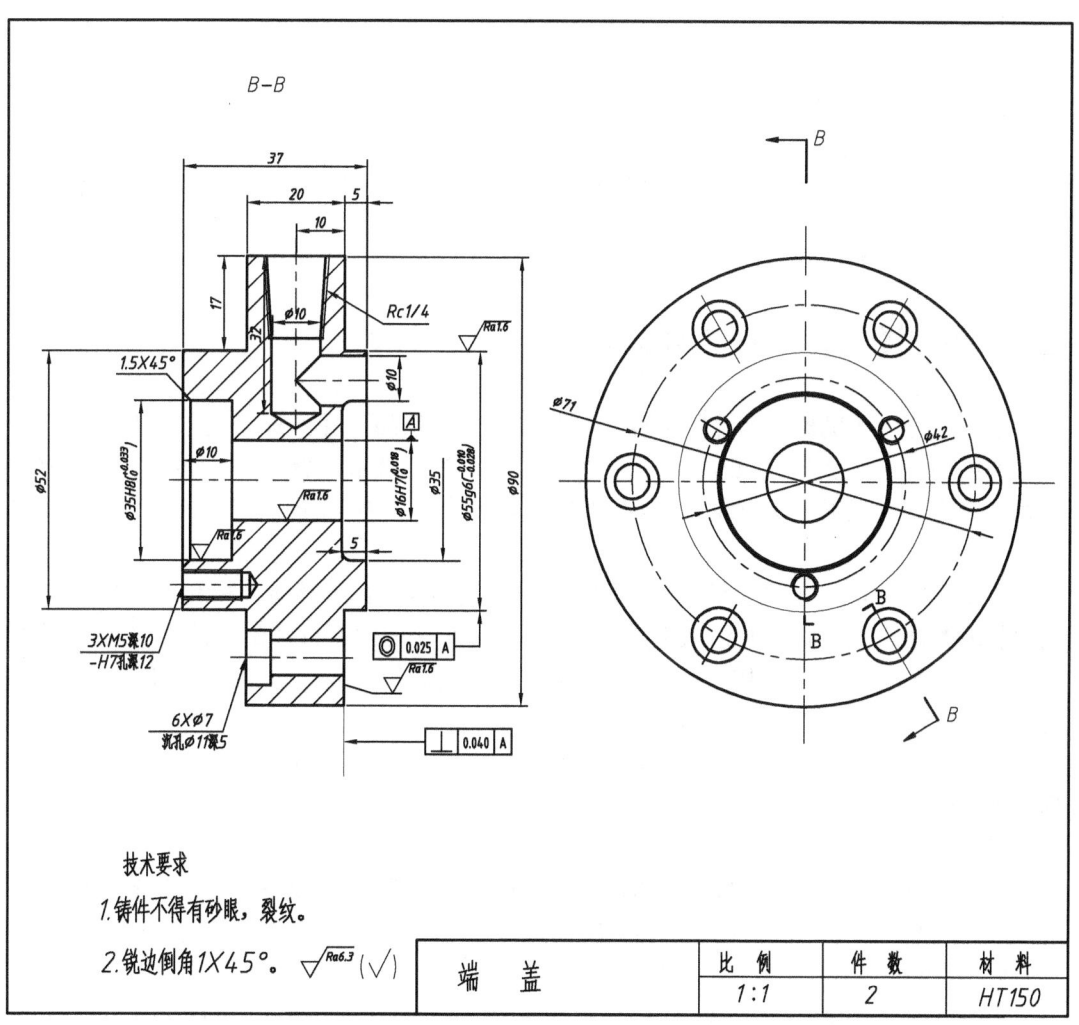

题图 5-19

6 装配图

本章概要 主要介绍装配图的作用、内容和表达方法,以及装配图尺寸标注、常用紧固件的装配画法、依据已知零件图拼画装配图的步骤和识读装配图的方法。

学习目标:
(1) 了解装配图的内容,熟悉装配图的特点及规定画法和特殊表达方法,了解装配图尺寸标注、零部件序号的编排方法、明细栏和标题栏的填写方法,能绘制一定复杂程度的装配图。
(2) 清楚装配图的各零件之间的连接关系,能看懂装配图并了解装配图中各项尺寸标注的含义。

6.1 装配图的作用和主要内容

装配图是表达机器或部件的结构和零件间装配关系的一种图样。它包括机器或部件的工作原理,零件之间的装配连接关系,在装配、检验、安装和维修时所需的尺寸数据和技术要求等内容。根据表达对象不同,有表达机器整体的总装配图,也有表达部件的局部装配图。

在设计过程中,一般先设计绘制装配图以决定机器或部件的整体结构和工作状况,然后根据装配图设计并绘制零件图;在生产过程中,是按照装配图制订装配工艺过程,将各个零件装配成机器或部件;在使用过程中,又是按照装配图进行安装、调试和操作检修。所以装配图是工业生产中重要的技术文件之一。

图 6-1 就是一张齿轮油泵的装配图,根据装配图的作用,一张完整的装配图应具有下列基本内容:

(1) 一组图形

用一组图形(包括视图、剖视图、剖面图等)表达机器或部件的整体结构、工作状况、各零部件间的装配连接关系及主要零件的结构形状。

(2) 必要的尺寸

根据装配、使用及安装的要求,标注反映机器的性能、规格、零件之间的定位及配合要求、安装情况等必需的一些尺寸。

(3) 零件编号及明细栏

根据生产和管理的需要,按一定方法和格式,将所有零件编号并列成表格,以说明各零件的名称、材料、数量、规格等内容。

(4) 技术要求

用文字或代号说明机器或部件在装配、检验、使用等方面的技术要求。

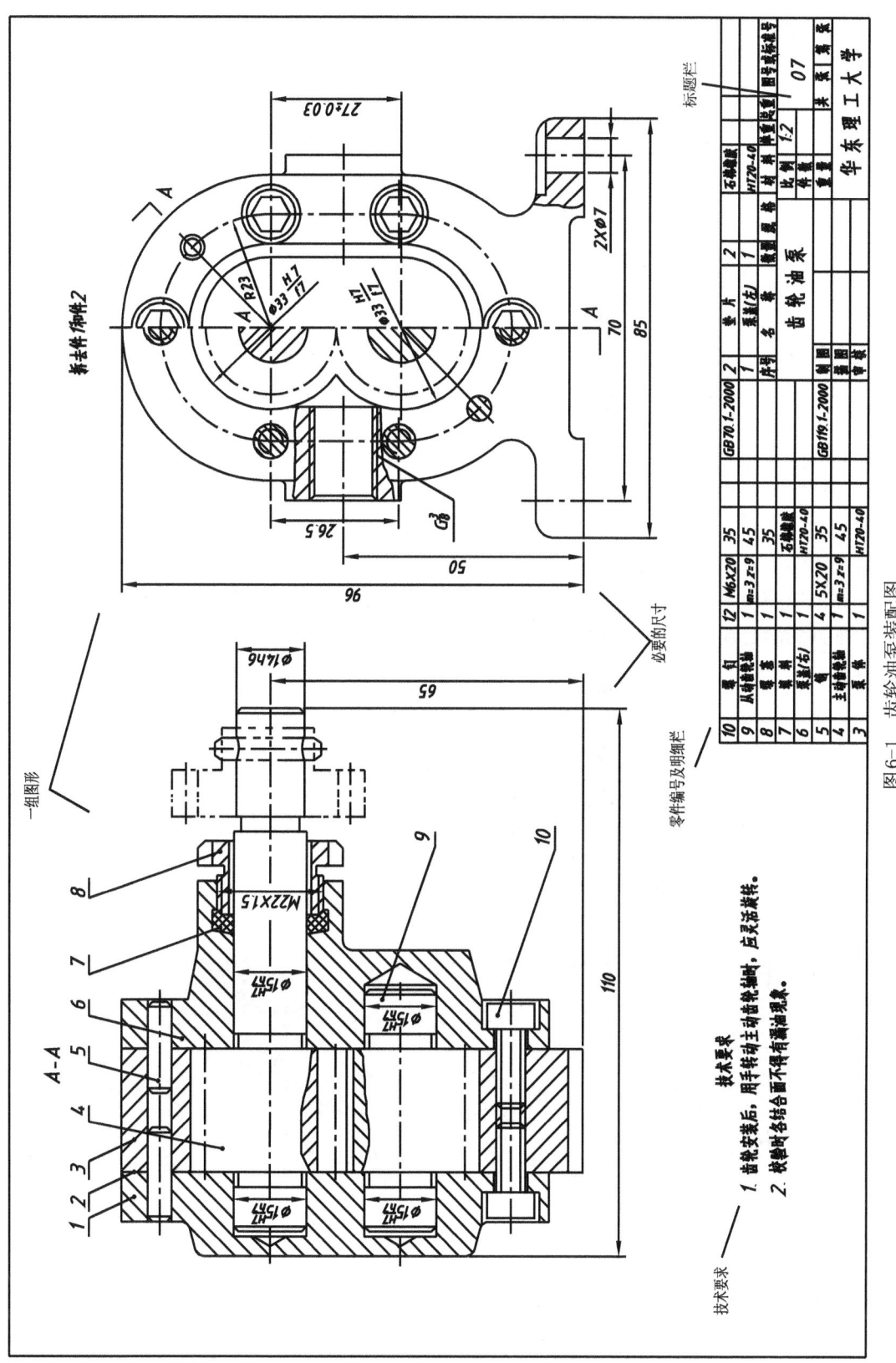

图 6-1 齿轮油泵装配图

(5) 标题栏

用标题栏说明机器或部件的名称、规格、作图比例和图号以及设计、审核人员等。

> 思考:装配图与前面所学的零件图有何不同?

装配图是表达机器或部件的结构和零件间装配关系的图样;零件图表达的是零件结构本身的形状、尺寸和技术要求的图样,是加工和检验零件的技术文件。

6.2 装配关系的表达方法

为了正确、完整、清晰地表达机器或部件的工作原理及装配关系,装配图除了适用前面讨论的机件的各种表达方法外,国家标准《机械制图》对装配图还作了一些规定画法和特殊画法。

1. 规定画法

(1) 相邻零件的轮廓线的画法

两相邻零件不接触表面画两条线,配合表面或接触表面只画一条线,如图6-2所示。

(2) 相邻零件的剖面线的画法

在剖视图中,两相邻金属零件剖面线的方向应相反;如果两个以上零件相邻,则改变第三个零件的剖面线间隔,如图6-2所示。

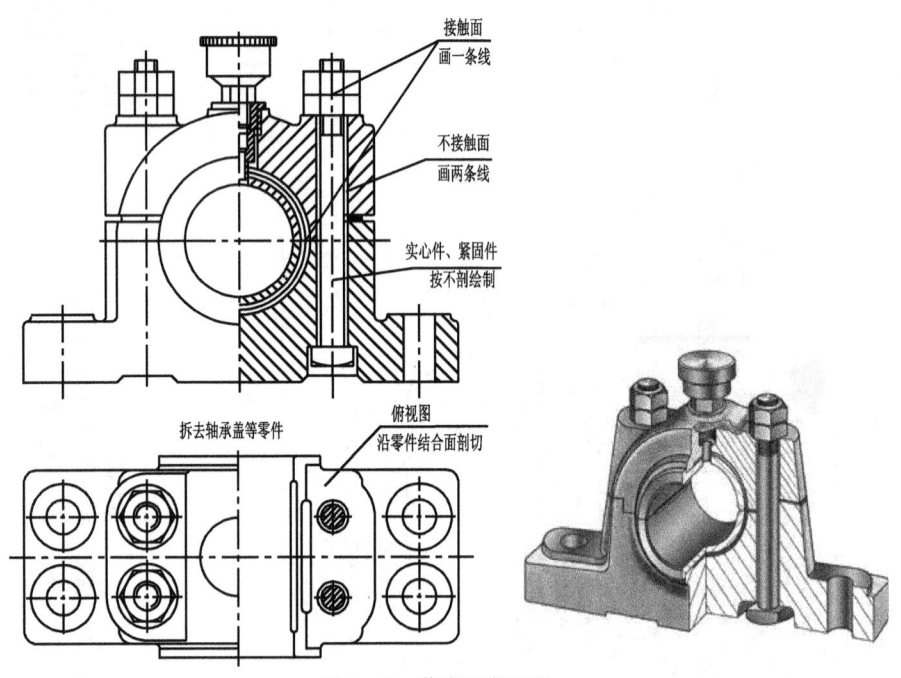

图6-2 装配图的画法

(3) 实心件的画法

对于螺钉、螺栓等紧固件和一些实心零件如轴、手柄、拉杆、连杆、球、键、销等,当剖切平面通过其对称中心线或轴线时,这些零件按不剖绘制;如需要特别表明零件上的某些构造,如凹槽、键槽、销孔、齿轮啮合等,则可用局部剖视图的形式表示,如图6-1中主视图用局部剖表达两齿轮啮合处的关系。当剖切平面垂直其对称中心线或轴线时,则应该在其断面上画上剖面线。

2. 特殊画法

(1) 沿零件结合面剖切或拆卸的画法

当某些需要表达的结构形状或装配关系在视图中被其他零件遮住时,可以假想沿某些零件的结合面选取剖切面;或假想将某些零件拆卸后绘制视图,并加注说明(拆去××等)。如图6-1中左视图拆去件1和件7以及图6-2中俯视图拆去轴承盖等的半剖画法。

(2) 假想画法

当需要表示运动零件的极限位置时,可将运动件画在一个极限位置,另一个极限位置用双点画线画出。在需要表示与本部件有关但不属于本部件的相邻部件时,也可用双点画线表示其相邻部分的轮廓。

(3) 零件的单独表示法

当个别零件的某些结构或装配关系在装配图中还没有表示清楚而又需要表示时,可用视图、剖视图或断面图等单独表达某个零件的结构形状,但必须在视图上方注出相应的说明。

(4) 夸大画法

在装配图中,对于薄垫片、细丝弹簧、小间隙、小锥度等结构,按实际尺寸难以表达清楚时,允许将该部分不按原比例而采用适当夸大的比例画出,如图6-3中垫片的厚度及键与齿轮键槽的间隙,均是夸大画出的。

(5) 简化画法

在装配图中的简化画法主要有如下几种:

(1) 对于装配图中的螺栓连接等相同零件组,可以详细地画出一组或几组,其余可只画中心线,表示出其装配位置,如图6-3所示的螺钉连接。

(2) 在装配图中,零件的圆角、倒角、凹坑、凸台、沟槽、滚花、刻线及其他细节等可不画出。

(3) 在表示滚动轴承、油封等标准件时,允许一半用规定画法画出,一半用简化画法表示。如图6-3所示。

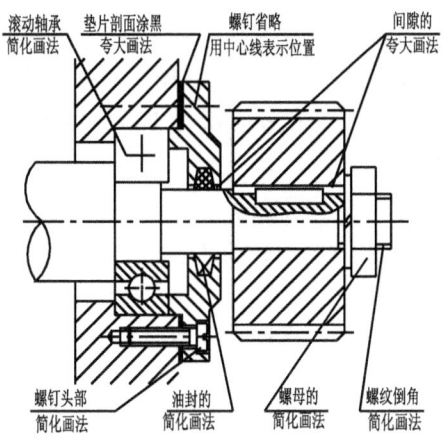

图6-3 装配图的省略及简化画法

6.3 螺纹紧固件的连接和装配画法

通过螺纹起连接和紧固作用的零件称为螺纹紧固件,装配图中,螺栓连接、螺柱连接、螺钉连接是最常用的连接方式。下面介绍螺栓连接的装配画法,另外两种螺纹连接(螺柱连接、螺钉连接)的装配画法可参见其他参考书。

螺栓连接由螺栓、螺母和垫圈组成,它们均为标准件。常用于零件的被连接部分不太厚,能钻出通孔,可以在被连接零件两边同时装配的场合,如图 6-4(a)所示。

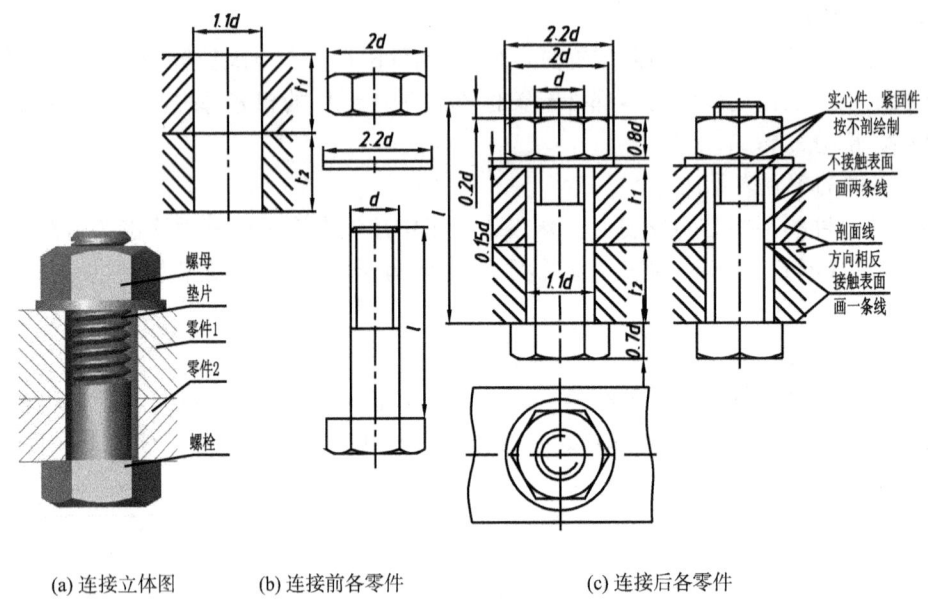

(a) 连接立体图　　(b) 连接前各零件　　(c) 连接后各零件

图 6-4　螺栓连接的画法

螺栓连接装配图应根据螺栓的标记,按其相应标准中的各部分尺寸绘制,但为了方便作图,把螺栓连接各部分尺寸近似地看做是螺栓大径的某一个比例倍数关系,可按其各部分尺寸与螺栓大径的比例关系近似画出,见图 6-4(c),这种画法称为近似的比例画法。

绘制时除了应遵守装配图画法的基本规定外还应注意以下几点:

(1) 为便于装配,被连接零件上的孔径应略大于螺纹的大径,一般按 $1.1d$ 绘制;螺栓上的螺纹终止线应低于通孔的顶面。

(2) 螺栓的有效长度 L,可以按下式估算:

$L=t_1$(零件 1 厚)$+t_2$(零件 2 厚)$+0.15d$(垫片厚)$+0.8d$(螺母厚)$+0.2d$(螺栓伸出长度)

然后根据估算值查表,在螺栓长度系列中选取与估算值最接近且大于的标准值

$$L=t(上部零件厚)+b_m(螺纹旋入长度)$$

b_m 值由被旋入零件的材料确定(同双头螺柱)。得到估算值后查相关螺纹标准手册,在相应的螺钉长度系列中选取与估算值最接近的标准数值。

为了方便作图，各种形式的螺纹紧固件的装配画法可按国标规定采用如图 6-5 所示简化画法。

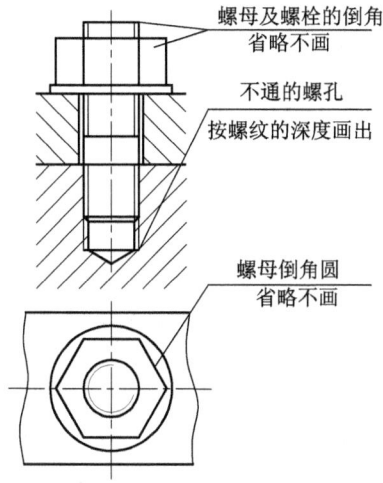

图 6-5 螺纹连接装配简化画法

(1) 螺母及螺栓的倒角可省略不画。
(2) 对于不通的螺孔，可以不画出钻孔的深度，而仅按螺纹的深度画出。

6.4 键、销的装配画法

6.4.1 键连接的装配画法

键连接按其结构特点和工作原理的不同分为松连接（平健、半圆键）和紧连接（楔键、切向键）。绘制键连接的装配关系时应注意：

(1) 当沿键的长度方向剖切时，规定键按不剖绘制；当沿键的横向剖切时，键上应画出剖面线。
(2) 为了表示键和轴的连接关系，通常在轴上采取局部剖视。

普通平键连接和半圆键连接时，健的两个侧面为其工作面。依靠键与键槽的相互挤压传递扭矩。装配后它与轴及轮毂的键槽侧面接触画成一条线；键的顶部与轮毂底之间留有间隙，为非工作表面，应画成两条线。图 6-6、图 6-7 分别表示了普通平键连接及半圆键连接的装配画法。

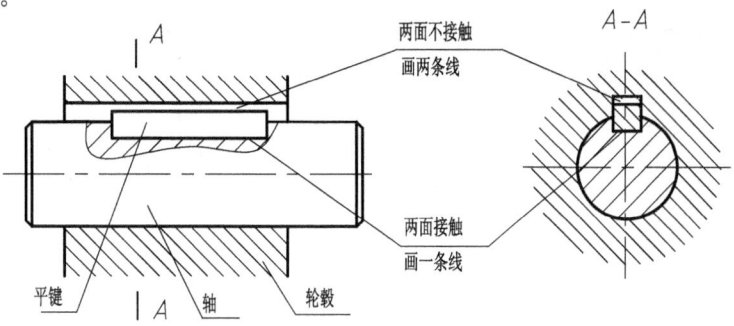

图 6-6 平键连接的装配画法

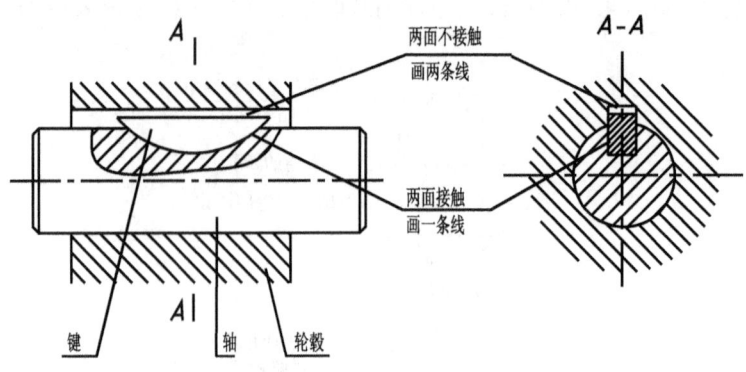

图 6-7　半圆键连接的装配画法

楔形键的上表面和轮毂键槽的底部都有 1：100 的斜度，楔形键的上下两个面为工作面，工作时依靠摩擦力来传递扭矩，装配图中画成一条线。键的两个侧面与轴及轮毂间有间隙，为非工作面，装配图中画成两条线。普通楔键的装配画法如图 6-8 所示。

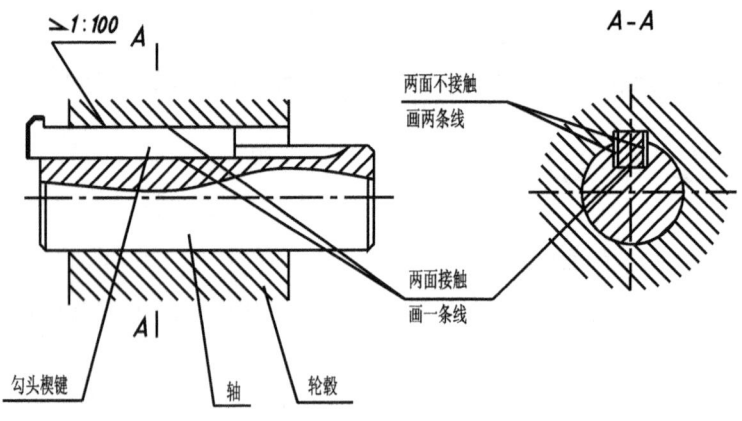

图 6-8　普通楔键的装配画法

6.4.2　销连接的装配画法

销的装配画法比较简单。图 6-9 分别为常用的圆柱销、圆锥销、开口销的装配画法。绘制时应注意：在剖视图中，当剖切平面通过销的轴线时，销按不剖画出。

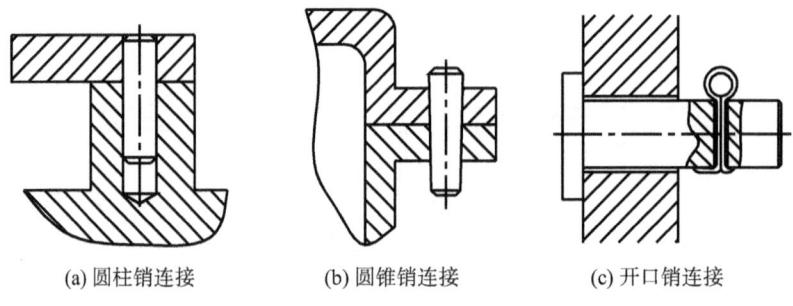

图 6-9　销连接的装配画法

6.5 装配图的尺寸标注

装配图的尺寸标注与零件图相比有何区别呢？由于装配图是设计机器或部件时所用的图样，不是制造零件的直接依据，所以装配图尺寸标注的要求与零件图中的尺寸标注的要求不同。装配图上不需要注出各个零件的全部尺寸，而只需注出与工作性能、装配、安装和整体外形等有关的尺寸，装配图尺寸可归纳为如下几类。

（1）规格（性能）尺寸

规格尺寸是指表示机器或部件的性能、规格和特征的尺寸，它是设计该机器或部件的主要数据，也是用户选用的依据。如图 6-1 中管螺纹尺寸 $G\frac{3}{8}$ 为规格尺寸。

（2）装配尺寸

装配尺寸有两种：一是有配合要求的零件之间的配合尺寸；配合尺寸除注出基本尺寸外，还需注出其公差配合的代号，以表明配合后应达到的配合性质和精度等级。如图 6-1 左视图中，上下两个啮合齿轮与泵体（件 3）长圆形内腔的圆柱面互相配合，配合尺寸 $\phi 33\frac{H7}{f7}$，表明为基孔制的间隙配合，孔的公差等级为 7 级，轴的基本偏差为 f 级，7 级公差等级；二是装配时需要现场加工的尺寸（如定位销配钻等）；以及对机器工作精度有影响的相对位置尺寸。

（3）安装尺寸

安装尺寸是指机器或部件在总装或与其他部件组装时所需尺寸。如图 6-1 中零件 10 螺钉的安装尺寸 $R23$ 以及油泵底部地脚螺栓孔的安装尺寸 70。

（4）外形尺寸

外形尺寸是指表示机器或部件整体轮廓的大小，即总长、总宽、总高的尺寸。它为机器或部件在包装、运输或安装时所占的空间提供了数据。如图 6-1 中的尺寸总长 110、总宽 85、总高 96。

（5）其他重要尺寸

不能包括在上述几类尺寸中的重要零件的主要尺寸。如运动零件的极限位置经过设计而确定的尺寸等，都属于其他重要尺寸。

必须指出，一张装配图中有时并不全部具备上述五种尺寸，而有的尺寸又往往同时兼有多种含义。因此，在标注装配图的尺寸时，还应作具体分析。

> 思考：装配图的尺寸标注与零件图上的尺寸标注有什么不同要求？
> 装配图上不需要注出各个零件的全部尺寸，而只需注出与工作性能、装配、安装和整体外形等有关的尺寸；零件图上的尺寸，要求正确、完整、清晰，每一组成形体的定形、定位及零件的整体尺寸都要考虑标注，还必须满足设计、加工及测量的要求。

6.6 装配图中的序号、明细栏和技术要求

为了便于看图和进行装配，并做好生产准备和图样管理工作，需在装配图上对每个不同

的零件(或部件)进行编号,并在标题栏上方或在单独的纸上填写与图中编号一致的明细栏。

6.6.1 零、部件的序号及编写方法

序号即零、部件的编号。装配图中所有的零、部件都必须编写序号。形状、尺寸、材料完全相同的零、部件应编写同样的序号,且只编注一次,其数量写在明细栏中。编写序号时应遵守以下国标规定:

(1) 序号由指引线(细实线)、指引线末段端的圆点和序号文字组成。

序号的编写方法可采用图 6-10 中的一种。指引线、水平短线及小圆的线型均为细实线。同一装配图中编写序号的形式应一致。序号文字其字号高比该装配图中所注尺寸数字大一号或大二号;指引线应自所指零件(或部件)的可见轮廓内引出,若所指部分(很薄的零件或涂黑的剖面)内不方便画圆点时,可用箭头,并指向该部分的轮廓。

(2) 指引线相互之间不能相交。不应与剖面线平行。指引线可以画成折线,但只可曲折一次,如图 6-10(a)所示。

(3) 装配图中序号应按顺时针或逆时针方向顺次排列在水平或垂直方向上,如图 6-1 所示。

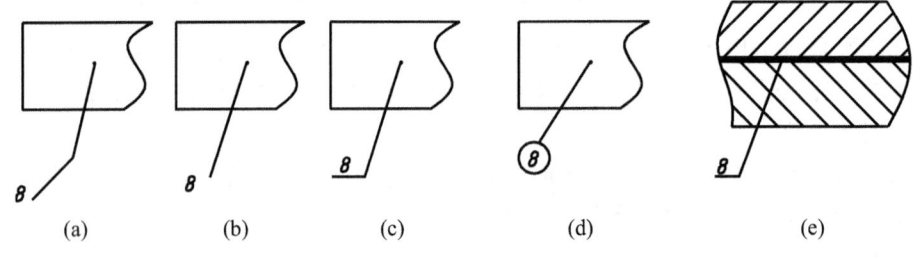

图 6-10 序号的编写方法

(4) 一组紧固件以及装配关系清楚的零件组,可采用公共指引线,如图 6-11 所示。

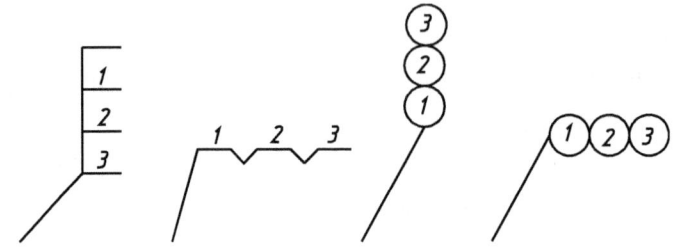

图 6-11 公共指引线

6.6.2 明细栏

明细栏是装配图中各组成部分(零件或组件)的详细目录,它表明了各组成部分的序号、名称、数量、规格、材料、重量及图号(或标准号)等内容。明细栏应紧接着标题栏的上方,由下而上按顺序填写。如位置不够时,可在标题栏左侧延续。明细栏的上方是开口的,即上端的框线应画成细实线,这样在漏编某零件的序号时,可以再予补编。国家标准附有明细表的参考样式较为复杂。学习中建议用图 6-12 所示的格式用于装配图的标题栏和明细表。

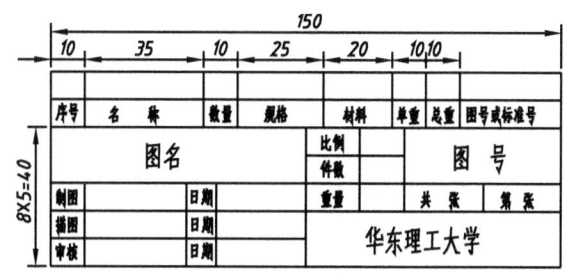

图 6-12 简单格式的标题栏和明细表

6.6.3 技术要求

在装配图上,除了用规定的代(符)号(如粗糙度符号、公差配合代号等)表示的技术要求外,有些技术要求需用文字才能表达清楚。故需在图纸的右上角或其他空白处予以注出。图上注写的技术要求,一般有以下几方面内容。

(1) 技术规范要求 是制造中所需遵循的。这类规范一般由国家或有关部门制定颁布,设计单位按使用要求选定,制造单位按规范要求施工,使用单位按规范要求验收。

(2) 装配要求 机器或部件在装配、施工、焊接等方面的特殊装配方法和其他注意事项。如图 6-1 中技术要求的第 2 项。

(3) 使用要求 机器设备或部件在涂层、包装、运输、安装中以及使用操作上的注意事项。如图 6-1 中技术要求的第 1 项。

(4) 检验要求 机器设备或部件在试车、检验、验收等方面的条件和应达到的指标。

6.7 绘制装配图

在设计和测绘机器或部件时常常是先画出零件的草图,再依据这些零件草图拼画出装配图。在绘制装配图之前须先要了解装配体的工作原理、零件的种类、数量及其在装配体中的作用,还需了解各零件之间的装配关系,还要看懂每个零件图并想象出各自的形状。

6.7.1 分析所画的装配体及其零件图

通过阅读装配体的整套零件图、装配示意图等有关技术资料,了解其工作原理、装配关系和结构特征。

阅读装配体中的每个零件图时,除了分析该零件的尺寸、表达方式,想象其结构外。还必须了解各零件在装配体中的作用、位置、与其相邻零件之间的装配关系等。阅读零件图的具体方法和步骤已在第 5 章中予以介绍。

6.7.2 装配图的绘制步骤

1. 确定图形表达方案

1) 主视图的选择

主视图应能比较清楚地表达机器或部件中各零件的相对位置、装配连接关系、工作状况和结构形状。一般将主视图按机器或部件的工作位置或习惯位置画出。主视图通常画成剖视图,所选取的剖切平面应通过主要装配干线,并尽可能使装配干线与正面平行,以使所作的剖视图能较多、较好地反映零件之间的装配连接关系。

2) 其他视图的选择

主视图确定后，其他视图的选择主要是对在主视图中尚未表达或表达不清楚的内容，作补充表达。通常可以从以下三个方面考虑：

(1) 零件间的相对位置和装配连接关系；

(2) 机器或部件的工作状况及安装情况；

(3) 某些主要零件的结构形状。

2. 选定比例和图幅

作图比例应按照机器或部件的尺寸和复杂程度，以表达清楚它们的主要结构为前提进行选定。然后按确定的表达方案，选定图纸幅面。布置视图时，应考虑在各视图间留有足够的空间，以便标注尺寸和编写序号等。

3. 绘制视图

1) 布置图面大小

(1) 画图框线、标题栏框线和明细栏框线。

(2) 画出各视图的中心线、轴线或基准线。图面总体布置应力求匀称。

2) 画视图底稿

(1) 按主要装配干线，从主要零件的主视图开始画起，有投影联系的视图应同时画出，其中主要零件为底座。

(2) 根据装配连接关系，逐个画出各零件的视图。一般可按：先画主视图，后画其他视图；先画主零件，后画其他零件；先画外件，后画内件的次序进行。

3) 画剖面符号、标注尺寸、编写零件序号

视图底稿画完后，经仔细校对投影关系、装配连接关系、可见性问题后，按照装配图上各相邻连接剖面线方向的规定画法，在所选的剖视和剖面图上加画剖面符号；按照装配图的要求标注尺寸；逐一编写并整齐排列各组成零件(或部件)的序号。

4) 加深图线，填写标题栏、明细表和技术要求

> 知识拓展：
> (1) 画相邻零件时，应从两零件的装配结合面或零件的定位面开始绘制，以正确定出它们在装配图的装配位置。
> (2) 画各零件的剖视时，应注意剖和不剖、可见和不可见的关系。一般可优先画出按不剖处理的实心杆、轴等，然后按剖切的层次，由外向内、由前向后、由上而下绘制，这样被挡住或被剖去部分的线条就可不必画出，以提高绘图效率。

6.8 阅读装配图

6.8.1 阅读装配图的目的

(1) 了解机器或部件的功能、工作原理、结构特点等。

(2) 弄清零件之间的装配连接关系、包括技术要求所规定的内容和装拆顺序。

(3) 看懂零件的主要结构形状和功用。

6.8.2 阅读装配图的方法和步骤

下面结合图 6-1 所示齿轮油泵装配图来说明阅读装配图的一般方法和步骤。

1. 概括了解

(1) 从标题栏中可以了解装配体的名称、大致用途及图的比例等。从零件编号及明细栏中,可以了解零件的名称、数量及在装配体中的位置。

在图 6-1 的标题栏中,注明了该装配体是齿轮油泵。由此可以知道它是一种供油装置,共由 10 个零件组成,其中两种为标准件(件 5 和件 10),主要的零件有泵体、泵盖、齿轮和轴,以及作为填料压盖的螺塞等。零件左右两个泵盖(件 1 和件 6)、泵体(件 3)都是铸件。图的比例为 1∶2,可以以对该装配体体形的大小有一个印象。

(2) 分析视图,了解各视图、剖视、断面等相互间的投影关系及表达意图。

在装配图中,主视图采用 $A-A$ 剖视,表达了齿轮泵的装配关系。左视图沿左泵盖与泵体结合面剖开,并采用了局部剖视,表达了一对齿轮的啮合情况及进出口油路。由于油泵在此方向内、外结构形状对称,故此视图采用了一半拆卸剖视和一半外形视图的表达方法。

2. 分析工作原理

齿轮油泵的工作原理为:当外部动力传至件 4 主动齿轮轴时,即产生旋转运动。当主动齿轮轴按逆时针方向(从左视图观察)旋转时,件 9 从动齿轮轴则按顺时针方向旋转。此时右边啮合的轮齿逐步分开,空腔体积逐渐扩大,油压降低,因而油池中的油在大气压力的作用下,沿吸油口进入泵腔中。齿槽中的油随着齿轮的继续旋转被带到左边;而左边的各对轮齿又重新啮合,空腔体积缩小,使齿槽中不断挤出的油成为高压油,并由压油口压出,然后经管道被输送到需要供油的部位。

3. 分析装配关系

齿轮油泵主要有两条装配干线:一条是主动齿轮轴装配干线。它是由件 4 主动齿轮轴装在件 3 泵体和件 1 左泵盖及件 6 右泵盖的轴孔内;在主动齿轮轴右边伸出端,装有件 7 填料及件 8 螺塞等。另一条是从动齿轮轴装配干线。件 9 从动齿轴也是装在件 3 泵体和件 1 左泵盖及件 6 右泵盖的轴孔内,与主动齿轮啮合在一起。

在齿轮油泵中,件 1 左泵盖和件 6 右泵盖都是靠件 10 内六角螺钉与件 3 泵体连接,并用件 5 销来定位。件 7 填料是由件 8 螺塞将其拧压在右泵盖的相应的孔槽内。两齿轮轴向定位,是靠两泵盖端面及泵体两侧面分别与齿轮两端面接触。为了防止泄漏采用了密封装置。主动齿轮轴伸出端有填料及压填料的螺塞;两泵盖与泵体接触面间放有件 2 垫片。

由图可知该齿轮油泵的装配顺序是:销(件 5)与泵体(件 3)左端销孔相连接,放上垫片(件 2),用螺钉(件 10)连接泵盖(件 1),销(件 5)与泵体(件 3)右端销孔连接,装入从动齿轮轴(件 9)于泵盖(件 1),装入主动齿轮轴(件 4)于泵盖(件 1),放上垫片(件 2),螺钉(件 10)连接泵盖(件 6),装入填料于泵盖(件 6),螺塞(件 8)旋入泵盖(件 6)。

4. 分析尺寸

零件泵体(件 3)是一个下部带有底座的长圆形壳体,底座左、右两边各有一个用于安装的通孔，壳体两侧有两个管螺纹通孔作为油料的进出口。底座上通孔的中心距70，通孔的直径为$\phi 7$，油料进出口轴线与底座的底面距离为50，这些尺寸都是安装所需要的即为安装尺寸。管螺纹尺寸$G\frac{3}{8}$为规格尺寸。

泵体内上、下两个互相啮合的齿轮（件4和件9）都是齿轮与轴整体加工而成，两个齿轮的轴同左、右两个泵盖上的轴承孔互相配合，其尺寸$\phi 15\frac{H7}{h7}$为装配尺寸。它们是基孔制的间隙配合，其标准公差为IT7级。上下两个啮合齿轮与泵体（件3）长圆形内腔的圆柱面也互相配合，其尺寸$\phi 33\frac{H7}{f7}$也为装配尺寸。它们是基孔制的间隙配合，标准公差都是IT7级。另外，上下两齿轮的中心距27 ± 0.03为装配时需要保证的零件间较重要的尺寸，故该尺寸也是装配尺寸。

图6-1中的外形尺寸110、85、96等表示了齿轮油泵的总长、总宽、总高，说明了齿轮油泵所占有的空间大小。

5. 分析零件的结构形状

分析零件的结构形状，必须学会正确地区分不同零件的轮廓，这除了运用已掌握的结构知识外，还应利用制图的一些基本规定，主要有：

(1) 利用图中零件的序号来区分。

(2) 利用剖面线的方向和间隔来区分。例如，同一零件的剖面线的方向和间隔，在各个零件图上必须一致；相邻两不同零件的剖面线方向应相反，或间隔不等。按照这个规定，再根据视图间投影的对应关系，可以确定零件在装配图中的投影位置和范围，分离出零件的投影轮廓。

(3) 利用装配图的规定画法来区分。例如，可以利用实心件不剖的规定，区分出阀杆；利用标准件不剖的规定，区分出螺钉、螺母、螺柱等。再根据装配图提供的有关尺寸、技术要求等，逐步分离和判别出相应零件在视图中的投影轮廓。

零件区分出来之后，便要分析零件的结构形状和功用，分离出的零件的轮廓，往往是不完整的图形，必须进一步想象出完整的形状，补全全部投影。分析时一般从主要零件开始，再看次要零件。

例如，分析齿轮油泵件3的结构形状。首先，从标注序号的主视图中找到件3，并根据剖面线方向的间距确定该件的视图范围；然后利用"高平齐"对线条找投影关系，以及根据同一零件在各个视图中剖面线应相同这一原则来确定该件在俯视图和左视图中的投影。这样就可以根据从装配图中分离出来的属于该件的两个投影进行分析，想象出它的结构形状。齿轮油泵的两泵盖与泵体装在一起，将两齿轮密封在泵腔内；同时对两齿轮轴起着支承作用。所以需要用圆柱销来定位，以便保证左泵盖上的轴孔与右泵盖上的轴孔能够很好地对中，件3的形状如图6-13所示。

小结：装配图与零件图一样，也是表达设计者设计思想和意图的重要方式。装配图表达机器或部件的工作原理、性能要求、装配关系等，应熟悉装配图的特点及特殊表达方法，能识读简单装配图。

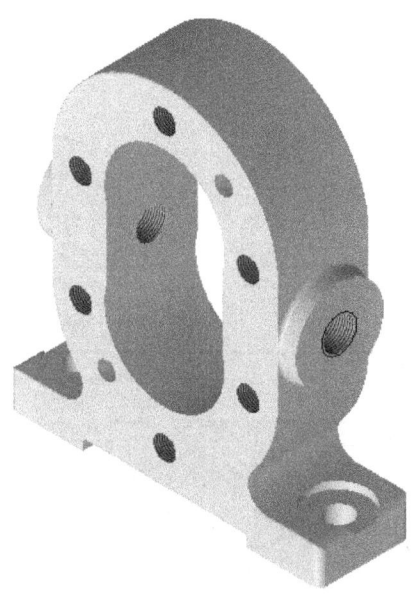

图 6-13 泵体的形状

关键概念:装配图的内容、尺寸标注,装配图表达方法,装配图阅读。

自 测 题

6-1 什么叫做装配图?装配图有哪些内容?
6-2 装配图的作用是什么?
6-3 与零件图相比,装配图有哪些特殊画法?
6-4 相邻零件剖面线的画法有何规定?
6-5 两相邻零件接触表面是否要画两条线?
6-6 装配图一般应标注哪些尺寸?各有什么作用?
6-7 螺纹连接的比例画法中,各部分尺寸比例是多少?
6-8 试述画装配图的步骤。
6-9 读题图 6-9 螺旋千斤顶装配图,回答以下问题:
(1) 写出件 2 螺杆零件的拆卸顺序。
(2) 螺旋千斤顶装配图采用了哪些视图?各自采用了哪些表达方法?
(3) 该装配图中有哪些尺寸?试将装配图中的尺寸分类。
(4) 尺寸 $\phi 65 \frac{H9}{h8}$ 的含义是什么?
(5) 拆画零件 1、零件 3 并标注尺寸。

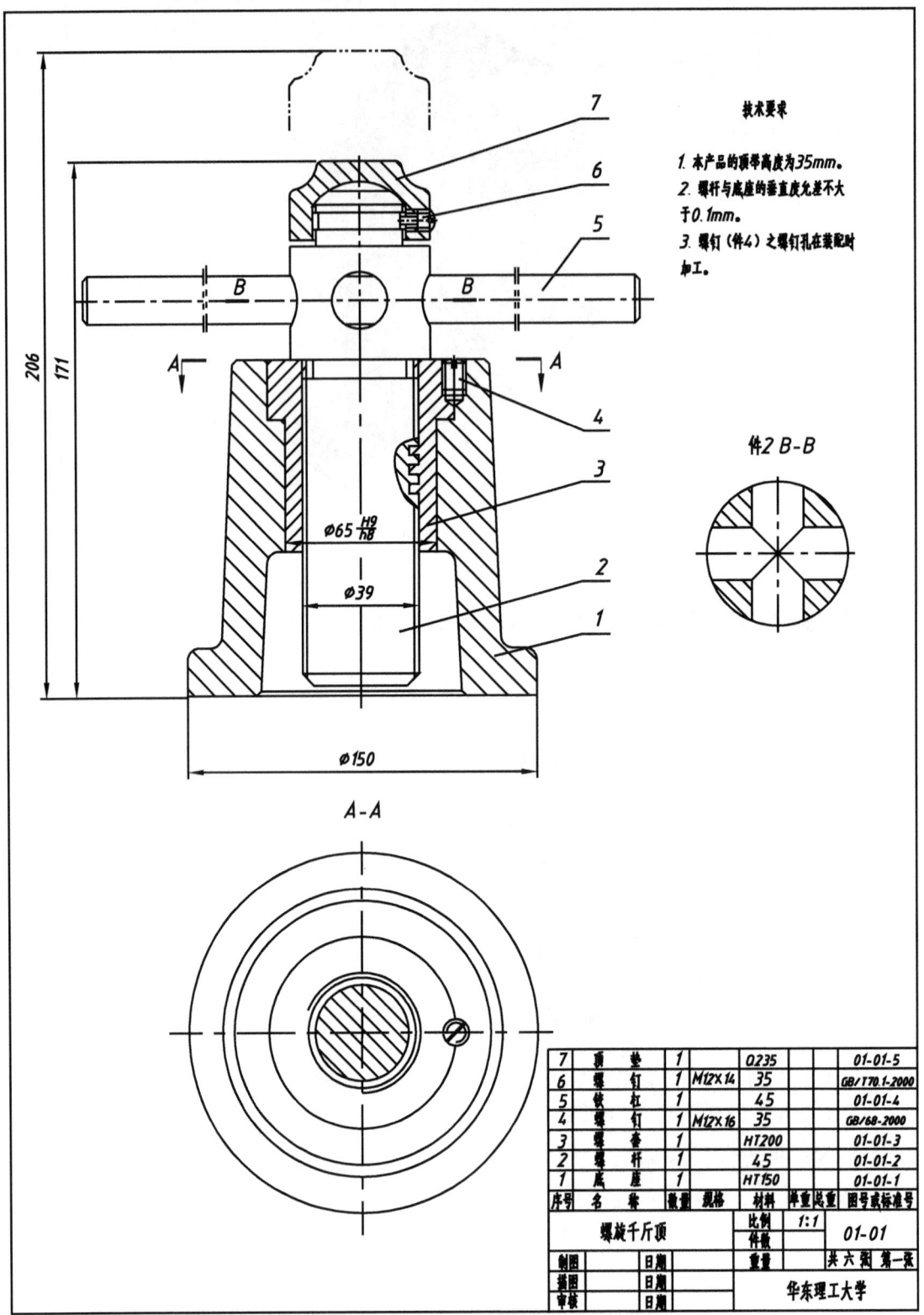

题图 6-9 螺旋千斤顶装配图

7 计算机绘图

本章概要 介绍 AutoCAD 软件的基本操作,以及绘图、编辑、设置、图层、文字注释、尺寸标注、图块等主要功能。

> **学习目标：**
> (1) 熟悉 AutoCAD 软件的基本操作。
> (2) 掌握绘图、编辑、设置、图层、文字注释、尺寸标注、图块的使用方法。
> (3) 能应用 AutoCAD 软件绘制一定复杂程度的零件图。

CAD 是计算机辅助设计 Computer Aided Design 三个词的缩写。它是一种利用计算机强有力的计算功能和高效率的图形处理能力,按设计师的意图进行分析、计算、判断和选择,最后得到满意的设计结果和生产图纸的一种技术手段。

AutoCAD 产生于 1982 年,是 Autodesk 公司开发的二维 CAD 绘图软件,具有极强的绘图功能,广泛应用于建筑、机械、电子、航天、化工、造船、轻纺、服装、地理等各个领域。作为未来的工程技术人员,了解和掌握 AutoCAD 是十分必要的。

7.1 基本操作

7.1.1 AutoCAD 用户界面

AutoCAD 的用户界面主要包括：绘图窗口、命令窗口、菜单栏、工具栏、状态栏等,如图 7-1 所示。

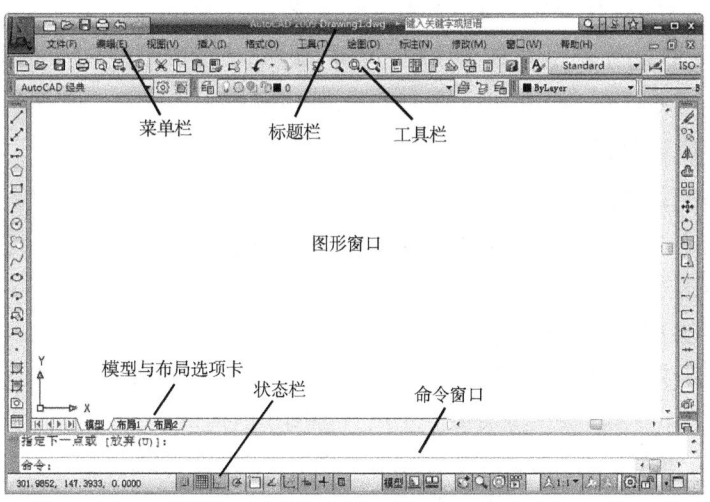

图 7-1 AutoCAD 用户界面

绘图窗口：是 AutoCAD 绘制、编辑图形的区域，类似于手工作图时的图纸。它包括标题栏、窗口大小控制按钮、滚动条、模型与布局选项卡等。绘图区左下方有坐标系图标，它表明了 X、Y 轴的方位。

命令窗口：AutoCAD 通过命令来绘图。命令窗口是输入命令和参数的区域，也是显示命令提示的区域，记录了 AutoCAD 与用户交流的过程，可以用鼠标上下拖动边框调整其区域大小。

文本窗口：要想看到更多的命令窗口内容，可打开 AutoCAD 文本窗口。用 F2 键可以在图形窗口和文本窗口之间切换。

菜单：菜单包括了通常情况下控制 AutoCAD 运行的功能和命令。用鼠标左键单击菜单标题时，会在标题下弹出下拉菜单项，下拉菜单中的大多数菜单项都代表相应的 AutoCAD 命令。点击某个菜单项即执行了该命令；某些菜单项后面有一小三角"▶"，把光标放在该菜单项上就会自动显示子菜单，这类菜单叫级联菜单，它包含了进一步的选项。如果选择的菜单项后面有"…"，就会打开 AutoCAD 的某个对话框，对话框可以更直观地执行命令。

按下 Shift 键和鼠标右键，会在当前光标位置弹出光标菜单。光标菜单包含常用的菜单项，默认的菜单中主要为对象捕捉的各种方法。

单击鼠标右键会显示快捷菜单。可以在绘图区域、命令窗口、对话框、工具栏、状态栏、模型及布局选项卡等不同位置单击鼠标右键，显示的快捷菜单会自动按内容而调整。

工具栏：有固定、浮动两种形式，它提供了除输入命令和选取菜单以外的另一种调用命令的快捷方式，它包含了许多命令按钮图标，当鼠标在图标上移动时，图标的右下角会显示出相应的命令名。在默认的初始屏幕上，显示的是"标准"、"对象特性"、"绘图"和"修改"工具栏，要显示其他工具栏，可单击菜单"视图"➪"工具栏…"，在打开的工具栏对话框中选择所需要的工具栏的开关按钮即可。更快的方法是将光标放在任一工具图标上，单击鼠标右键，弹出工具栏快捷菜单，从中选择需要的工具栏。可用鼠标按住工具栏抓手，将工具栏拖放到窗口的任何位置上。

状态栏：移动鼠标，十字光标跟随着在绘图区移动，状态栏将显示十字光标的坐标值、提示文字和工作信息，此外还含有 8 个按钮：捕捉、栅格、正交、极轴、对象捕捉、对象追踪、线宽、模型。

7.1.2 图形文件管理

1. 创建新图形文件

怎样建立一幅新图呢？创建新图形有三种方法发出命令：输入命令 NEW；单击菜单"文件"➪"新建"；单击"标准"工具栏中的图标 ▯。

启动命令后系统打开"选择样板"对话框，如图 7-2 所示。

AutoCAD 提供了许多标准的样板文件，保存在 AutoCAD 目录下的 Template 子目录下，文件格式为".dwt"，样板文件对绘制不同类型图形所需的基本设置进行了定义，如字体、标注样式、标题栏等。其中有英制和公制两个空白样板，分别为 acad.dwt 和 acadiso.dwt，图幅为 3 号图纸。如果使用的是中文版，可从样板图列表中选择 gb*.dwt 文件，这是按国标设置的样板文件。

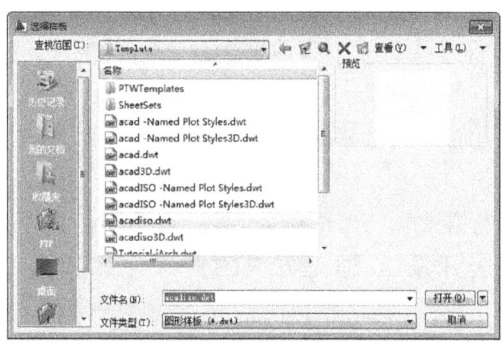

图 7-2 "选择样板"对话框

2. 打开和保存现有图形

输入命令 OPEN,或单击菜单"文件"➯"打开",或单击"标准"工具栏图标 ,可打开已有的图形文件。

在作图过程中,定时地将文件存盘是个好习惯。保存图形可调用 Save 或 Save As 命令,或选择菜单"文件"➯"保存",或单击保存图标 实现图形文件的保存。

打开和保存图形的基本方法与 Windows 的一般操作相同。

7.1.3 命令和数据的输入

1. 命令的输入

要使用 AutoCAD,需要向它发出一系列的命令。AutoCAD 接到命令后,会立即执行该命令并完成相应的功能。所以 AutoCAD 通过调用命令来实现绘图操作,调用命令可以通过菜单、工具栏和输入命令三种方法来执行。此外:

(1) 可用回车或空格键来重复执行上一个已完成或被取消的命令。

(2) 通过按方向键向上的箭头,可以找到先前在命令行输入过的命令,按回车键,就会重新调用先前执行过的命令。

(3) 在命令执行的任何时刻,都可以用 ESC 键来取消命令的执行。

2. 坐标的输入

AutoCAD 有一默认的坐标系统即世界坐标系(又称 WCS),绘图时,经常要输入一些点的坐标值,如线段的端点、圆的圆心、圆弧的圆心及其端点等,都是以此坐标系来度量的。

在 AutoCAD 中,一般可采用如下方式输入一个点坐标:

(1) 用鼠标在屏幕上拾取点。

(2) 在指定的方向上通过给定距离确定点。正交打开时,将光标移到希望输入点的水平或垂直方向上,输入一个距离值,那么在指定方向上距当前点为输入值的点即为输入点。

(3) 通过对象捕捉方式来精确捕捉一些特殊点。如圆心、切点、中点、垂足点等,见 7.3.2 节。

(4) 通过键盘输入点的坐标。

这是非常重要的一种数据输入方式,当通过键盘输入点的坐标时,既可以用绝对坐标的方式,也可以用相对坐标的方式输入。而且在每一种坐标方式中,又有直角坐标(输入点的 X、Y、Z 坐标值)、极坐标(通过与某一点的距离以及这两点之间的连线与 X 轴正向的夹角来确定点的位置)之分,下面将分别进行介绍。

① 绝对坐标:绝对坐标是指相对于当前坐标系坐标原点的坐标。

绝对直角坐标:输入点的格式为:X,Y。对于二维绘图,不需要输入点 Z 坐标。注意坐标间要用西文逗号隔开。例如,某点相对于原点的 X 坐标为 10,Y 坐标为 8,则可在输入坐标点的提示后输入:10,8。

绝对极坐标:输入点的格式为:$γ<θ$,例如,某一点距坐标系原点的距离为 25,该点与坐标系原点的连线相对于坐标系 X 轴正方向的夹角为 30°,那么该点的极坐标形式为:25<30。

② 相对坐标:相对坐标是指相对于前一坐标点的坐标。

相对坐标也有直角坐标和极坐标,输入的格式与上述相同,但要求在坐标的前面加上"@"。例如,已知前一点的坐标为(20,12,8),如果在输入点的提示后输入:@2,4,-5。则相当于该点的绝对坐标为(22,16,3)。

AutoCAD 绘图时多采用相对坐标。

7.1.4 图形设置

1. 设置绘图单位

图形中实体是用坐标点来确定其位置的,两点之间的距离以"单位"来度量。因此,在屏幕上坐标点(1,1)和(1,2)两点间所绘直线的长度为一个单位,也称为一个图形单位。单位可根据绘图时项目要求的度量标准,选取英寸、英尺、厘米、毫米等,在绘图过程中用"单位"命令来设置单位及精度。

输入命令 DDUNITS,或单击菜单"格式"⇨"单位…",在弹出的"单位"对话框中设置单位及精度。一般选择"小数"即十进制作长度单位,逆时针为角度测量的正方向,默认的东边为测量起点。

2. 设置图形界限

利用 Limits 命令用户可根据所需绘制图形的大小来规定图形的范围,通过输入整幅图形的左下角坐标和右上角坐标,在其矩形范围内绘制图形。这一矩形范围被称为图形范围。

一般情况下,按与实际对象 1:1 的比例画图,可简单地根据对象的尺寸和图形四周的说明文字设置图形界限,在图形最终输出时再设置适当的比例系数,这样画图最为方便。

输入命令 IMITS 或单击菜单"格式"⇨"图形界限",可调用图形界限命令。

> 提示:图形范围与显示范围不同,AutoCAD 通过放大或缩小来显示图形的不同部位,而在屏幕上可以看得见的范围称为显示范围。要想显示图形范围,可发出视图命令 zoom/全部(A)。

7.2 绘制图形

AutoCAD 的大部分绘图命令可以在"绘图"工具栏中选取,如图 7-3 所示,也可从"绘图"菜单中选取相应命令或直接输入命令来绘制点、直线、圆等基本图形。

7.2.1 绘制点(POINT)

点是最基本的图形对象,它用画点命令 Point 来生成(图标 ），画出的点有多种样式,可单击菜单"格式"⇨"点样式",在点样式对话框中设置,如图 7-4 所示。

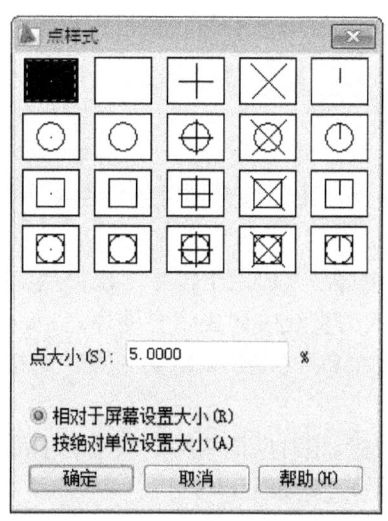

图 7-4 "点样式"对话框

在"点样式"对话框,可改变点的样式和大小。"点大小"框用于设置点的显示大小,当选择了"相对于屏幕设置尺寸"时,点的大小将按一定百分比随显示窗口的大小变化而变化;而选择"用绝对单位设置尺寸"时,则按指定的实际单位设置点的显示大小。一张图中,只有一种点样式。

在菜单"绘图"⇨"点"下还有"定数等分"和"定距等分"命令,含义为:

定数等分命令(DIVIDE):把一个图元分成几个相等的部分。图 7-5 上图是将直线等分为 8 段的结果。

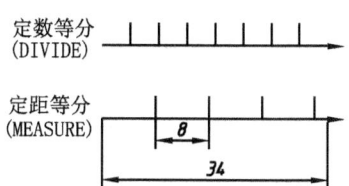

图 7-5 等分和测量命令的不同效果

定距等分命令(MEASURE):按指定长度,自所指端点(如果是开口线条)测量一个对象,命令执行结束后,在这个对象上每一单位打上一标记。与等分命令不同的是,测量命令不一定等分对象。

例如，一条直线长34，按单位8测量，结果是在8，16，24，32处打上了4个按点样式设定的记号点。图7-5形象地表示出了等分Divide和测量Measure命令的区别。

7.2.2 画直线(LINE)

画直线命令可以画出一条线段，也可以依照命令提示不断地输入下一点坐标，画出连续的多条线段，直到用回车键或空格键退出画线命令。

(1) 调用

命令行：LINE

菜单：绘图⇨直线

图标：在"绘制"工具栏中 /

(2) Line命令的选项

① 放弃(Undo)

该选项取消选择的最近一点。重复该选项可去掉在本次执行命令中输入的所有点。

② 闭合(Close)

在使用Line命令时选择"闭合"选项用于输入本次使用Line命令时输入的第一个点，即可以使本次使用Line命令输入的直线段构成闭合的环。

在执行Line命令的开始，在命令提示"指定第一点："时按回车键，可从刚画完的线段的端点开始画新线。

[例] 分别用绝对直角坐标、相对坐标两种方法绘制下面图7-6所示平面图形。

(1) 用绝对直角坐标绘图的过程如下：

命令：line
指定第一点：50,50
指定下一点或[放弃(U)]：50,68
指定下一点或[放弃(U)]：78,68
指定下一点或[闭合(C)/放弃(U)]：60,50
指定下一点或[闭合(C)/放弃(U)]：c

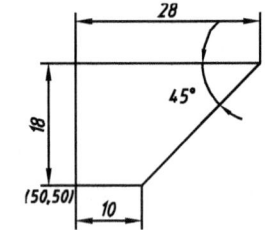

图7-6 平面图形

(2) 用相对坐标绘图的过程如下：

命令：line
指定第一点：50,50
指定下一点或[放弃(U)]：@0,18 (或@18<90)
指定下一点或[放弃(U)]：@28,0 (或@28<0)
指定下一点或[闭合(C)/放弃(U)]：@-18,-18
指定下一点或[闭合(C)/放弃(U)]：c

> 建议：可以直接用Line命令画轮廓线，如果不能准确地确认线端点的位置，可以先画辅助线。然后用这些辅助线联合确定线端点，这与在纸上画图的原则是相同的。

7.2.3 画圆和圆弧

1. 画圆(CIRCLE)

(1) 调用

命令行：CIRCLE

菜单:绘图⇨圆

图标:在"绘制"工具栏中

(2) 命令选项:下面解释圆的各种生成方法(见图7-7):

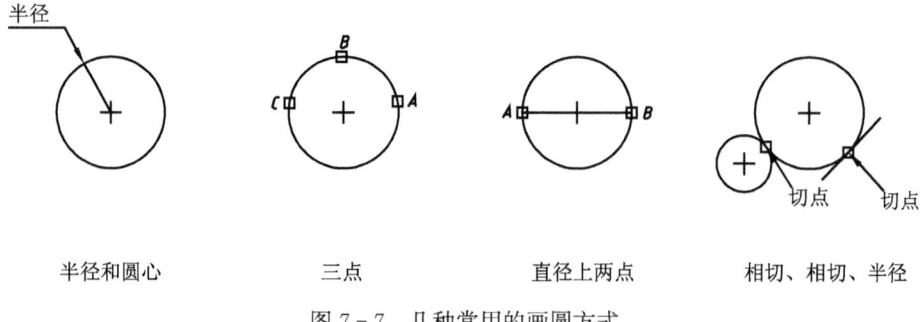

半径和圆心　　　三点　　　直径上两点　　　相切、相切、半径

图7-7　几种常用的画圆方式

(1) 圆心、半径:系统提示输入圆心,再提示输入半径,输入半径值或拖动圆即得到想要的圆。此为系统默认的画圆方式。

(2) 圆心、直径:在系统提示输入半径时,输入D即代表直径,可以输入直径值或拖动圆到想要的大小。

(3) 三点:在系统提示画圆命令各选项时,输入3P,然后依次输入圆周上的三个点。

(4) 两点:在系统提示画圆命令各选项时,输入2P,即以圆的直径上的两个端点画圆。

(5) 相切、相切、半径:在系统提示时输入T,先选第一个相切对象,再选第二个相切对象,最后输入半径。

(6) 相切、相切、相切:在菜单中选择这种画圆方式后,依次选三个相切的对象,画出圆。

[例]　绘制一个通过直径上点(10,0)和点(40,0)的圆,其提示序列如下。

命令:circle

指定圆的圆心或[三点(3P)/两点(2P)/相切、相切、半径(T)]:2P(使用"两点"画圆方式)

指定圆直径的第一个端点:10,0

指定圆直径的第二个端点:40,0

注意:绘制正多边形的内切圆,可使用相切、相切、相切画圆方式快速画出。

2. 画圆弧(ARC)

(1) 调用

命令行:ARC

菜单:绘图⇨圆弧

图标:在"绘制"工具栏中

(2) 命令选项

生成圆弧的方法有很多,默认方法是用三点生成圆弧。其他的选项可以通过输入恰当的字母以选定某一选项来调用。

① 三点;　　　　　　② 起点,圆心,端点;　　　③ 起点,圆心,角度;
④ 起点,圆心,长度;　⑤ 起点,端点,角度;　　　⑥ 起点,端点,方向;

⑦ 起点,端点,半径; ⑧ 圆心,起点,端点; ⑨ 圆心,起点,角度;
⑩ 圆心,起点,长度。

例如要绘制一个以点 $A(100,100)$ 为弧心、$B(200,100)$ 为起点、弧度为 $60°$ 的圆弧,可以采用"起点,圆心,角度"来绘制。参照图 7-8,提示序列如下:

命令:arc
指定圆弧的起点或[圆心(C)]:200,100(B 点)
指定圆弧的第二点或[圆心(C)/端点(E)]:C
指定圆弧的圆心:100,100(A 点)
指定圆弧的端点或[角度(A)/弦长(L)]:A
指定包含角:60

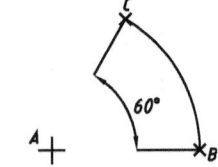

图 7-8 用"起点,圆心,角度"绘制圆弧

注意:在画圆弧时,要注意角度的方向性和弦长的正负,按逆时针方向为正绘制。

7.2.4 画多段线(PLINE)

Polyline 多段线可以被拆成 Poly 和 Line 两部分。Poly 意思是"许多",这意味着一条多段线有许多特点,其特点如下:

- 多段线是可定义宽度的线。
- 多段线非常灵活,可以用它来绘制任意形状,如实心圆或圆环。
- 通过把不同宽度的多段线和多段圆弧连接起来形成单个多段线对象。
- 可以很容易地确定一条多段线的面积或周长。

(1) 调用

命令行:PLINE
下拉菜单:绘图⇨多段线
图标:在"绘制"工具栏中

(2) 命令选项

当调用了 Pline 命令之后提示如下:
指定起点:(指定起点或输入它的坐标)
当前线宽为0.000 0:(被画的多段线的当前线宽为0.000 0,可在后面调用"宽度"选项修改宽度)
指定下一点或[圆弧(A)/半宽(H)/长度(L)/放弃(U)/宽度(W)]:
在这个提示中可以根据自己的要求调用相应的选项。其中:

① 宽度 Width

给多段线赋一个宽度或多个宽度。要给多段线加宽度,在 Pline 命令的提示中选 W,这时系统提示输入起点宽度,要求输入一个宽度值;系统接着提示输入终点宽度,这时起点宽度值就成为终点宽度的默认值。

② 半宽度 Halfwidth

半宽度选项也可用来给多段线设定宽度,但只要输入实际宽度的一半。

③ 圆弧 Arc

多段线可以画圆弧,在选项中选择了圆弧选项后,就进入了画圆弧模式。在多段线中画圆弧,系统为我们提供了各种子选项,有一些选项不同于 Arc 命令的选项,如:

方向:选取圆弧的起始方向。

直线:回到 Pline 命令绘直线模式。

④ 长度 Length——用长度选项可以画一条指定长度的直线。如果多段线的上一段是直线,则画出一条方向、角度都和上一条直线段一样的直线,如果多段线的上一段是圆弧,则直线和圆弧相切。

7.2.5 画正多边形(POLYGON)

正多边形是一个封闭的几何图形,它的每条边都相等,每个夹角都相等。在 AutoCAD 中,正多边形的边数在 3～1024 之间。

(1) 调用

命令行:POLYGON

菜单:绘图⇨多边形

图标:在"绘制"工具栏中 ⌂

(2) 命令选项

一旦调用了 Polygon 命令,系统就会提示输入正多边形边的数目,以决定正多边形的边数。Polygon 命令有几个选项,各选项的功能如下:

① 多边形中心点(Center):根据多边形中心点绘制多边形。

② 内接多边形(Inscribed):多边形在圆内,多边形的各顶点都落在圆上。通过圆的半径决定多边形的大小。

③ 外切多边形(Circumscribed):多边形在圆外,多边形的各边都与圆相切。如果在生成内接多边形和外切多边形时,圆半径都一样,则外切多边形比内接多边形大,见图 7-9。

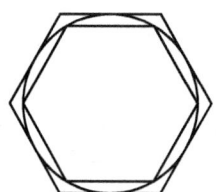

图 7-9 内接多边形和外切多边形大小的比较

④ 边(Edge):根据边长来生成多边形。

例如,画一中心点在(100,80)处,内接于半径为 60 的圆上的六边形,提示序列如下:

命令:polygon

输入边的数目<4>:6

指定正多边形的中心点或[边(E)]:100,80

输入选项[内接于圆(I)/外切于圆(C)]<I>:回车(默认内接于圆的方式画多边形)

指定圆的半径:60

7.2.6 画矩形(RECTANG)

先选择一个起点,然后选取对角点生成矩形。

(1) 调用

命令行:RECTANG

菜单:绘图⇨矩形

图标:在"绘图"工具栏中 ▭

绘制一个以左下角坐标为(0,0),右上角坐标为(60,40)的矩形,其提示序列如下:
命令:rectang
指定第一个角点或[倒角(C)/标高(E)/圆角(F)/厚度(T)/宽度(W)]:0,0(左下角点位置)
指定另一个角点或[尺寸(D)]:60,40(右上角点位置)

(2)选项
① 倒角:设置倒角距离;　　② 标高:设置高度;　　③ 圆角:设置倒圆角半径;
④ 厚度:设置矩形厚度;　　⑤ 宽度:设置边线的宽度。

7.2.7 画椭圆(ELLIPSE)

Ellipse命令生成椭圆和椭圆弧。系统变量PELLIPSE用来控制椭圆的类型。如果PELLIPSE设为0,生成的椭圆是真正的椭圆;如果PELLIPSE为1,则将用多段线逼近法绘制椭圆。

(1)调用
命令行:ELLIPSE
下拉菜单:绘图➪椭圆
图标:在"绘图"工具栏中 ⬭

(2)选项
在调用Ellipse命令时有许多有关生成椭圆的选项,通过如图7-10上、下两图所示椭圆的绘制可了解各选项的含义。

命令:ellipse(绘制图7-10上图)
指定椭圆的轴端点或[圆弧(A)/中心点(C)]:(输入A点坐标)
指定轴的另一个端点:(输入B点坐标)
指定另一条半轴长度或[旋转(R)]:(输入C点坐标或输入半轴数值得到图7-10的上图,若选择R,则将以AB为直径作一平行于绘图平面的圆,并将该圆以AB直线为轴线旋转R角度,再投影到绘图平面,得到椭圆)

命令:ellipse(绘制图7-10下图)
指定椭圆的轴端点或[圆弧(A)/中心点(C)]:c(以椭圆中心点方式画椭圆)
指定椭圆的中心点:(输入A点坐标)
指定轴的端点:(输入B点坐标)
指定另一条半轴长度或[旋转(R)]:(输入C点坐标或输入AC距离值,得到图7-10的下图)

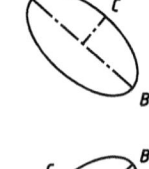

图7-10　绘制椭圆

7.2.8 画样条曲线(SPLINES)

样条是一种通过空间一系列给定点生成光滑曲线的方法,由此方法生成的曲线叫样条曲线。在绘图时一般用于绘制波浪线。

(1)调用
命令行:SPLINE
菜单:绘图➪样条曲线
图标:在"绘制"工具栏中 〰

在命令结束时提示的"起点切向"和"端点切向"选项可以控制样条曲线在起点和终点的切向。如果在提示处按 Enter 键,系统会使用默认值,由样条曲线在选择点处的斜率决定。

7.3 绘图的辅助工具

7.3.1 草图设置

作图时,确定点位置最快的方法是在屏幕上拾取点。为了方便精确定点,AutoCAD 提供了一些定位工具,它们是状态栏处的捕捉、栅格、正交、极轴、对象捕捉等命令。这些工具的设置在"草图设置"对话框中完成。

单击菜单"工具"➪"草图设置",弹出"草图设置"对话框,见图 7-11,在"捕捉和栅格"选项卡中:

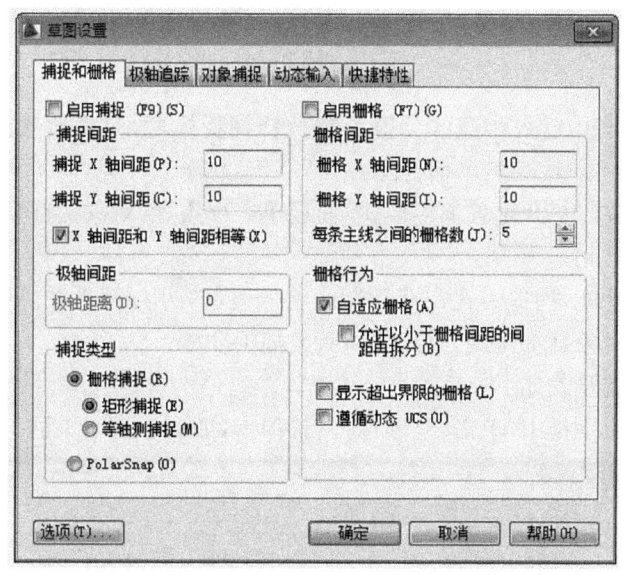

图 7-11 草图设置对话框的"捕捉和栅格"选项

(1) 点击"启用栅格"前的小方框,打开栅格工具。在图形范围内将显示栅格点。可接受默认的栅格间距,也可根据需要设置。栅格间距太小则使屏幕网点密集,小到一定程度以后,网点将不显示。

另外,输入命令 Grid,或按功能键 F7,或按下状态栏的"栅格"按钮,均可打开栅格工具。

(2) 点击"启用捕捉"前的小方框,即打开捕捉工具。在"捕捉 X 轴间距"和"捕捉 Y 轴间距"栏下单击一下,使间距与栅格的间距一致,则可捕捉上面设定的栅格点。输入命令 Snap,或按功能键 F9,或按下状态栏的"捕捉"按钮,均可打开捕捉工具。

例如,当我们需在(80,100)和(150,150)之间画一直线时,可选 SNAP=10,这样移动光标时很容易对准(80,100)和(150,150)两点,而决不会对到 80.01,99.20 和 149.91,150.21 上。

(3) 使用正交方式

按下"正交"按钮,正交模式处于打开状态,光标的移动被限定在捕捉方向上,用鼠标绘出的直线总是水平或垂直的,不会是倾斜的。输入命令 Ortho,或按功能键 F8,均可打开正交工具。

7.3.2 对象捕捉

在绘制对象时,使用对象捕捉功能可以捕捉对象上的某些特定的点,例如端点、中点、圆心点和交点等,以便用鼠标定位这些点。

1. 使用对象捕捉

只要在 AutoCAD 命令行提示要求输入一个点时,就可以使用下面方法激活对象捕捉模式。

(1) 单点对象捕捉

① 打开对象捕捉工具栏,如图 7-12 所示。当命令要求或需要指定对象上的特定点时,从工具栏中选择一种对象捕捉,然后选择捕捉点。

图 7-12 "对象捕捉"工具栏

② 直接在命令行中键入相应的关键字来选择捕捉模式,只需输入前三个字符。例如,在需要指定点时,键入 cen 就表示捕捉圆心。

上述方法均为临时打开对象捕捉模式,捕捉了一个点后,对象捕捉模式自动关闭。

(2) 启用对象捕捉

启用对象捕捉功能,捕捉模式在打开期间将始终起作用,只要在被要求指定一个点时,就自动应用相应的对象捕捉模式,直到关闭对象捕捉功能。

启用对象捕捉的步骤如下:

在"草图设置"对话框中,单击"对象捕捉"选项卡,如图 7-13 所示。

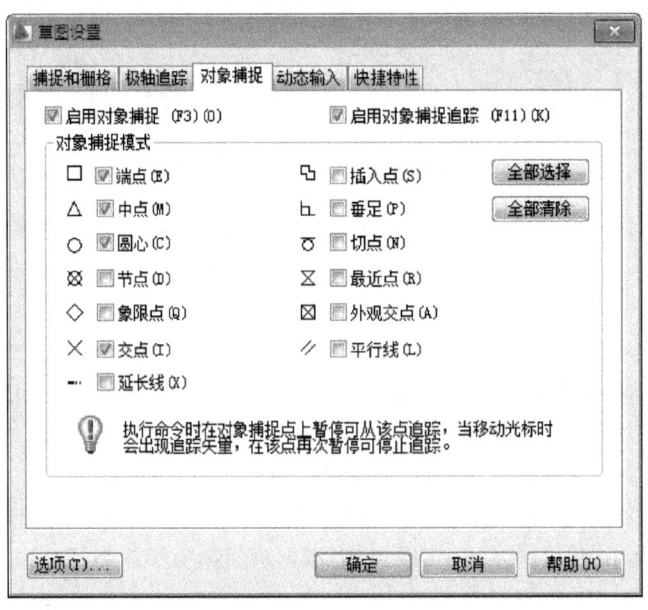

图 7-13 草图设置对话框的"对象捕捉"选项卡

在状态栏上的"对象捕捉"按钮上单击鼠标右键,选择"设置"项也可以显示该选项卡。

① 勾选上"启用对象捕捉"选项,即打开对象捕捉模式。根据需要选择一种或几种对象捕捉类型。

② 单击"确定"按钮。所设置的对象捕捉将一直持续生效。

> 提示:如果同时选择了多个对象捕捉类型,当捕捉靶框移近对象时,可能会同时存在数个捕捉点,此时按 Tab 键即可在这些捕捉点之间切换。

2. 对象捕捉类型

AutoCAD 2007提供了下列对象捕捉类型:

1) 端点(Endpoint):捕捉到对象(直线或圆弧)最近的端点。也可以用来捕捉三维实体(如长方体)和面域的边的端点。

2) 中点(Midpoint):捕捉到对象(如直线或圆弧)的中点。也可以用来捕捉三维实体(如长方体)和面域的边的中点。

3) 圆心(Center):捕捉到圆弧、圆或椭圆的圆心。也可以捕捉到实体或面域中圆的圆心。

4) 节点(Node):捕捉到单独绘制的点对象,也可以捕捉到由定距等分和定数等分命令在对象上产生的点对象。

5) 象限点(Quadrant):捕捉到圆弧、圆或椭圆的象限点(0°、90°、180°、270°点)。

6) Intersection(交点):捕捉到对象的交点,包括圆弧、圆、椭圆、椭圆弧、直线、多线、多段线、射线、样条曲线或构造线的交点。如果两个对象向外不断延伸,则可以捕捉到延伸的交点。

7) 延伸(Extension):捕捉对象的延伸路径。光标位于对象上时,将显示一条临时的延伸线,这样就可以通过延伸线上的点绘制对象。

8) 插入点(Insert):捕捉到块、形、文字、属性或属性定义的插入点。

9) 垂足(Perpendicular):捕捉到与圆弧、圆、椭圆、椭圆弧、直线、多线、多段线、射线、实体、样条曲线或构造线正交的点,也可以捕捉到对象的外观延伸上的垂足。

10) 切点(Tangent):捕捉到圆或圆弧上的切点。切点与指定的第一点连接可以构造出对象的切线。

11) 最近点(Nearest):捕捉对象上距离十字光标中心最近的点。

12) 外观交点(Apparent Intersection):捕捉到对象的外观交点。在三维模型中,从一个视图上看两个对象可能是相交的,而从另一个视图上看这两个对象可能又不相交。外观交点捕捉能够捕捉到对象外观上相交的点,也可以捕捉到外观延伸相交的交点。外观交点捕捉不能捕捉到三维实体的边或角点。

13) 平行(Parallel):画好直线的起点,将光标移到要平行的直线上停留一会,出现"//"标记,然后移动光标使光标与起点的连线与先前停靠的直线方向平行时,会显示一条虚线辅助线,拾取需要的点即绘制一条与停靠直线平行的直线。

[例] 作两圆弧的公切线,如图 7-14 所示,并从圆弧外一点 C 作圆弧 A 的切线。

命令:_line 指定第一点:_tan 到(在圆弧 B 上方捕捉任一切点)
指定下一点或［放弃(U)］:_tan 到(在圆弧 A 上方捕捉任一切点)
命令:_line 指定第一点:(捕捉 C 点)
指定下一点或［放弃(U)］:_tan 到(在圆弧 A 右方捕捉任一切点)

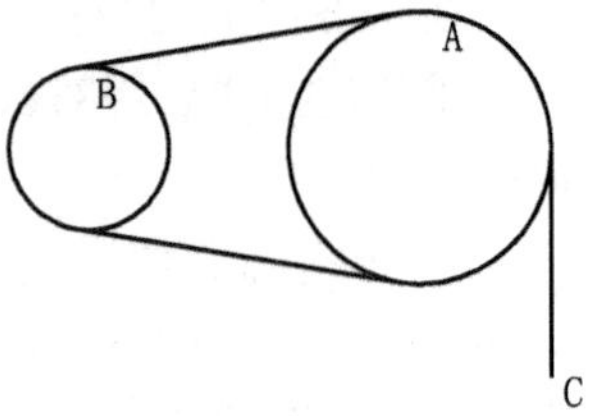

7.3.3 自动追踪设置

自动追踪可以按特定的角度或与其他对象的指定关系来确定点的位置。若打开自动追踪模式,AutoCAD 会显示临时的辅助线来指示位置和角度以便于创建对象。

图 7-14 作两圆弧的公切线

自动追踪包含两种追踪方式:极轴追踪和对象捕捉追踪。

(1) 极轴追踪

极轴追踪按事先给定的角度增量来对绘制对象的临时路径进行追踪。设置步骤如下:

① 在"草图设置"对话框中,选择"极轴追踪"选项卡,如图 7-15 所示。或在状态栏上的"极轴"按钮上单击右键,选择"设置"项也可。

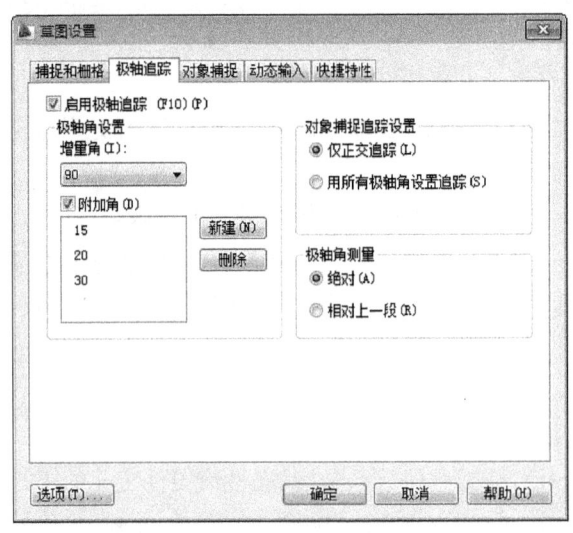

图 7-15 草图设置对话框的"极轴追踪"

② 勾选上"启用极轴追踪"选项,打开极轴追踪模式。

③ 在"增量角"列表框中选择一个递增角。如果列表中没有所需的角度,可以新建新角度值,作为非递增角。

例如,如果需要画一条与 X 轴成 45°角的直线,可以设置极轴角增量为 45°。那么绘图时移动十字光标到与 X 轴的夹角接近 0°、45°、90°等 45 度角的倍数时,AutoCAD 将显示一条临时路径和提示角度。此时单击鼠标,则可以确保所画的直线与 X 轴的夹角为提示角度。

> 注意:不能同时打开"正交"模式和极轴追踪。"正交"模式打开时,AutoCAD 会关闭极轴追踪。而打开极轴追踪,AutoCAD 将关闭"正交"模式。同样,如果打开"极轴捕捉",栅格捕捉将自动关闭。

(2) 对象捕捉追踪

对象捕捉追踪按与对象的某种特定关系沿着由对象捕捉点确定的临时路径进行追踪。设置步骤如下:

① 打开"对象捕捉"。

② 在"草图设置"对话框的"对象捕捉"选项卡上,选择"启用对象捕捉追踪"选项。同时在"极轴追踪"选项卡选择"启用极轴追踪"选项,如图 7-15 所示。

③ 在"对象捕捉追踪设置"框中选择下面两个选项之一:

正交追踪:将显示相对于追踪点的 0 度、90 度、180 度和 270 度方向上的追踪路径。

用所有极轴角设置追踪:相对于追踪点显示极轴追踪角的捕捉追踪路径。

④ 单击"确定"按钮,完成设置。

设置并启用了对象捕捉追踪后在绘图和编辑图形时移动光标到一个对象捕捉点,不要单击该点,只是暂时停顿即可临时获取该点,此即追踪点。获取该点后将显示一个小加号(+)。此时在绘图路径上移动光标,相对于该点的水平、垂直或极轴临时路径会显示出来。

如图 7-16,欲找矩形的中心点 A,可启用对象捕捉追踪,移动光标到 B 点,停留一会以捕捉取该中点;接着移动光标到 C 点,停留一会以获取 C 中点;再移动光标到 A 处,出现水平、垂直的两条临时对齐路径时,在 A 处单击一下即得到 A 点。

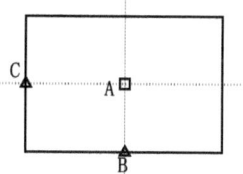

图 7-16 对象捕捉追踪

> 提示:获取对象捕捉点之后,可以相对于追踪点沿临时路径在精确距离处指定点。即在显示对齐路径后,在命令行直接输入距离值即可。绘制三视图时,同时启用对象捕捉、极轴追踪和对象追踪模式,可方便地实现视图长对正和高平齐。

[例] 利用追踪绘制如图 7-17 所示图形。

按下"对象捕捉"、"极轴"、"对象追踪"按钮。极轴角设置为 45°

命令:_line 指定第一点:(A 点)

指定下一点或 [放弃(U)]:19(鼠标光标垂直往上移动,输入 19)

指定下一点或 [放弃(U)]:11(光标水平往右移动,输入 11)

指定下一点或 [闭合(C)/放弃(U)]:13(光标追踪 45°,输入 13)

指定下一点或 [闭合(C)/放弃(U)]:18(光标水平往右移动,输入 18)

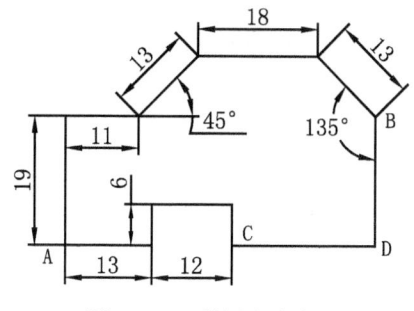

图 7-17 利用追踪绘图

指定下一点或 [闭合(C)/放弃(U)]:13(光标追踪 45°,输入 13,到 B 点)

命令:_line 指定第一点:(捕捉 A 点)

指定下一点或［放弃(U)］:13(光标水平往右移动)
指定下一点或［放弃(U)］:6(光标垂直往上移动)
指定下一点或［闭合(C)/放弃(U)］:12(光标水平往右移动)
指定下一点或［闭合(C)/放弃(U)］:6(光标垂直往下移动)
指定下一点或［闭合(C)/放弃(U)］:(光标水平往右移动,捕捉 B 点,悬停一会出现追踪路径后获得 D 点)
指定下一点或［闭合(C)/放弃(U)］:(捕捉 B 点,完成绘制)

7.3.4 显示控制

虽然计算机显示屏幕的大小是有限的,但是在 AutoCAD 中,图形可以平移、缩放显示,设计时可以很方便地看清楚图形的细节。显示操作并没有改变图形的真实大小,仅改变显示大小。

缩放操作工具栏(如图 7-18 所示)。

图 7-18 "缩放"工具栏

1. 实时缩放命令(ZOOM)(图标)

通过移动鼠标动态改变放大倍数。要放大图形,将鼠标一直向上拖;要缩小图形,将鼠标一直向下拖;要退出实时缩放,可按鼠标右键,从弹出的快捷菜单中选取"退出"。

> 提示:三键鼠标中间有一轮子,转动该轮也可缩放图形。

2. 窗口(Window)(图标)

在图形上指定一个窗口,以该窗口作为边界,把该窗口内的图形放大到全屏。

3. 缩放上一个(Previous)(图标)

恢复到前一个显示方式。

4. 实时平移命令(PAN)(图标)

Pan 命令使光标变成一只小手,按鼠标左键移动光标,当前视图中的图形就随光标的移动而移动。按鼠标右键,从弹出的快捷菜单中选取"退出"即可退出平移操作。该命令并非真正移动图形,而是移动图形窗口。

其他缩放选项的相关信息,可参见帮助中的相关标题。

7.4 图层

AutoCAD 的图层是用来组织图形的最有效工具之一,它类似透明的电子纸一层挨一层地放置。如果将对象分类放置在不同的图层上,每层具有一定的颜色、线型和线宽,将方便图形的查询、修改、显示及打印。例如对于零件图,为区分粗实线、中心线、细实线、虚线、尺寸线、剖面线、文字、辅助线等,可设 8 个图层,每层画一种图线,最后将所有图层重叠一起就构成一张完整的零件图。AutoCAD 利用图层特性管理器来建立新层、修改已有图层的特性及管理图层。

7.4.1 图层特性管理器的使用

输入命令 LAYER，或单击菜单"格式"⇨"图层"，或单击"对象特性"工具栏图标上的按钮，将打开图层特性管理器对话框，见图 7-19，它列出了图层的名称及其特性值和状态。

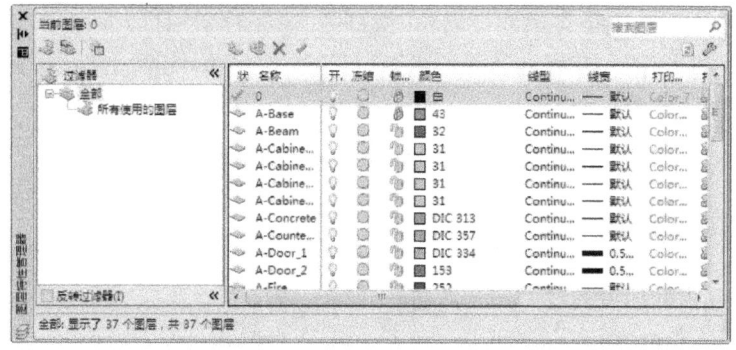

图 7-19 "图层特征管理器"对话框及快捷菜单

（1）创建新图层

单击对话框中的 按钮将创建新的图层。在"名称"栏下输入新层名，紧接着按","键或回车，就可以再输入下一个新层名。如要更改层名，选择该图层使其高亮显示，单击图层名，键入新图层名。输入的层名中不可含有通配符（＊、/和？等），也不能重名。

（2）设置当前层

选择一个图层，单击对话框 按钮，就可将该层设置为当前层。

（3）删除图层

选择一个或多个图层，单击 按钮即可。应注意的是，不能删除包含有对象的图层。

以上操作均有快捷方式，可在列表框中单击鼠标右键，弹出快捷菜单。

在快捷菜单中选取"全部选择"选项，将选择全部列出的图层。"除当前外全部选择"选项，将选择除了当前层外的所有图层。

（4）打开/关闭图层

如果要改变图形的可见性，可单击位于"开"栏下对应所选图层名的灯泡图标。此图标用于设置图层的打开或关闭，图层为打开状态时灯泡为黄色；单击灯泡图标，灯泡变成蓝色，图层即被关闭，此时该图层上的所有对象不会在屏幕上显示，也不会被打印输出。但这些对象仍在图形中，在刷新图形时还会计算它们。

（5）解冻/冻结图层

位于"在所有视口冻结"栏下方对应的太阳图标用于解冻/冻结图层。图层为解冻状态时图标为太阳；单击所选图层的太阳图标，图标变成雪花，图层即被冻结，此图层上的所有对象将不会在屏幕上显示，也不会被打印输出，在刷新图形时也不计算它们。

（6）锁定/解锁图层

位于"锁定"栏下对应的锁形图标用于设置图层的锁定/解锁。单击所选图层的锁形图标，开锁变成闭锁，图层即被锁定，已锁定图层的对象仍然可见，但是不能进行编辑。

（7）改变图层颜色

图层颜色默认情况下为白色。单击位于"颜色"栏下对应所选图层名的颜色图标,AutoCAD 将打开"选择颜色"对话框,用于改变所选图层的颜色。

(8) 改变图层线型

默认情况下,新创建的图层的线型为连续型 Continuous。要改变图层的线型可单击位于"线型"栏下对应所选图层名的线型名称,将打开"选择线型"对话框,此对话框列出了已加载进当前图形中的线型。如需加载另外线型,可单击对话框中的"加载"按钮,显示"加载或重载线型"对话框,如图 7-20 所示。

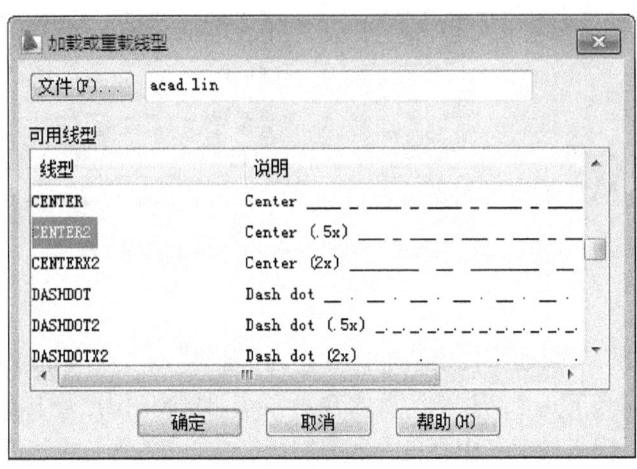

图 7-20 "加载或重载线型"对话框

为了统一计算机在绘图时的图层特性设置,国标 GB/T 14665-93 对图层、颜色和线型有一个规定,见表 7-1。

建议虚线用 Hidden2,点画线用 Center2,双点画线用 Phantom2 较为合适。

表 7-1 图层的规定(摘录自 GB/T 14665-93)

国标线型	图层	颜色
粗实线	01	白
细实线	02	红
虚线	04	黄
细点画线	05	蓝绿/浅蓝
尺寸线	08	
剖面线	10	

(9) 改变图层线宽

单击位于"线宽"栏下对应所选图层名的线宽图标,显示"线宽"对话框。从对话框的列表框中选择适当的线宽值,单击"确定"即可改变图层的线宽。如果屏幕线宽的显示没有变化,应单击状态栏的"线宽"按钮。

(10) 改变图层打印样式

打印样式通过确定打印特性(例如线宽、颜色和填充样式)来控制对象的打印方式。要改变图层相关联的打印样式,可单击位于"打印样式"栏下对应所选图层名的图标。在英制图形中图层打印样式默认为"普通"(PSTYLEPOLICY 系统变量为 0),单击"普通"图标,将显示"选择打印样式"对话框以选择图层的打印样式。如果正在使用颜色相关打印样式(PSTYLEPOLICY 系统变量设为 1,图层图标显示为 Color_颜色号),则不能修改与图层关联的打印样式。

(11) 线型比例 LTSCALE

命令:ltscale

输入新线型比例因子 <1.000 0>:

线型定义中非连续线的画线与间隔的长度是根据绘图单位来设置的,不同的单位使画线与间隔的长度比例不相同,用 Ltscale 命令可改变画线与间隔的长度,使线型与绘图单位一致。比如中心线、虚线等线型,就可以通过 Ltscale 命令调整画线与间隔的长度。

7.4.2 图层与对象特性工具栏

为了使查看和修改对象特性的操作更方便、快捷。AutoCAD 提供了"图层"和"对象特性"工具栏,如图 7-21 所示。对象的许多特性可通过这两个工具栏来查看或修改。如改变或选择图层、设置对象所在图层的状态、设置对象的特性如颜色、线型、线宽和打印样式等。

(1) 图层列表

在图层控制列表框中,只需单击代表图层特性的图标:打开/关闭 、冻结/解冻 、锁定/解锁 ,就可以改变对象所在图层的状态。

(2) 将对象图层设置为当前层

单击"把对象的图层设置为当前"按钮 ,然后选择欲改变图层设置为当前层的对象。就可将该对象所在图层定义为当前层。在图层控制列表框中单击某图层名,也能将该图层设置为当前层。

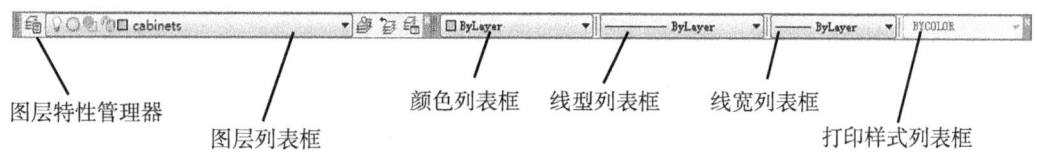

图 7-21 "图层"与"对象特性"工具栏

(3) 恢复上一个图层

单击"上一个图层"按钮 ,或输入命令 Layerp,可放弃已对图层设置(例如颜色或线型)做的修改。但不放弃重命名、删除图层、添加图层的修改。

(4) 设置对象的特性

图形对象的特性:颜色、线型、线宽和打印样式,在默认情况下是继承它所在图层的特性,即随层 ByLayer。也可通过"对象特性"工具栏进行修改。

① 颜色 图层的颜色默认为 ByLayer(随层),意即取其所在图层的颜色。颜色控制列表框还包括 ByBlock、7 种标准颜色和"其他",第一项通常为当前层的颜色,其中 ByLayer、ByBlock 为 AutoCAD 的逻辑色,单击"其他"将打开"选择颜色"框。如要改变对象的颜色,先选取图形对象,然后从颜色控制列表框中选取想要的颜色即可。但是图形对象的颜色最

好使用 ByLayer，否则会导致颜色混乱，因为图形对象主要是通过层特性来组织管理的，使用 ByLayer 颜色，可以简单地改变层的颜色来整体更新对象颜色。

② 线型 线型控制列表框也有 ByLayer、ByBlock 和其他调入的线型，图层的线型默认为 ByLayer。如果要加入新线型，可选择"其他"选项。如要改变对象的线型，先选取图形对象，然后从线型列表框中选取想要的线型即可。但同颜色的设置一样，图形对象的线型最好使用 ByLayer。

③ 线宽 图层的线宽默认为 ByLayer。如欲改变对象的线宽，先选取图形对象，然后从线宽控制列表框中选取该对象的线宽。

注意：

在"对象特性"工具栏中 ByLayer(随层)、ByLayer(随块)两选项的具体含义为：

(1) ByLayer(随层)：图形对象的特性如颜色、线型、线宽和打印样式将取其所在图层的特性。

(2) ByBlock(随块)：图形对象的设置为 ByBlock，当它们被定义为块并插入到图形中时，这些对象的特性取当前层的设置

7.4.3 对象特性管理器

AutoCAD 的对象特性管理器是一个表格式的窗口，它是查看和修改对象特性的主要途径。通过使用该管理器，可以使编辑对象和图形文件特性的操作变得十分容易，从而更快、更精确、更简单地修改对象特性，提高绘图效率。

输入特性命令(PROPERTIES)，或单击菜单"修改"⇨"特性"，或单击图标，将打开"特性"对话框，也称作对象特性管理器，见图 7-22。内容即为所选对象的特性。根据所选择对象的不同，表格中的内容也将不同。

首先选择欲修改的对象，在对象特性管理器中选择欲修改的特性，然后使用下面列出的方法之一修改对象：

图 7-22 "特性"对话框

(1) 输入一个新值。

(2) 从下拉列表中选择一个值或在对话框中修改特性值。

(3) 用"拾取"按钮改变点的坐标值。

如选择一个圆,在特性管理器的"半径"栏中输入新半径值,回车,圆的半径则被修改。

7.4.4 特性匹配

输入命令行 MATCHPROP,或单击图标 ,或单击菜单"修改"⇨"特性匹配",可以将对象的特性复制给其他的对象。

操作过程:

(1) 在"标准"工具栏中单击"特性匹配"按钮。

(2) 选择要匹配的对象作为源对象。

(3) 选择要修改的对象为目标对象。

7.5 图形编辑

图形编辑是指对已有图形对象进行移动、旋转、缩放、复制、删除、参数修改及其他修改操作。与手工绘图相比,AutoCAD 的突出优点就是使图形修改非常方便。图形编辑的工具栏如图 7-23 所示。

图 7-23 修改工具条

在进行编辑操作时,输入编辑命令后首先出现的提示为"选择对象:",选中的对象将以虚线醒目显示。选择对象可以一次选一个对象或多个对象,也可用窗口框选对象。AutoCAD 提供多种选择对象的方法,在"选择对象"提示下,如果输入错误(如输入 d),则系统会列出所有选择对象的方式。

> 注意:
> (1) 按下 Shift 键并单击选中对象可以将被选中的对象从选择集中移去。
> (2) 在建立选择集时,可以选用比较简便的方法如窗口框选多选择一些对象,然后结合 Shift 键从中撤除不需要的部分。

7.5.1 删除命令(ERASE)

Erase 命令用于删除选中的对象。在绘图过程中,可能会产生一些错误,用删除命令可以从图中删除对象。

调用方法是:

命令行:ERASE

菜单:修改⇨删除

图标:在"修改"工具栏中

命令行提示"选择对象:"时,光标变成小正方形——拾取框,将拾取框移动到要选择的对象上,单击左键,则选取了欲删除的对象。要结束对象选择,按回车键即可。

7.5.2 放弃命令(U)

用于取消上一次命令的操作。调用方法是:

命令行:U

菜单:编辑⇨放弃

图标:在"标准工具栏"中

注意:U 命令不能取消诸如 Plot、Save、Open、New 或 Copyclip 等对设备作出读、写数据的命令操作。

7.5.3 重做命令(REDO)

重做 U 命令所放弃的操作。调用方法是:

命令行:REDO

菜单:编辑⇨重做

图标:在"标准工具栏"中

7.5.4 复制对象命令(COPY)

用于复制选定的对象,还可作多重复制。

(1) 调用

命令行:COPY

菜单:修改⇨复制

图标:在"修改"工具栏中

命令:copy

选择对象:(建立选择集,选图 7-24 中圆心为 A 的圆)

指定基点或位移,或者[重复(M)]:拾取 A 点(A 点为基点,若输入 M,则选择了多重复制,可复制一个对象到多处位置)

指定位移的第二点或〈用第一点作位移〉:拾取 B 点(B 点为目标点)

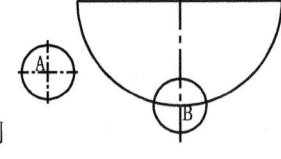

图 7-24 单个复制

> 注意:基点与位移点可用光标定位、坐标值定位、对象捕捉等任何定点的方法来准确定位。

(2) 使用剪贴板复制对象

剪贴板是由 Windows 操作系统内存中的临时存储区,用来存放数据。AutoCAD 中的对象数据同样可用剪贴板来存储。调用方法是:

菜单:编辑⇨复制

图标:在标准工具栏中

使用剪贴板复制对象的步骤为:

① 建立一对象选择集;

② 在"标准"工具栏中单击"复制"按钮或在图形窗口中按鼠标右键并单击"复制";

③ 在图形窗口中按鼠标右键,在弹出的快捷菜单中选择粘贴;

④ 在图形的其他位置单击一点,插入该选择集的拷贝。

注意:剪贴板复制也可粘贴对象到其他图形窗口中。

7.5.5 镜像命令(MIRROR)

生成原对象的轴对称图形,该轴称为镜像线,镜像时可删去原图形,也可保留原图形(称为镜像复制)。调用方法是:

命令行:MIRROR

菜单:修改⇨镜像

图标:在"修改"工具栏内 ⚠

命令:mirror

选择对象:(建立选择集,选图7-25(a)左侧部分)

指定镜像线的第一点:拾取1点

指定镜像线的第二点:拾取2点

是否删除源对象?[是(Y)/否(N)]〈N〉:回车(N即不删除源对象,如图7-25(a)所示)

> 注意:在图7-25(a)中文本做了完全镜像,不便阅读。把系统变量MIRRTEXT的值置于0(OFF),则镜像后文本仍然可读,如图7-25(b)所示。

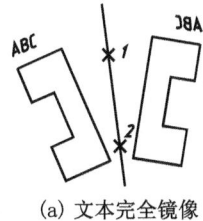

(a) 文本完全镜像　　　　(b) 文本可读镜像

图7-25

7.5.6 偏移命令(OFFSET)

按指定的距离用已有的对象建立新的对象,即为生成指定对象的等距曲线或平行线。调用方法是:

命令行:OFFSET

菜单:修改⇨偏移

图标:在"修改"工具栏中 ⚙

[例] 如图7-26所示,作出与原对象偏移距离为6mm的偏移对象。

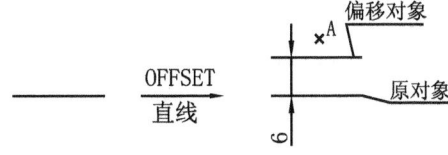

图7-26　指定偏移距

命令:offset

指定偏移距离或[通过(T)]〈10〉:6(偏移的距离为6,若输入T则以指定通过点方式偏移)

选择要偏移的对象或〈退出〉:(选择原对象)

指定点以确定偏移所在一侧:(在 A 附近拾取一点,即在 A 点所在的那一侧画等距线,偏移线已作出)
选择要偏移的对象或〈退出〉:(继续进行或回车结束)

使用偏移命令还可绘制同心圆弧和等距矩形,如图 7-27 所示。

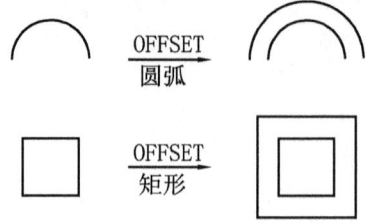

图 7-27 偏移圆弧和矩形

7.5.7 阵列命令(ARRAY)

对选定的对象作矩形和环形阵列的复制。

(1) 调用

命令行:ARRAY

菜单:修改⇨阵列

图标:在"修改"工具栏中

执行 Array 命令,将弹出"阵列"对话框,如图 7-28 所示。有矩形和环形两种阵列方式。

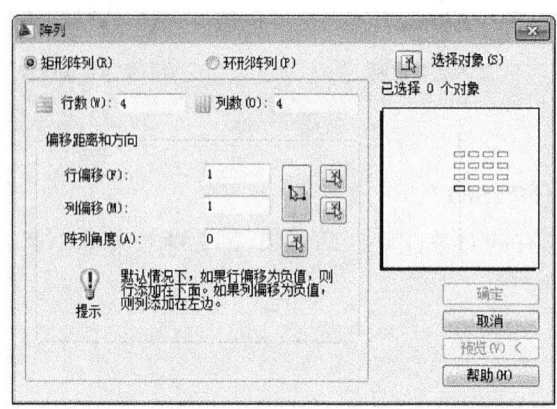

图 7-28 "阵列"对话框

(2) 矩形阵列

在对话框中按"选择对象"按钮,根据提示选择要阵列的对象;指定阵列的行数、列数;输入阵列的行间距、列间距(或单击 按钮在图形屏幕上指定间距);阵列的同时若需要旋转则输入阵列角度;单击"预览"按钮可观察阵列效果。

(3) 环形阵列

选择要阵列的对象,单击 按钮在图形屏幕指定环形阵列的中心点,在"项目总数"框输入阵列要复制的数目,在"填充角度"框指定在多大的角度范围内进行阵列;若在旋转阵列的同时对象自身也要随着一起旋转,应选上"复制时旋转项目"。

图 7-29 是两种阵列的结果。

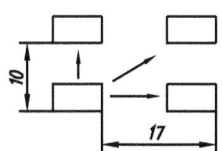
(a) 2行2列，行间距10，列间距17的矩形阵列

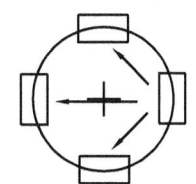
(b) 阵列中心为圆心，阵列数目4个，范围为360度的环形阵列

图 7-29 阵列图形

7.5.8 移动命令(MOVE)

用于平移指定的对象。调用方法是：
命令行：MOVE
菜单：修改⇨移动
图标：在"修改"工具栏内 ⊕

7.5.9 旋转命令(ROTATE)

绕旋转中心旋转选定的对象。调用方法是：
命令行：ROTATE
菜单：修改⇨旋转
图标：在"修改"工具栏内 ⊙

[例] 旋转如图 7-30(a)所示的图形。

命令：rotate
选择对象：(选择图 7-30(a)对象,除直线 AB 外)
指定基点：(拾取 A 点)
指定旋转角度或[参照(R)]：-60(旋转角,顺时针为负)
  当不知旋转角度值时,可用参照方式操作。操作步骤如下：
命令：rotate
选择对象：(选择图 7-30(a)对象,除直线 AB 外)
指定基点：(拾取 A 点)
指定旋转角度或[参照(R)]：R(选参照方式)
指定参考角：(拾取点 A 和C,用点 A 和 C 的连线确定参照的方向角)
指定新角度：(拾取点 B,用 A 和 B 两点连线来确定参照方向旋转后的角度,得到图 7-30(b))

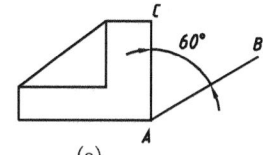
(a)

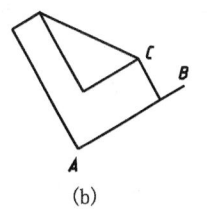
(b)

图 7-30 两种旋转

7.5.10 比例缩放命令(SCALE)

将选定的对象按指定的比例进行比例缩放。调用方法是：
命令行：SCALE
菜单：修改⇨比例缩放
图标：在"修改"工具栏中 ▫

[例] 按1.5的比例因子放大图形。

命令：scale
选择对象：(选择要放大的图形对象)

指定基点:(拾取点 A 为基准点,即不动点)
指定比例因子或[参照(R)]:1.5(输入比例因子)
结果图形放大了1.5倍。
在指定比例因子时也可按参照方式(R)来确定实际比例因子。

> 注意:Scale 命令是 X、Y 方向的等比例缩放,所选择的基点不同,缩放后的图形在图形文件中的位置不同。比例因子>1 为放大图形,比例因子<1 时缩小图形。

7.5.11 延伸命令(EXTEND)

在指定边界后,可连续地选择不封闭的对象(如直线、圆弧、多段线等)延长到与边界相交。调用方法是:

命令行:EXTEND

菜单:修改⇨延伸

图标:在"修改"工具栏中

[例] 使用延伸命令,将图 7-31 的直线 2 延伸至边界线。

命令:extend
当前设置:投影=UCS,边=无
选择边界的边…
选择对象:(拾取点1,所选择的对象为延伸的边界线)
选择对象:(可连续选取边界线,不想继续选择则回车结束对象选择)
选择要延伸的对象,按住 Shift 键选择要修剪的对象,或[投影(P)/边(E)/放弃(U)]:(拾取点 2)

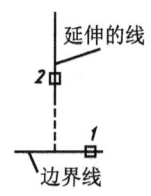

图 7-31 延伸

7.5.12 修剪命令(TRIM)

在指定边界后,可连续地选择对象进行剪切。

(1) 调用

命令行:TRIM

菜单:修改⇨修剪

图标:在"修改"工具栏中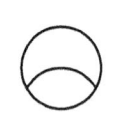

[例] 用 Trim 命令将图 7-32 左图修剪成图 7-32 右图。

命令:trim
当前设置:投影=UCS,边=无
选择剪切边…
选择对象:(选择修剪的边界线)
选择对象:(不需继续选择边界对象则回车)
选择要修剪的对象,按住 Shift 键选择要延伸的对象,或[投影(P)/边(E)/放弃(U)]:(选择修剪目标)

图 7-32 修剪

(2) 注意

① 某一对象可以同时既是修剪对象,又是修剪边界。在使用修剪的过程中,当某一对象被修剪后,它就从亮显的虚线变成了实线,但它仍为边界。

② 选择剪切对象时,拾取点应在被剪切的一侧。

③ 在"选择要修剪的对象……或 [投影(P)/边(E)/放弃(U)]:"提示下输入 E 后则选择延伸修剪模式,可延长边界以便修剪。

> 建议:
> (1) 可用窗口选等建立选择集的方法来选择多个被剪对象,以提高效率。
> (2) 在"选择对象"提示下按 Enter 键,将会选择所有对象作为延伸边界或剪切边界。

7.5.13 打断命令(BREAK)

切掉对象的一部分或将对象切断成两个。
调用
命令行:BREAK
菜单:修改⇨打断
图标:在"修改"工具栏中

在选择对象后,拾取点作为第一打断点,后指定另一点作为第二打断点(可不在对象上,AutoCAD 会自动捕捉对象上离光标最近的点)。处于这两点之间的部分被切除。若第二打断点与第一打断点重合(用相对坐标符号@来响应"指定第二个打断点(或第一点(F))",此时对象被分为两个对象。

> 注意:对于圆,从第一断开点逆时针方向到第二断开点的部分将被切掉。

7.5.14 圆角命令(FILLET)

按指定的半径在直线、圆弧、圆之间倒圆角,也可对多段线倒圆角。
(1) 调用
命令行:FILLET
菜单:修改⇨圆角
图标:在"修改"工具栏中

[例] 使用 Fillet 命令将图 7-33 中的上图变化成下图,其中圆弧半径为 30。
命令:fillet
当前模式:模式=修剪,半径=10.0000
选择第一个对象或 [多段线(P)/半径(R)/修剪(T)/多个(U)]:R
指定圆角半径 <10.0000>:30
选择第一个对象或 [多段线(P)/半径(R)/修剪(T)/多个(U)]:拾取点 1
选择第二个对象:(拾取点 2,结果如图 7-33 下图圆弧)
命令:fillet
当前模式:模式=修剪,半径=30.0000
选择第一个对象或 [多段线(P)/半径(R)/修剪(T)/多个(U)]:R
指定圆角半径 <30.0000>:0
选择第一个对象或 [多段线(P)/半径(R)/修剪(T)/多个(U)]:拾取点 3

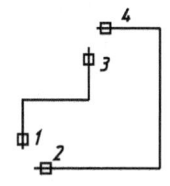

选择第二个对象:(拾取点 4,结果如图 7-33 下图所示)

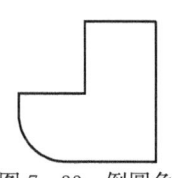

图 7-33 倒圆角

从上例可知:将圆角半径设为 0,可迅速地将两条不相交的线直角相交。

对平行的直线、射线或构造线,执行 Fillet 命令时,可不管当前所设定的半径,AutoCAD 会自动计算两平行线的半径来确定圆角半径,并从第一线段的端点制作圆角。如图 7-34 所示。

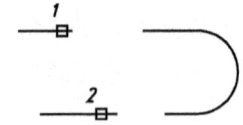

图 7-34 对平行线倒圆角

利用圆角命令,还可快速完成如图 7-35 所示的连接圆弧的绘制。

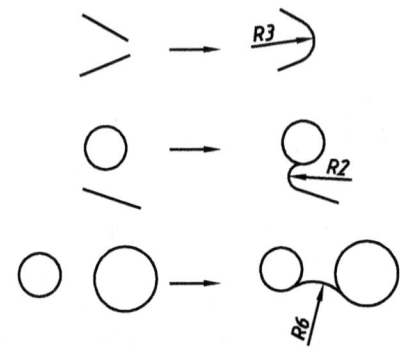

图 7-35 连接圆弧的绘制

(2) 注意

① 选项"修剪(T)"用于控制修剪模式,后续提示为:"输入修剪模式选项 [修剪(T)/不修剪(N)] <修剪>",键入 N 后,则倒圆角时将保留原线段,既不修剪,也不延伸。

② 对多段线倒圆角时,在响应"选择第一个对象或 [多段线(P)/半径(R)/修剪(T) /多个(U)]"时,键入 P,可对整根多段线各处拐角处倒圆角。

7.5.15 倒角命令(CHAMFER)

Chamfer 命令用于对两条直线边倒棱角。

(1) 调用

命令行:CHAMFER

菜单:修改⇨倒角

图标:在"修改"工具栏中

命令:chamfer

("修剪"模式) 当前倒角距离 1=10.0000,距离 2=10.0000

选择第一条直线或 [多段线(P)/距离(D)/角度(A)/修剪(T)/方法(M)/多个(U)]:d

指定第一个倒角距离 <10.0000>:5

指定第二个倒角距离 <5.0000>:2.5

选择第一条直线或 [多段线(P)/距离(D)/角度(A)/修剪(T)/方式(M)/多个(U)]:(选择直线 1)

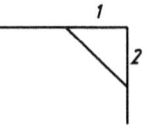

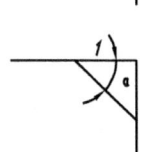

图 7-36 倒角参数

选择第二条直线:(选择直线 2)

(2) 倒角的参数有两种方法

① 距离方法:由第一倒角距 1 和第二倒角距 2 确定,它与选择顺序相对应。选择"距离(D)",可重新设定倒角距离,如图 7-36 上图所示。

② 角度方法:对常见的标注形式 2×30°的倒角,可由第一倒角距 1 和角度 α 确定,如图 7-36 下图所示。

倒角命令的选项和用法与圆角命令类似。将倒角距离设为 0,可使不平行的两线精确相交。

7.5.16 多段线编辑命令(PEDIT)

用于编辑两维多段线、三维多段线和三维网格。调用方法为:

命令行:PEDIT

菜单:修改⇨对象⇨多段线

图标:在"修改Ⅱ"工具栏中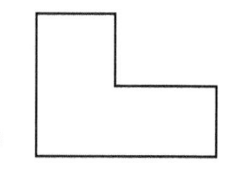

[**例**] 将图 7-37 中由 Line 命令绘成的上图编辑为宽为 2mm 的多段线的下图。

命令:pedit

选择多段线或 [多条(M)]:拾取图中任一线段

选定的对象不是多段线

是否将其转换为多段线?<Y> Y(输入 Y 将拾取的线转换为多段线)

输入选项 [闭合(C)/合并(J)/宽度(W)/编辑顶点(E)/拟合(F)/样条曲线(S)/非曲线化(D)/线型生成(L)/放弃(U)]:j(选"合并"选项)

选择对象:指定对角点:找到 6 个(窗选所有对象)

选择对象:(回车) 5 条线段已添加到多段线

输入选项 [打开(O)/合并(J)/宽度(W)/编辑顶点(E)/拟合(F)/样条曲线(S)/非曲线化(D)/线型生成(L)/放弃(U)]:w(选多段线的线宽度)

指定所有线段的新宽度:2(宽度为 2,回车后即生成图 7-37 下图)

图 7-37 多段线编辑

PEDIT 编辑命令中各选项的更多信息参见帮助和有关的书籍。

7.5.17 用夹点进行编辑

对象的夹点就是对象的一些特征点,不同的对象具有不同的特征点,见图 7-38。用光标拾取对象,该对象就进入选择集,并显示该对象的夹点,称为温点,单击一个温点,则该温点变为热点(颜色变为红色),此时当前选择集即进入夹点编辑状态,可进行 Stretch(拉伸)、Move(移动)、Rotate(旋转)、Scale(缩放)、Mirror(镜像)、Copy(复制)六种编辑模式的操作。

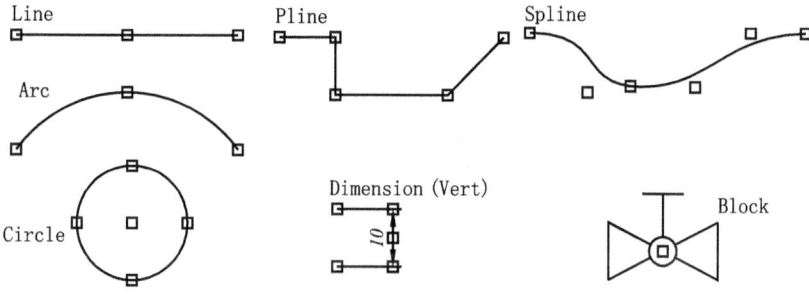

图 7-38 对象的夹点

默认的编辑模式为 Stretch(拉伸),要选择其他编辑模式可键入模式名、按回车键、空格键或单击鼠标右键弹出快捷菜单。

[例] 如图 7-39 所示,用夹点编辑将长方形变成梯形。

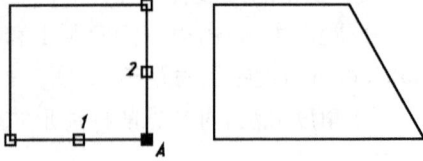

图 7-39　夹点编辑

(1) 拾取线 1 和 2,线上出现温点。

(2) 拾取温点 A,使温点 A 变成热点(此时即进入夹点编辑默认的拉伸模式),并向右拖动光标,对象即被拉伸,如图 7-39 中的右图。

[例] 综合应用绘图命令和编辑命令绘制图 7-40(f)。

绘制步骤:

(1) 用 Circle 命令,以定位点(100,150)为圆心、半径为 40 画圆,如图 7-40(a)。

(2) 用 Polygon 命令及其 Cen,I 方式画内接六边形,如图 7-40(b)。

(3) 用 Line 命令和对象捕捉连接各顶点,如图 7-40(c)。

(4) 用 Trim 和 Erase 命令修剪和删除多余的线段,如图 7-40(d)。

(5) 用 Arc 命令,以 3P 方式画圆弧,3P 分别为 Int(或 End),Cen,Int(或 End),如图 7-40(e)。

(6) 用 Array 命令将圆弧作环形阵列,复制数目为 6,如图 7-40(f)。

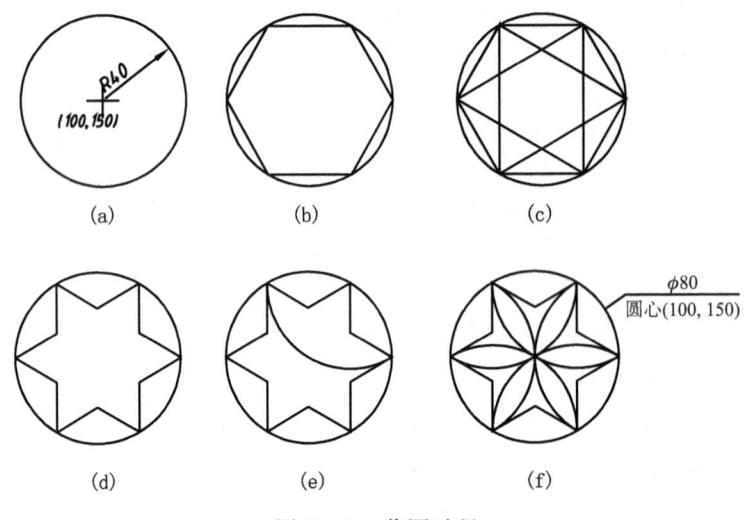

图 7-40　作图过程

7.6　填充

使用 AutoCAD 的填充功能可以将特定的图案填充到一个封闭的图形区域中。例如,机械图形中表示剖面的阴影线,建筑图形中墙面的方砖图案,都可以由此功能来绘制。为了管理方便建议使用专门的层来管理填充图案。

7.6.1 填充操作

输入命令 BHATCH,或单击菜单"绘图"⇨"图案填充…",或单击图标▨,进入图 7-41 所示的"边界图案填充"对话框。

(1) 单击"图案"下拉按钮选择填充图案,如选 ANSI31 项。

(2) 指定填充边界的确定方式。单击"拾取点"按钮,或"选择对象"按钮,将临时关闭对话框。

(3) 回到图形界面,指定填充区域(一般应为封闭区域)后,回车再返回"边界图案填充"对话框。

(4) 单击"预览"按钮,观看填充效果。若不满意,回车结束预览,回到"边界图案填充"对话框中进行修改。

图 7-41 "边界图案填充"对话框

(5) 单击"确定"按钮,完成填充图案操作。

7.6.2 选择图案类型

在"边界图案填充"对话框中单击"图案"的下拉列表右旁的▬按钮,弹出"填充图案控制板"对话框,在此可更加直观地选择图案。

如果要定义一个与选择的图案不同角度与间距的填充图案,可以:

(1) 在"比例"框中输入数值,可放大或缩小图案间距。默认值为 1。

(2) 在"角度"框中输入图案倾斜的角度值。默认情况下角度为 0 度(即 45 斜线)。

7.6.3 设置填充边界

"边界图案填充"对话框中定义填充边界的方法有"添加:拾取点"和"添加:选择对象"两种方法:

(1) 添加:拾取点

单击"拾取点"将暂时关闭边界图案填充对话框转到图形窗口,命令行提示"选择内部点:"在欲填充的封闭区域内的任意位置单击一下鼠标左键,系统将自动搜索包围该点的封闭边界,同时生成一条临时的封闭边界,该边界区域即为填充区域。然后,依次选择下一个填充区域,不想继续可按回车键来结束选择内部点操作,返回"边界图案填充"对话框。

注意,若区域边界不封闭,系统会提示"未找到有效的图案填充边界",不能继续填充操作。

(2) 添加:选择对象

通过指定填充图案的边界对象构成填充边界。单击"选择对象"按钮,屏幕转到图形窗口,用构造选择集的方法选择图元对象,使其围成一封闭边界,该边界区域即为填充区域。

注意:应勾选"关联"单选按钮,将建立相关联的填充图案,在修改图形时填充的图案将自动适应修改后的边界。

(3) 关联填充

AutoCAD 默认的图案填充区域与填充边界是关联的,在填充边界发生变化时,填充图案的区域自动更新。这给图案填充的编辑带来极大便利。为了使用关联图案填充功能,应当打开对话框中的"关联"单选按钮。

7.6.4 孤岛

如果图形对象比较多,内部嵌套有多层封闭区域,称为孤岛,可通过"高级"选项卡来设置特殊的填充格式。它们可以控制是否把填充边界内部的封闭边界也作为填充边界线,因而有三种内部区域的填充方式。

(1) 普通:剖面线从外向内画线,从外向内数,被分开的奇数区域画剖面线,偶数区域不画剖面线。填充区域内的文字也不会被阴影线穿过,保持其易读性。

(2) 外部:仅画最外层区域的阴影线,除此之外内部的各部分封闭区域均为空白。

(3) 忽略:该格式将忽略其内部结构,所指定的区域均被绘制上阴影线。

7.6.5 编辑填充图案

输入命令 HATCHEDET,或单击菜单"修改"⇨"对象"⇨"图案填充",或单击图标 ▨ 编辑修改填充的图案。

可以修改填充的图案、角度、间距,操作的结果不受填充边界是否修改的限制。

7.7 文字注释

在一幅图中使用图形传达信息的时候,通常还需要使用文字的描述,如图纸说明、注释、标题、技术要求等。AutoCAD 具有很强的文字处理功能,提供了符合国标的汉字和西文字体。在注写英文、数字和汉字时,需要建立合适的文字样式。

7.7.1 建立文字样式

图形的文字样式用于确定字体名称、字符的高度及放置方式等参数的组合。AutoCAD 的默认文字样式为 Standard,可以建立多个样式,但只有一个为当前样式。调用方法是:

输入命令 STYLE,或单击菜单"格式"⇨"文字样式",或单击图标 A,打开"文字样式"对话框,如图 7-42 所示。

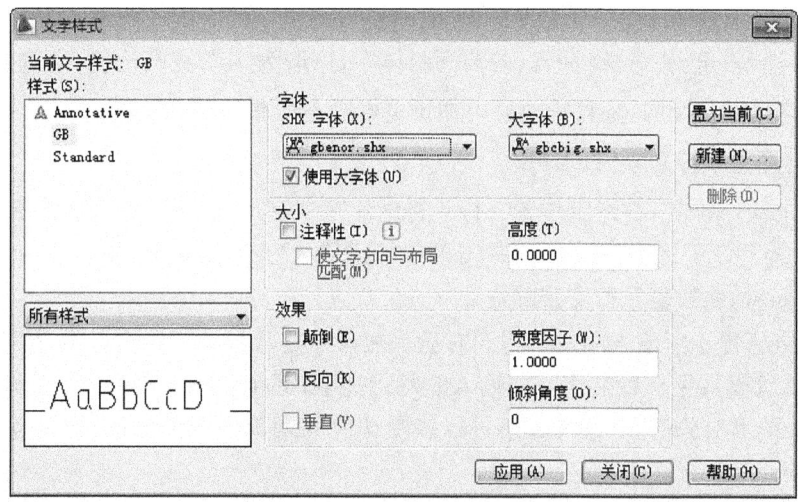

图 7-42 "文字样式"对话框

新建一个文字样式的步骤如下：
(1) 单击"新建"按钮，弹出"新建文字样式"对话框，输入新样式的名称。
(2) 单击字体名下拉按钮，从下拉列表中选择一种字体。
(3) 在效果区域中设置文字特殊效果。
(4) 单击"应用"按钮，完成一种样式的设定。重复上述操作，可建立多个文字样式。

说明：
① 字体：在字体下拉列表中列出了系统提供的字体，它包括两类字体：Windows 系列软件提供的 True Type 字体，具有实心填充功能；另一种是 AutoCAD 特有的 shx 字体。两类字体前分别用图标T和 加以区分。

在定义文字样式时，可以定义一种字体为 shx 的样式，专门用于注写西文和特殊符号(此样式注写汉字时有时会显示为"?"号或乱码)；可以再定义一种字体为 Windows 字体的样式，如宋体，专门用于注写汉字(此样式下注写特殊符号时有时会显示为"?"号或乱码)。以便针对西文、特殊符号和汉字等不同的场合选用不同的文字样式进行注写。

> 为解决乱码的问题，AutoCAD 中文版提供了符合国标的斜体西文 gbeitc.shx 及正体西文 gbenor.shx，同时还提供了符合国标的工程汉字 gbcbig.shx，此类汉字称为大字体 BigFont。定义文字样式时字体应采用"西文字体"+"大字体汉字"，例如 gbenor.shx+ gbcbig.shx，则这一种文字样式就可同时注写正体西文、特殊符号和汉字，其设置方法见图 7-42。即在"字体"列表中选择 gbenor.shx(或 gbeitc.shx)，然后选上"使用大字体"，再在"大字体"列表中选择 gbcbig.shx。

注：早期版本提供的 Bigfont 大字体 HZTXT.shx 也可以同时进行中、西文注写。

② 高度：如果高度设为 0，每次执行注写文字命令时命令行都会提示用户指定文字高度，即文字高度可随时按需要变动；高度为非 0 时文字高度则不可更改，在文字命令执行过程中不再提示"指定高度："。文字高度可参照 CAD 国标的规定，一般在 A2～A4 图纸中汉字字高为 5mm，字母、数字字高为 3.5mm；在 A0～A1 图纸中则分别是 7mm 和 5mm。如果

图纸输出时存在比例系数,文字高度应设为:输出后图纸上的字高÷比例。

③ 效果:倾斜角,相对 90°而言,若要写斜体字,可取为 15°;宽高比例,字符的宽高比,可取 $1/\sqrt{2} \approx 0.7$;颠倒、反向、垂直等效果可在预览框观看效果,根据需要选用。

7.7.2 注写单行文字(TEXT)

按设定的文字样式,在指定位置一行一行地注写文字,一般用于绘制小篇幅的文字。

输入命令 TEXT 或 DTEXT,或单击菜单"绘图"⇨"文字"⇨"单行文字",或在文字工具条中单击图标 ,将执行单行文字的命令。

根据命令行提示所输入的文字将同时显示在命令提示行与图形窗口中,输完一行后,按 Enter 键可继续输入下一行文字。所输入的每行文字,都将被 AutoCAD 视为单独的图形对象,而且具有图形对象的一切特性,还可以接受相应的编辑与修改操作,如按指定比例进行修改、移动等。

7.7.3 控制码与特殊字符

有些特殊的字符需要在特殊控制下才能输入进图形中。例如,文字加上画线或者下画线、直径符号、正负公差符号、表示角度度数的小圆圈等。这些符号不能从键盘直接输入,必须在 AutoCAD 所提供的特殊字符与控制码下完成。

特殊字符表示为两个百分符号(%%),各控制码如下所列:

%%o 注写文字上画线;
%%u 注写文字下画线;
%%d 在指定数值的右上角注写一个表示"度数"的小圆圈;
%%p 注写"正/负"公差符号;
%%c 注写标准的表示圆的直径的专用字符;
%%% 注写一个"百分"符号;
%%nnn 注写由 nnn 的 ASCII 代码对应的特殊符号。

在命令行上输入上述附加有控制码的字符串时,屏幕上将完整地显示其输入的以百分号开头的控制码字符内容,结束命令后才会显示需要的真实结果。

如欲注写 $\Phi 50$,在文字命令提示"输入文字:"时输入%%c50 即可。

7.7.4 注写段落文字

在多行文字编辑器中注写段落文字。输入命令 MTEXT,或单击菜单"绘图"⇨"文字"⇨"多行文字",或单击图标 ,将显示"文字格式"对话框,如图 7-43 所示。该命令建立的段落文字允许不同的字体存在,并支持扩展的字符格式、特殊字符系列等。

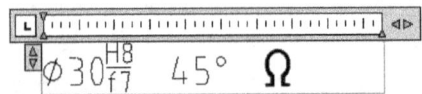

图 7-43 多行文字编辑器及其光标菜单

输入段落文本的步骤：
（1）根据提示指定一个矩形区域的两个对角点，该矩形区域将用于容纳段落文本。
（2）自动进入"文字格式"对话框，在该对话框的文本框输入要注释的文字。

说明：
（1）指定一个矩形区域的两个对角点，该范围只限定文字行宽，不限制行数。
（2）多行文编辑器类似于 Word 的字处理程序，可方便地输入文字，输入的文本最后将出现在前面指定的矩形区域中，文本超过区域指定的宽度会自动换行。可使用不同的字体、字体样式、字符格式、特殊字符、幂、堆叠、大小写等。而且 Word 的很多功能在此有效，如选择文字、单击鼠标右键弹出光标菜单等。
（3）单击鼠标右键，在弹出的光标菜单中选择"输入文字"，可将.txt 和.rtf 文件输入到多行文本编辑器。
（4）在光标菜单中选择"符号"，可插入常用的直径、度数等符号，"其他"选项可插入其他特殊符号。
（5）Mtext 命令与 Text 命令不同，文字类型可在"字符"下拉列表中选择。所以此命令可以在文本编辑器中直接输入西文、特殊符号和中文文字。
（6）堆叠按钮：用于注写分数和指数。

［例］ 配合代号 $\frac{H7}{f6}$ 的注写：进入 Mtext 文本编辑器，输入 $H7/f6$，用鼠标选取 $H7/f6$ 后点取堆叠按钮即可，见图 7-43。

尺寸 $\phi 30p6\left(^{+0.035}_{-0.022}\right)$ 的注写：进入 Mtext 文本编辑器，输入％％C30p6（＋0.035^－0.022），用鼠标选取 ＋0.035^－0.022 后点取堆叠按钮即可。

5^2 的注写：在 Mtext 文本编辑器，输入 52^，然后选择 2^，单击堆叠按钮。如果要注写下标，只要将∧符号放在下标数字的前面即可。

> 知识拓展：在多行文字编辑器中，将字体设置为 gdt，单击键盘 x 键，多行文字编辑器将显示孔的深度符号↓；单击键盘 v 键，将出现沉孔符号⌴。
> 在 gdt 字体下，键盘上几乎每个字母键都分别代表一个制图符号。有兴趣的不妨试试。

7.7.5 编辑/修改文字

如果需要修改已经绘制在图形中的文字内容，可以使用 AutoCAD 的文字修改功能。DDEdit 命令用于修改文字内容，对象特性管理器用于修改文字的插入点、样式、对齐方式、字符大小和文字内容。

输入命令 DDEDIT，单击菜单"修改"➾"对象"➾"文字"，单击图标 A：
（1）从图形窗口中选择一个文本对象，如果要修改的文字是用 Dtext 命令建立的，将弹出编辑文字对话框，如果要修改的文字是用 Mtext 建立的，则弹出多行文字编辑器。
（2）在文字编辑框中会显示所选择的文本内容，在此输入新的文本内容，按下键盘上的 Enter 键，或者单击确定按钮即可确认对所选择文字的修改。
（3）Properties 特性命令

在"标准"工具栏中单击按钮，弹出"特性"对话框，选择欲修改的文字，再单击文字内容项右边的文字进行修改。如果修改 Mtext 命令建立的文字，则弹出"多行文字编辑器"对话框，根据对话框中的各项内容予以修改。

7.8 尺寸标注

尺寸标注是工程制图中的一项重要内容，它描述了机械图、建筑图等各类图形对象各部分的大小和相对位置关系，是实际零件制造、建筑施工等工作的重要依据。AutoCAD 配备了一套完整的尺寸标注系统，采用半自动方式，按系统的测量值进行标注。它提供了多种标注对象及设置标注格式的方法，可以方便快速地为图形创建一套符合工业标准的尺寸标注。

7.8.1 尺寸标注基础知识

AutoCAD 的尺寸标注与我国工程制图绘图标准类似，由尺寸界线、标注文字、尺寸线和箭头四个基本元素组成，如图 7-44 所示。

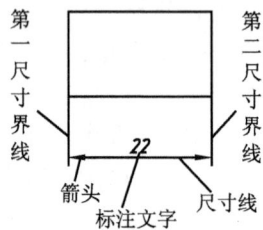

图 7-44 标注的基本组成

标注文字包括测量值、标注符号和测量单位等内容，一般沿尺寸线放置。AutoCAD 可以自动计算并标出测量值，因而要求在标注尺寸前必须精确构造图形。

> 注意：对图形进行尺寸标注之前，应遵守下面尺寸标注步骤：
> （1）设立"尺寸线"层作为尺寸标注的专用图层，使之与图形的其他信息分开。
> （2）为尺寸标注文本建立专门的文字样式。字体一般选择 gbenor.shx+gbcbig.shx，按照我国对机械制图中尺寸标注数字的要求，设定字高，若想在尺寸标注样式中随时修改字高，可将文字样式的文字高度 Height 设置为 0。
> （3）建立合适的标注样式。通过标注样式对话框设置尺寸线、尺寸界线、尺寸终端符号、比例因子、尺寸格式、尺寸字高、尺寸单位、尺寸精度、公差等。
> （4）根据图形输出的比例，计算图中尺寸文字的高度，我国的机械图规定，打印输出后尺寸文字高度一般为 3.5mm，按此可算出 AutoCAD 中的尺寸字高。
> （5）充分利用对象捕捉功能，及时利用缩放显示功能，以便快速拾取定义点。

7.8.2 尺寸标注命令

AutoCAD 2007 中的尺寸标注可以分为以下类型：线性标注、对齐标注、基线标注、连续标注、角度标注、半径标注、直径标注、坐标标注、引线标注、公差标注、圆心标注以及快速标注等。有专门执行标注命令的"标注"菜单及"标注"工具栏。标注工具栏如图 7-45 所示。

图 7-45 "标注"工具栏

1. 线性标注(DIMLINEAR)

用于测量并标注当前坐标系 XY 平面上两点间的距离，如图 7-46 所示按尺寸线的放置可分为水平、垂直和旋转三个类型。

线性标注的步骤如下：

(1) 执行 Dimlinear 命令,命令行显示如下提示：

指定第一条尺寸界线原点或 <选择对象>：(拾取第一条尺寸界线起点,若按回车键则选择要标注的对象)

指定第二条尺寸界线原点：(拾取第二条尺寸界线起点)

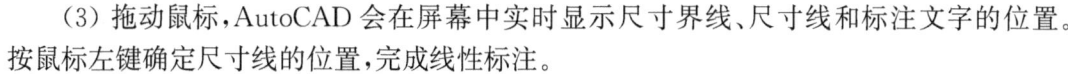

图 7-46 线性标注

(2) 选择完界线原点或要标注的对象,命令行提示：

指定尺寸线位置或[多行文字(M)\文字(T)\角度(A)\水平(H)\垂直(V)\旋转(R)]：

(3) 拖动鼠标,AutoCAD 会在屏幕中实时显示尺寸界线、尺寸线和标注文字的位置。按鼠标左键确定尺寸线的位置,完成线性标注。

命令行提示的其他选项说明如下：

多行文字：启动多行文字编辑器来注写尺寸文字。编辑器编辑区中的尖括号<>表示自动测量值。若希望替换掉测量值,则删除尖括号,输入新文字。

文字：在命令行中输入用于替代测量值的字符串。要恢复使用原来的测量值作为标注文字,可再次输入 T 后按回车键。

角度：用于指定标注文字的旋转角度。0°表示文字将水平放置,90°表示文字垂直放置。

水平/垂直：将尺寸线水平或垂直放置。或通过拖动鼠标光标来确定尺寸线的摆放位置；左右移动将创建垂直的尺寸标注；上下移动则创建水平标注。

旋转：指定尺寸线的旋转角度。

2. 对齐标注(DIMALIGNED)

用于标注平行于两条尺寸界线的起点确定的直线,适合标注倾斜放置的对象,见图 7-47。

对齐标注的步骤及命令行提示中的选项参见线性标注中的相关内容。

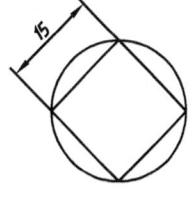

图 7-47 对齐尺寸样例

3. 基线标注(DIMBASELINE)

已存在一个线性、坐标或角度标注,基线标注如图 7-48(a),具有共同的第一尺寸界线,测量值是从相同的基点(线)测量得出,所以称之为基线标注。

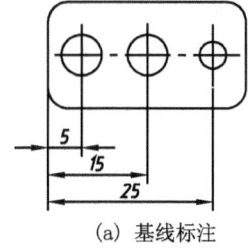 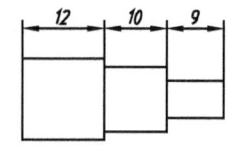

(a) 基线标注　　　　　　　　　(b) 连续标注

图 7-48 基线标注

注意：尺寸线间距在标注样式中设定。

4. 连续标注(DIMCONTINUE)

连续标注中的所有标注共享一条尺寸线,使用上一个标注的第二尺寸界线作为后面连续标注的第一尺寸界线,见图 7-48(b),从图中可看出它与基线标注的区别。

5. 角度标注(DIMANGULAR)

角度标注可以测量两条直线间的夹角、一段弧的弧度或三点之间的角度。

选择的对象可为选择圆弧、圆、直线。见图 7-49。

注意:当光标在不同侧时,标注值是不同的。

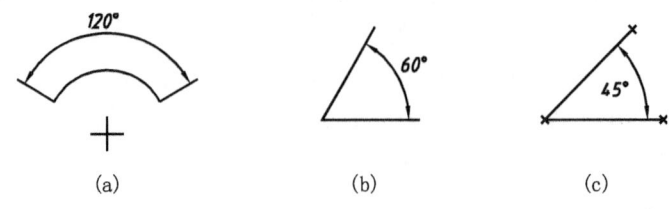

图 7-49 角度标注样例

6. 半径标注(DIMRADIUS)

半径标注用于标注圆弧的半径尺寸。默认时半径标注的文字为测量值,前面带有半径符号 R。

7. 直径标注(DIMDIAMETER)

用于标注圆的直径尺寸。直径标注与半径标注类似,尺寸线过选定圆或圆弧的圆心并指向圆周。默认时,前面有直径符号 Φ。若自行输入尺寸文字应在前面加％％C,以显示符号 φ。

8. 快速引线标注(QLEADER)

通过引线和注释指明各部位的名称、材料以及形位公差等信息。注释可以是文字、块和特征控制边框。

快速引线标注步骤:

执行 Qleader 命令,命令行提示:

指定第一条引线点或 [设置(S)]<设置>:(指定引线起点 A,即箭头所在位置,输入 S 将设置引线)

指定下一点:(指定 B 点)

指定下一点:(指定 C 点)

指定文字宽度 <0>:(此步骤可关闭,实现方法在引线设置中设定)

输入注释文字的第一行<多行文字(M)>:(输入注释文字,若回车,将启动多行文字编辑器)

输入注释文字的下一行:(继续在下一行输入文字,若要结束则按回车)

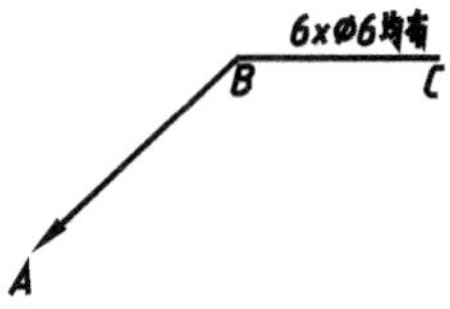

图 7-50 引线标注

图 7-50 的引线标注,要求文字在引线上方,可以在设置中勾选上"最后一行加下划线"来实现;也可以把引线标注分解,将文字移动到引线上方;或先标注不带文字的引线,再用文字注写命令在引线上方注写文字来实现。

9. 形位公差标注(TOLERANCE)

显示对象的形状、轮廓、方向、位置和跳动的偏差。如图 7-51 所示的同轴度公差。

标注形位公差的步骤如下:

(1) 执行 Tolerance 形位公差命令,弹出"形位公差"对话框。如图 7-52 所示。

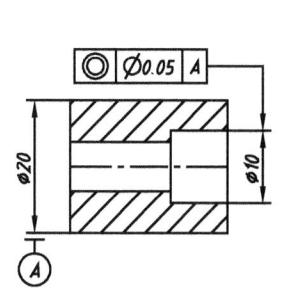
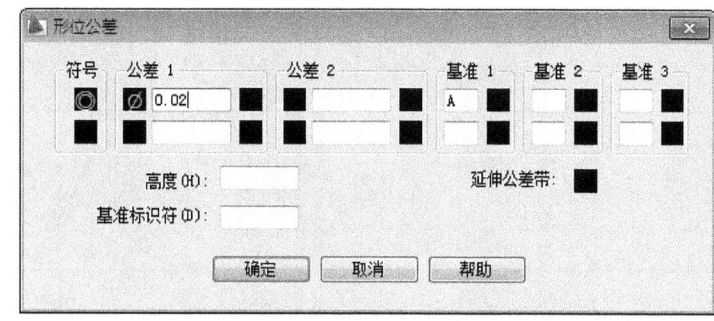

图 7-51　形位公差　　　　　图 7-52　"形位公差"对话框

（2）单击"符号"下的黑色方框，弹出"符号"对话框，从中选择需要的形位公差符号，此处选同轴度符号。

（3）单击"公差1"下面左边的黑色方框，自动插入直径符号 ϕ。

（4）在右面的输入框中输入第一个公差值0.05。

（5）在"基准1"下输入基准值，此处输入 A。

> 注意：使用快速引线标注形位公差的方法与上类同，它还可以直接画出引线，更为方便。

7.8.3　标注样式

标注尺寸时，尺寸线、标注文字、尺寸界线和箭头的格式和外观由标注样式控制。采用英制单位绘图，默认的标注样式为 Standard，它是基于美国国家标准协会（ANSI）标注标准的样式。如果选择公制单位绘图，则默认的标注样式是 ISO-25。

考虑到实际应用的复杂性和多样性，AutoCAD 提供了设置标注样式的方法，可以创建自己的标注样式以满足不同应用领域的标准或规定。

1. 建立标注样式

输入命令 DDIM，或单击菜单"标注"⇨"标注样式"，或单击图标弹出"标注样式管理器"对话框，如图 7-53 所示。

2. 新建标注样式

（1）单击"新建…"按钮，弹出"创建新标注样式"对话框。输入新样式的名称。在"基础样式"列表中选择新标注样式，公制时默认选项是 ISO-25，它是 AutoCAD 自带的标注样式，新标注样式将继承 ISO-25 样式的所有外部特征设置。在"用于"列表中指定新样式的应用范围，可应用于半径、线型、角度等标注。

（2）单击"继续"按钮，将弹出"新建标注样式"对话框，如图 7-54 所示。对话框中有 7 个选项卡，每个选项卡对应标注的一组属性，可在其中逐一设置新样式的外部特征。

（3）单击"确定"按钮，完成操作。新建的标注样式将出现在"样式"列表中。

3. 标注样式的设置

图 7-55(a) 和图 7-55(b) 分别是系统的尺寸标注 ISO-25 样式和用户设定的 user 样式标注的尺寸，从图中可看出，尺寸样式设置不同，标注的尺寸外观有很大区别，它们在箭

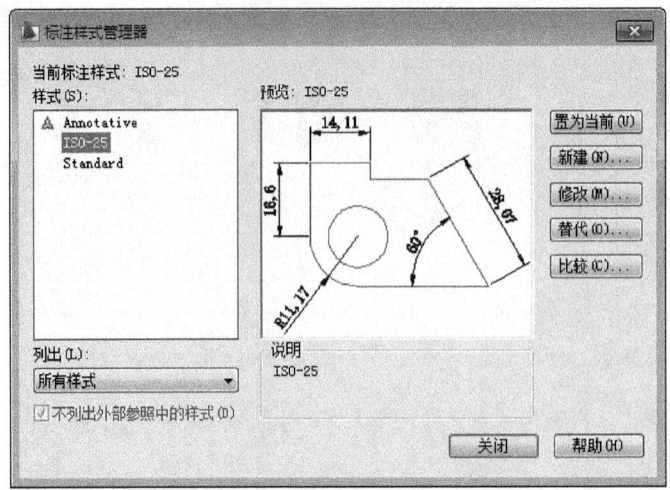

图 7-53 "标注样式管理器"对话框

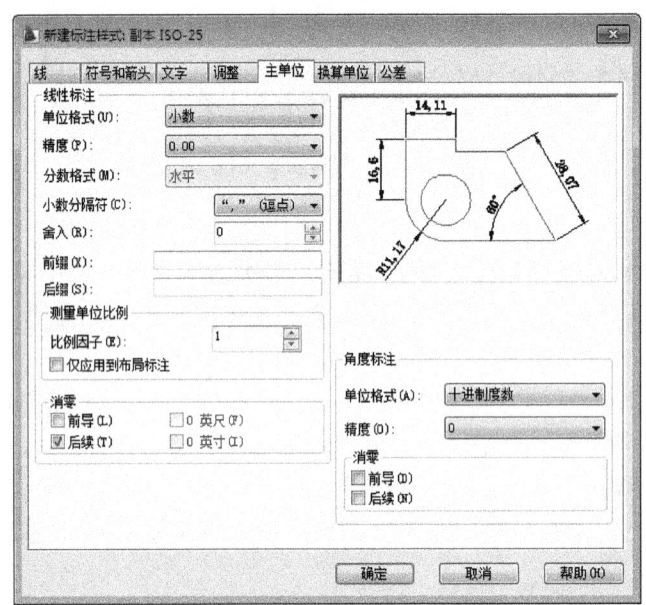

图 7-54 "新建标注样式"对话框

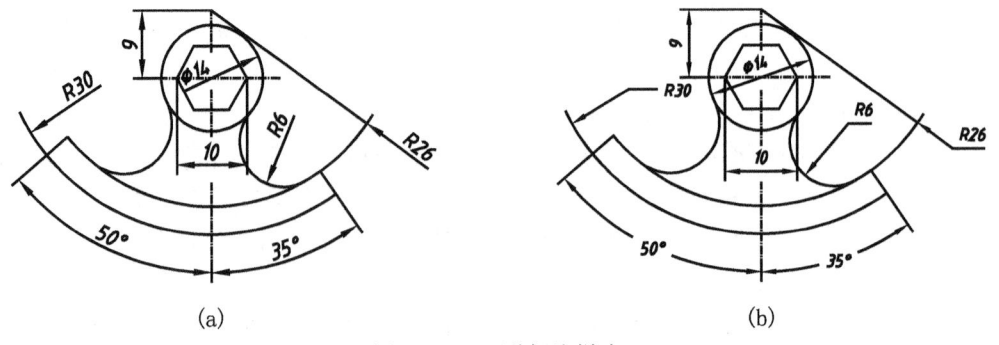

图 7-55 两种标注样式

头、文字大小等方面各不同。

(1)"直线"选项卡

用于修改控制尺寸标注的尺寸线、尺寸界线的外部特征。

尺寸线、尺寸界线的颜色、线型、线宽均为 ByBlock。

基线间距：决定了基线标注两条尺寸线之间的间距，该距离应大于标注文字的高度，否则将导致基线标注文字与尺寸线重叠。

超出尺寸线：控制尺寸线与尺寸线相交处尺寸界线超过尺寸线的数值，一般为 2-5mm。

起点偏移量：控制尺寸界线的起点与被标注对象间的间距，默认为0.625，可设为 0。图 7-55(a)所示是 ISO-25 样式默认的0.625，而图 7-55(b)所示是按国标要求，设定的尺寸界线的起点为 0。

隐藏：控制是否完全显示尺寸线和尺寸界线。

(2)"箭头和符合"选项卡：用于控制箭头样式和圆心标记的格式。

第一项：控制第一尺寸线端的箭头样式。它是一个下拉列表框，可从中选择一个需要的样式。机械图中的箭头采用闭合填充的三角形，建筑图中通常采用斜线作箭头。

第二个箭头：用于控制第二尺寸线端的箭头样式。操作同上。

引线：用于设置引线的箭头样式。

圆心标记：用于控制圆心标记的外观。

(3)"文字"选项卡

设置标注文字的样式、文字外观、文字位置以及对齐方式等属性，如图 7-56 所示。

文字样式：从下拉列表框中可以选择尺寸标注使用的文字样式。单击列表框右边的按钮，即可进行设置文字样式的操作。图 7-55(a)中文字样式为系统默认的 txt.shx 字体，在图 7-55(b)中文字样式设定为国标字体，两者明显不同。

文字高度：设定标注文字的高度。如果文字样式中设置了文字高度，则此处设定无效。图 7-55(a)中文字高度为2.5，文字显得大些，在图 7-55(b)中将文字高度设定为2，所有尺寸的字变小了。

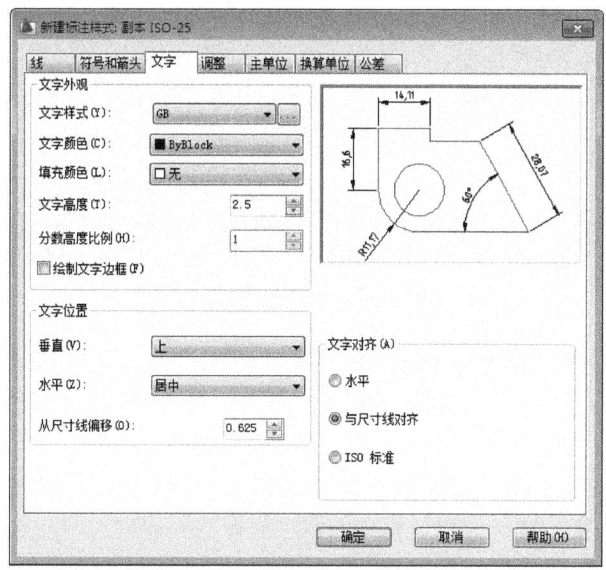

图 7-56 "文字"选项卡

标注文字相对于尺寸线和尺寸界线的位置有以下方式:

① 垂直:设置文字沿尺寸线垂直方向的放置方式,可以有置中(放在尺寸线的中间)、上方(放在尺寸线的上面)、外部(放在距离标注定义点最远的尺寸线一侧)、JIS(按照日本工业标准(JIS)放置)。

② 水平:设置标注文字沿尺寸线平行方向的放置方式。置中(把标注文字沿尺寸线放在两条尺寸界线中间)、第一条尺寸界线(沿尺寸线与第一条尺寸界线左对正排列标注文字)、第一条尺寸界线上方(沿第一条尺寸界线放置文字或把文字放在第一条尺寸界线之上),等等。各种格式的样例可在预览区中预览,以决定是否选用。

③ 从尺寸线偏移:设置标注文字与尺寸线的间距。图7-55(a)中文字与尺寸线的间距为默认的0.625,而在图7-55(b)中显示的是文字与尺寸线的间距为1的效果。

文字对齐:用于设置标注文字的放置方式。一般选用"与尺寸线对齐"即文字始终沿尺寸线平行方向放置。而在图7-55(b)中角度的标注文字按国标要求水平位置放置,此时须在国标样式的基础上新建一个标注样式,专门用于角度标注,在文字对齐组件中选择"水平"即可。同样,图7-55(b)中半径标注也是水平位置放置,也要作同样设定。

(4)"调整"选项卡

调整尺寸界线、箭头、标注文字以及引线相互间的位置关系,如图7-57所示。

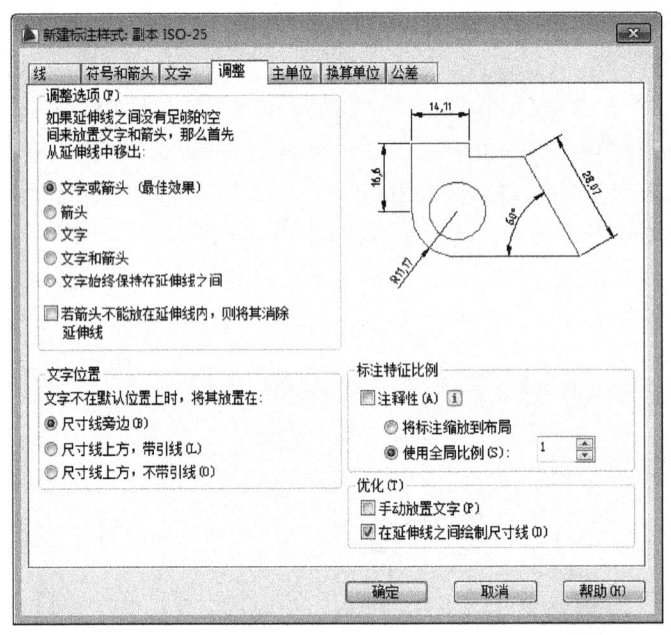

图7-57 "调整"选项卡

根据两条尺寸界线间的距离确定标注文字和箭头是放在尺寸界线外还是尺寸界线内。首先,如果两条尺寸界线之间的空间允许,AutoCAD自动将箭头和标注文字放置在尺寸界线之间。若尺寸界线间的空间不足,则按以下设置来调整标注:

"文字或箭头(取最佳效果)":标注文字或箭头自动调整移动至尺寸界线的内侧或外侧,这是默认的选项,若勾选上:

"箭头":当距离空间不够放下文字和箭头时,移出箭头而文字放在尺寸界线内。

"文字":当距离空间不够放下文字和箭头时,文字移出而箭头放在尺寸界线内。

"文字和箭头":当尺寸界线间空间不足时,文字和箭头一起移动至尺寸界线外侧。

"文字始终保持在延伸线之间":始终将标注文字放置在两条尺寸界线之间。

"若箭头不能放在延伸线内,则消除延伸线":如果尺寸界线间的空间过小,且箭头未被调整至尺寸界线外侧时,AutoCAD 将不绘制箭头。此选项可以分别与前五个选项一起使用。

图 7-55(a)中尺寸 $\phi14$ 是根据 ISO-25 默认的选项"文字或箭头,取最佳效果"所得到的尺寸,不太好看;而在图 7-55(b)中选择"文字和箭头",尺寸 $\phi14$ 会尽可能将该尺寸的文字和箭头显示在尺寸界线内;否则,一起放至尺寸界线外侧。

调整后的标注文字将不在默认位置,此时可以通过"文字位置"组件来设定它们的放置方式。

使用全局比例:全局比例影响整个图形文字高度、箭头尺寸、偏移和间距等标注特征,用于控制打印图形的尺寸,详见后述。

当上述各组件都不能满足标注文字的位置要求时,可以使用:

手动放置文字:在标注对象时,手动确定标注文字沿尺寸线的摆放位置;图 7-55(a)中半径尺寸 R30 和 R23 分别放置在圆弧内侧和圆弧外侧,就应选择"标注时手动放置文字"选项以便在标注对象时,手动确定标注文字沿尺寸线的摆放位置。

在尺寸界线之间绘制尺寸线:将总在尺寸界线之间绘制尺寸线,如果取消此复选项,则当箭头移动至尺寸界线外侧时,不绘制尺寸线。

(5)"主单位"选项卡

用于设置线性标注和角度标注的单位格式和精度,如图 7-58 所示。

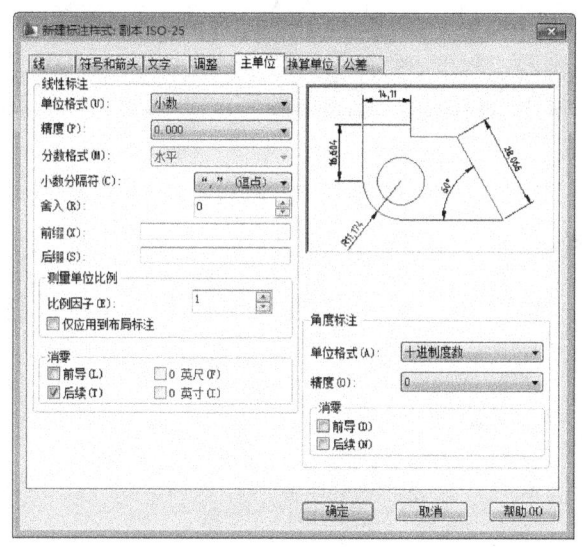

图 7-58 "主单位"选项卡

单位格式:包括科学、小数、工程、建筑、分数、Windows 桌面等格式。

精度:设置线性标注的小数位数。图 7-55(a)和图 7-55(b)都是选用了整数。

前缀\后缀:可为标注测量值添加前缀或后缀。例如,将单位缩写作为标注文字的后缀,特殊字符作为前缀等。

测量单位比例:线性标注的测量值将乘以在测量单位比例中输入的数值,它为绘图比例。

注意:AutoCAD标注比例有两个概念:测量单位比例和全局比例(由 DIMSCALE 变量控制)。

① 测量单位比例:设置线性标注测量值的比例因子。AutoCAD按照此处输入的数值比例放大或缩小标注测量值。例如,如果测量单位比例为2,AutoCAD会将1mm的标注尺寸显示为2mm。

② 全局比例:见前面"调整"选项卡中"标注特征比例"提到的"使用全局比例",用于设置尺寸偏移距离、文字高度和箭头大小等标注样式中设置的所有标注特征的全局比例因子,它不改变标注测量值。标注尺寸时尽量不要分别调整尺寸文字高度、箭头和各种间隙的尺寸,应通过修改全局比例的值,统一缩放。例如,尺寸样式中尺寸文字高度设为3.5mm,箭头大小为2.5mm,如果全局比例设为2,则 AutoCAD 会将尺寸文字高度和箭头放大2倍,分别显示为7mm 和5mm,若按1:2打印输出,输出在图纸上的尺寸字高和箭头正好是尺寸样式中设定的3.5mm 和2.5mm。

(6)"换算单位"选项卡

用于设置换算单位的格式和精度,可以将一种单位转换到另一个测量系统中的标注单位。通常在英制标注与公制标注之间相互转换尺寸,换算后的值显示在旁边的方括号中。

注意:只有选中了"显示换算单位"复选项后,才能启用换算单位组件。

(7)"公差"选项卡

公差限定了标注测量值的变化范围,可在公差选项卡中设置格式,如图7-59所示。

图 7-59 "公差"选项卡

AutoCAD提供下列公差格式:无、对称、极限偏差、极限尺寸、基本尺寸。

上偏差/下偏差：用于设置公差的上偏差值或下偏差值。
高度比例：用于设置公差文字与标注测量文字的高度比例。
垂直位置：控制公差与尺寸文字的对齐方式，有上、中、下三种对齐方式。

> **建议**：公差标注最好在"特性"对话框中修改公差栏的上、下偏差值实现，或利用多行文本编辑器的堆叠按钮标注，因为在尺寸标注样式中设定公差，将影响所有的尺寸标注。
>
> **知识拓展**：在 AutoCAD 中，只设定一种样式是不够的，在标注样式管理器对话框中，可以对标注样式进行新建、修改、比较、替代、重命名或删除以及将标注样式设置为当前等操作，实现标注样式的管理。标注尺寸使用图形的当前标注样式进行标注，在"样式列表框"中可方便地将某一样式设置为当前。

7.8.4 标注的编辑

当标注布局不合理时，会影响到图形表达信息的准确性，应对标注进行局部调整。如编辑标注文字、移动尺寸线和尺寸界线的位置以及修改标注的颜色线型等外部特征。

（1）使用对象特性管理器

启动对象特性管理器，"特性"对话框可以同时修改一个或多个标注，修改的内容包括标注的外部特征、标注文字内容、公差以及该标注使用的标注样式等。

（2）使用编辑标注（DIMEDIT），编辑标注文字（DIMTEDIT），标注更新。

7.9　图块与属性

图块是由多个对象组成并赋予块名的一个整体，AutoCAD 可以把一些重复使用的图形定义为块，并随时将块作为单个对象插入到当前图形中的指定位置。

图形中的块可以被移动、旋转、删除和复制，还可以给它定义属性。组成块的各个对象可以有自己的图层、线型、颜色等特性。块具有可以建立图形库、便于修改、节省空间等优点。

7.9.1　创建块

输入 Bmake 或 Block 命令，或高级菜单"绘图"⇨"块"⇨"创建"，或单击图标，打开块定义对话框，如图 7-60 所示。

下面以表面粗糙度符号为例，如图 7-61 所示，被定义为块的步骤如下：

（1）用 Line 命令绘制粗糙度符号，然后执行 Bmake 命令，弹出如图 7-60 所示的"块定义"对话框。

（2）在"名称"框中输入块定义的名称"粗糙度"。

（3）单击"拾取点"按钮在屏幕上捕捉块的插入基点，此处捕捉粗糙度的下方尖点。

（4）单击"选择对象"按钮，对话框暂时关闭，选择构成粗糙度块的对象。完成后按 Enter 键，重新显示对话框，并提示选定对象的数目。

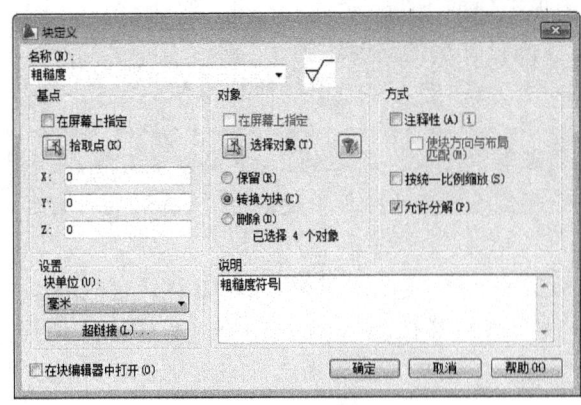

图 7-60 "块定义"对话框　　　　图 7-61 粗糙度符号

(5) 单击"确定"按钮，完成块定义。

> 注意：
> (1) 块定义是十分灵活的，一个块中可以包含不同图层上的对象。如果创建块定义时，组成块的对象在 0 图层上，并且对象的颜色、线型和线宽设置为 ByLayer（随层），则将该块插入到当前图层时，AutoCAD 将指定该块各个特性与当前图层的基本特性一致。如果将组成块对象的颜色、线型或线宽设置为 ByBlock（随块），则插入此块时，组成块的对象的特性将与当前图层的特性一致。
> (2) Bmake 和 Block 命令创建的块定义为内部块，只能在当前图中直接调用。用 WBLOCK 命令创建块，可将块对象保存为新图形文件（.dwg 格式），让其他图形引用所创建的块，又称为"外部块"。

7.9.2 插入块(INSERT)

输入命令 INSERT，或单击菜单"插入"➪"块"，或单击图标，可将建立的块按指定位置插入到当前图形，并且可以改变块的比例和旋转角度。

执行命令后，弹出块"插入"对话框，如图 7-62 所示。插入过程如下：

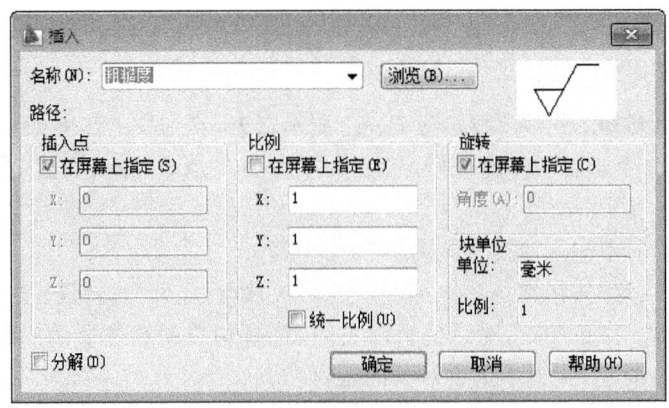

图 7-62 块"插入"对话框

(1) 在"名称"列表框中选择要插入的块,也可单击"浏览"按钮指定块文件名。
(2) 在"插入点"框中指定块的插入位置,一般在图形窗口中用鼠标指定插入点。
(3) 在"缩放比例""旋转"框中指定插入块与原块的比例因子和旋转角度。
(4) 如果要将块作为分离对象而非一个整体插入,则可以选中"分解"复选项。

> 提示:可以使用拖放操作插入块。在"资源管理器"找到需要插入的块文件,然后用鼠标左键按住该块文件,将其拖动到 AutoCAD 图形窗口中。

7.9.3 属性操作

前面所做的粗糙度图块并没包含粗糙度值,粗糙度值应作为属性添加到块中。属性是特定的可包含在块定义中的文字对象,可以存储与之关联的块的说明信息。插入附有属性的块时,AutoCAD 会提示输入属性数据。

例如机械制图中的表面粗糙度,其值有6.3、12.5、25 等,如图 7-63 所示,若将这些文字信息定义为粗糙度块的属性,则每次插入粗糙度块时,AutoCAD 将自动提示输入粗糙度的数值。

使用图块的属性有三步:
(1) 定义属性;
(2) 将属性附着到块;
(3) 插入图块时输入属性值。

1. 属性定义

输入命令 ATTDEF,或单击菜单"绘图"➪"块"➪"定义属性",弹出如图 7-63 所示的"属性定义"对话框。

以粗糙度的数值为例,如图 7-63 所示,它被定义为粗糙度属性的过程如下:

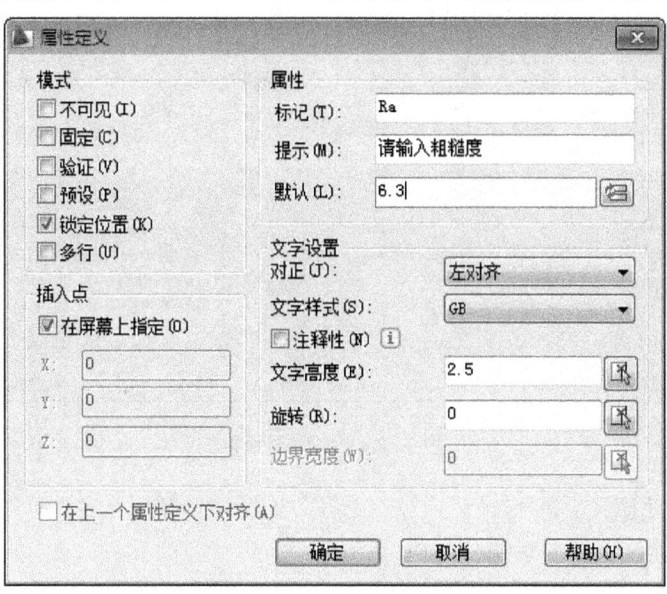

图 7-63 "属性定义"对话框

(1) 在"标记"框中键入文字如 RA,它将作为粗糙度数值的标记显示在图形中。
在"提示"框输入属性定义的提示信息,如"请输入粗糙度值"。
在"值"框中输入6.3,该数值将作为属性定义的默认值。
(2) 在"插入点"框中指定属性定义的位置。
(3) 在"文字选项"框中设置属性字符的对正方式、文字样式、高度及旋转角度。
(4) 单击"确定"按钮,所创建属性的标记出现在图形中。

2. 将属性附着到块

完成属性定义后,必须将它附着到块上才能成为真正有用的属性。在定义块时将需要的属性与图形一起包含到选择集中,这样属性定义就与块关联了。如定义了多个属性,则选择属性的顺序决定了在插入块时提示属性信息的顺序。

以后每次插入该块时,AutoCAD 都会提示输入属性值,所以每次引用都可以为块赋予不同的属性值。

7.10 图形输出

工程图纸的输出是设计工作的一个重要环节。在 AutoCAD 2007中打印输出,应先将所使用的打印输出设备配置好。图形既可在模型空间也可在布局中打印输出。

输入命令 PLOT,或单击菜单"文件"⇨"打印",或单击图标 ,弹出打印对话框,其界面内容如图 7-64 所示。

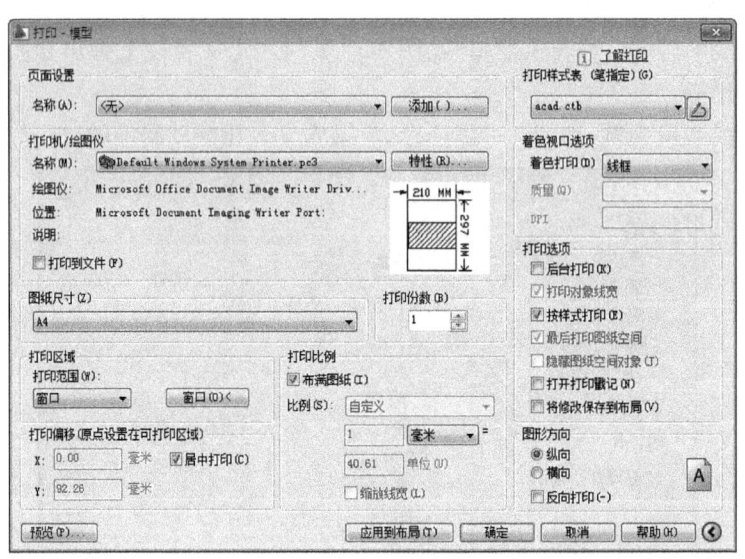

图 7-64 打印对话框

(1) 打印机/绘图仪
用于指定当前已配置的系统打印机。
(2) 打印样式表
用于指定当前赋给布局或视口的打印样式。打印样式类型有两种:颜色相关打印样式和命名打印样式。前者按对象的颜色决定打印方式,打印样式表文件的扩展名为 .ctb。后者直接指定对象和图层的打印样式,打印样式表文件的扩展名为 .stb,它可使图形中的每个对象以不同颜色打印,与对象本身的颜色无关。

> 注意:默认情况下使用的是颜色相关的打印样式,可以通过改变对象的颜色来改变对象的打印效果,但在绘图时应注意对象颜色的选用,对象的颜色应 Bylayer,否则出图时打印效果不好控制。

(3) 打印样式表编辑器

如需对已有打印样式修改可单击编辑按钮,弹出"打印样式表"编辑器,用于编辑打印样式表中包含的样式及其设置。可以修改打印样式的颜色、淡显、线型、线宽和其他设置。其中各参数说明请参看帮助信息。

(4) 图形方向

该组件设置打印时图形在图纸上的方向是"纵向"还是"横向"。

(5) 打印区域

窗口:通过指定一个区域的两个对角点来确定打印区域。

范围:用于打印包含图形的当前空间中的所有几何元素。

图形界限:在对"模型"选项卡进行页面设置时,将出现"界限"选项。此选项将打印指定的图纸尺寸界线内的所有图形。

显示:用于打印"模型"选项卡中的当前视口的图形。

(6) "打印比例"组件

可根据自己的需要设置打印比例。

7.11 零件图的绘制

对某一专业图样而言,其绘图环境基本上是相同的,可以创建样板图来存储该绘图环境。当绘制新图时就可利用样板图来初始化绘图环境,不必每次都重新设置。创建样板图的步骤如下:

(1) 创建新图。
(2) 设置图形单位和显示精度。
(3) 设置图形界限,并用 Zoom⇨All 命令使屏幕显示全部图形范围。
(4) 设置图层(包含设置线型、颜色和线宽等)。
(5) 设置文本字体样式。
(6) 设置尺寸标注样式。
(7) 绘制图框和标题栏。
(8) 将图形存为 .dwt 样板文件。

[例] 图 7-65 所示是一个法兰的零件图,要求输出在 A4(297×210)图纸上,下面介绍如何用 AutoCAD 绘制该图。

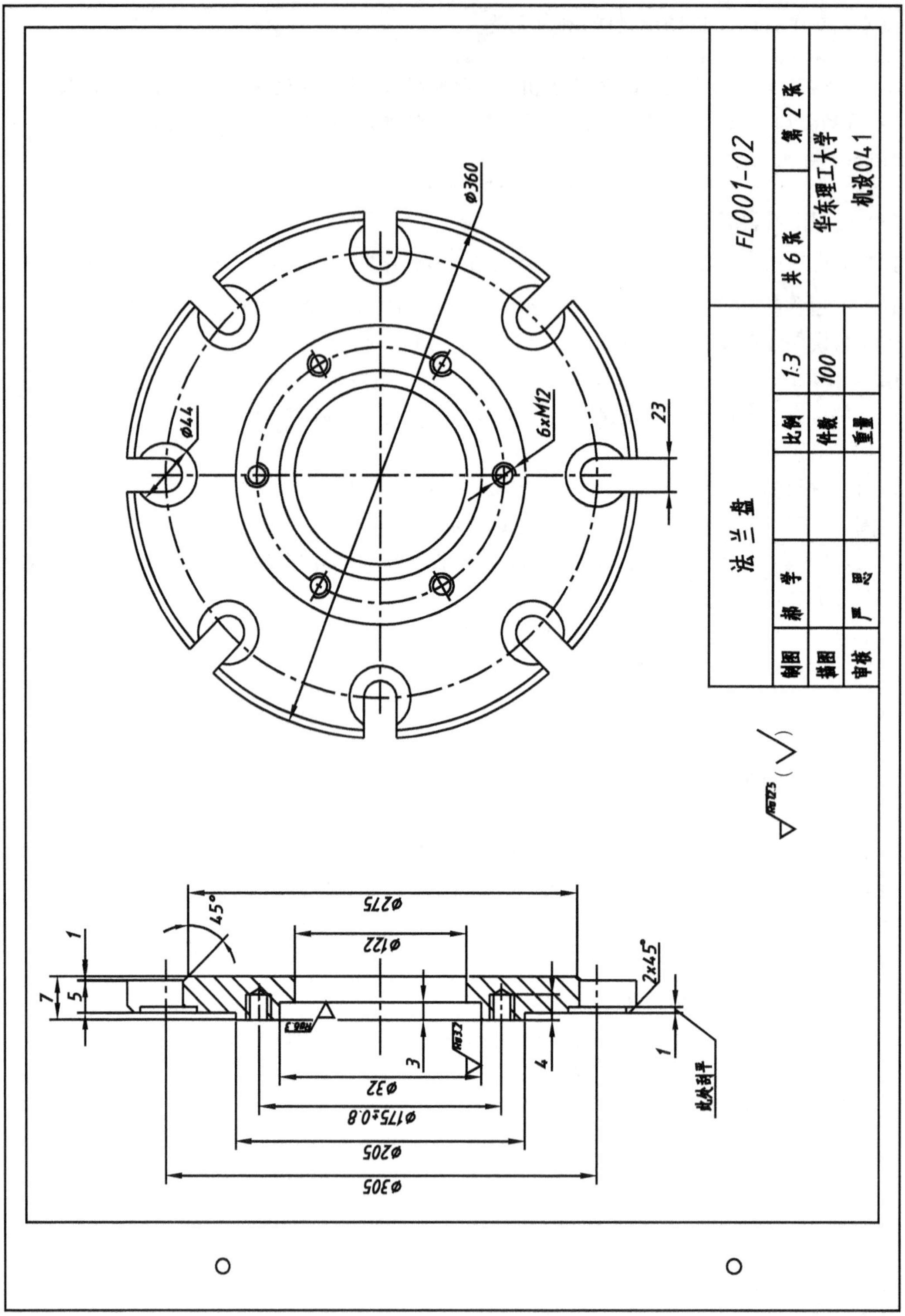

图7-65 法兰盘零件图的绘制

1. 图形的基本设置

按照上述步骤,首先创建样板图。

(1) 图形精度设为整数;

(2) 设定图形界限。按1∶1绘图,因欲用 A4 图纸输出,该法兰零件图形范围应设为 891×630,输出比例为 1∶3;

(3) 按粗实线(01)、细实线(02)、中心线(05)、尺寸线(08)、剖面线(10)、文字等设定图层;

(4) 建立工程汉字的文字样式,即字体为 gbeitc. shx＋ gbcbig. shx,文字字高为3.5×3;

(5) 建立尺寸样式,将全局比例设为3,字高、箭头等标注特征均按在 A4 纸上的实际大小设定(如字高为3.5,箭头为3);

(6) 标题栏大小为(150×40)×3;

(7) 将图形存为样板文件,此即为 1∶3 输出的 A4 样板图。然后在该样板图上绘制法兰盘零件图。

2. 法兰盘的绘制

(1) 在中心线层用 Line 命令绘制定位中心线。

(2) 在粗实线层绘制左视图,用画圆命令绘出一系列同心圆。

(3) 绘制沉孔直径为 $\phi 44$,槽宽 23 的一个法兰孔,并用修剪 Trim 命令剪去多余边,然后阵列 8 个沉孔。

(4) 绘制一个螺纹孔,并阵列 6 个螺纹孔。细实线要画在细实线层上。

(5) 用 Line 命令绘主视图,并在剖面线层上添加剖面线。

(6) 标注尺寸,创建粗糙度图块并插入到相应位置。图右上角粗糙度符号应放大1.4倍。

(7) 在标题栏加上姓名,班级等。

小结:计算机辅助绘图是工程技术人员必须掌握的基本功,本章介绍了 AutoCAD 的基本操作、基本设置、绘图、图层、编辑、文字、尺寸标注等内容,熟悉这些基本命令是熟练绘制工程图纸的前提。

关键概念:绝对坐标,相对坐标,绘图命令,编辑命令,图层,对象捕捉,追踪,图案填充,文字注释,尺寸标注。

自 测 题

7-1 哪个功能键可以进入文本窗口?
    A. F1　　　　　　B. F2　　　　　　C. F3　　　　　　D. F4

7-2 哪一项让你移动视口?
    A. Zoom/Window　　B. Pan　　　　　　C. Zoom　　　　　D. Zoom / All

7-3 如对不同图层上的两个对象作倒棱角(Chamfer),则新生成的棱边位于:
    A. 0 层　　　　　B. 当前层　　　　C. 选取第一对象所在层　D. 另一对象所在层

7-4 注写文字 6 孔 $\phi 15$,可以输入以下内容:
    A. 6 孔%%15　　　B. 6 孔、U+OOB5　　C. 6 孔%%U15　　D. 6 孔%%C15

7-5 改变 AutoCAD 图形窗口的背景颜色,应在_____操作。

A. 格式/颜色　　　　B. 工具/选项　　　　C. Windows 控制面板　　D. 不能改变

7-6　在"单位控制"对话框,0°设为东。角度测量为逆时针方向,90°角将在:
A. 北　　　　　　　B. 南　　　　　　　C. 西　　　　　　　　D. 东

7-7　Viewres 命令可以:
A. 设置视图分辨率　　　　　　　　　　B. 在图形窗口中缩小图形对象
C. 在图形窗口中放大图形对象

7-8　如果系统变量 PELLIPSE 设为 0,那么:
A. 生成多段线表示的椭圆　　　　　　　B. 生成填充的图形对象
C. 生成真正的椭圆

7-9　下列哪一种方式按一次键就可以打开/关闭"对象捕捉"?
A. F3　　　　　　　B. F5　　　　　　　C. Ctrl+E　　　　　　D. F6

7-10　打开已存在的文件,可以用以下方法:
A. 在命令提示下,输入 Open 命令　　　B. 从启动话框中选择"打开图形"
C. 从文件菜单,选择"打开"　　　　　　D. 以上各方法

7-11　封闭一系列不同时间画的线,可用哪一个命令?
A. Line　　　　　　B. End　　　　　　C. Pedit　　　　　　　D. Close

7-12　欲改变对象的实际大小,应选用_____命令。
A. Zoom　　　　　　B. Scale　　　　　　C. DSviewer　　　　　D. Pan

7-13　了解磁盘空间利用的信息,应选用_____命令。
A. ID　　　　　　　B. List　　　　　　C. Status　　　　　　D. Time

7-14　矩形阵列中的行距和列距是指什么距离?行距为负值时,复制的对象排列在原对象的哪一边?列距为负值时,复制的对象排列在原对象的哪一边?

7-15　栅格显示、捕捉和正交是如何定义的?它们之间的关系如何?

7-16　当你偶然错把图形画在其他图层上,如果不删除和重画,怎样纠正你的错误?

7-17　AutoCAD 2004 for Windows 中提供的文字字体主要有几种类型?它们有什么区别?

7-18　以尺寸 $\dfrac{6\times\phi7}{沉孔\ \phi11\ 深\ 5}$ 为例说明快速引线标注的设置及步骤。

7-19　详述标注尺寸 $\phi150g6\left(^{-0.014}_{-0.039}\right)$ 的步骤。

7-20　绘制题图 7-20 所示图形。

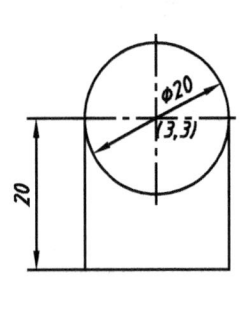

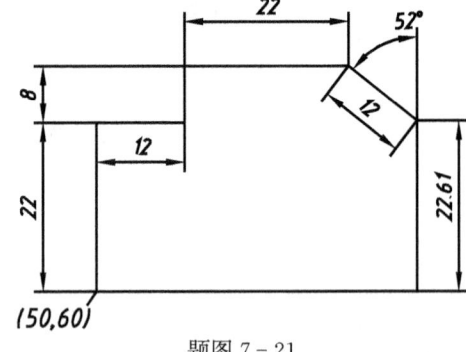

题图 7-20　　　　　　　　　　　　　　　　题图 7-21

7-21　利用相对直角坐标和相对极坐标绘制题图 7-21 所示图形。

7-22　画出如题图 7-22(a)、(b)所示的图形。

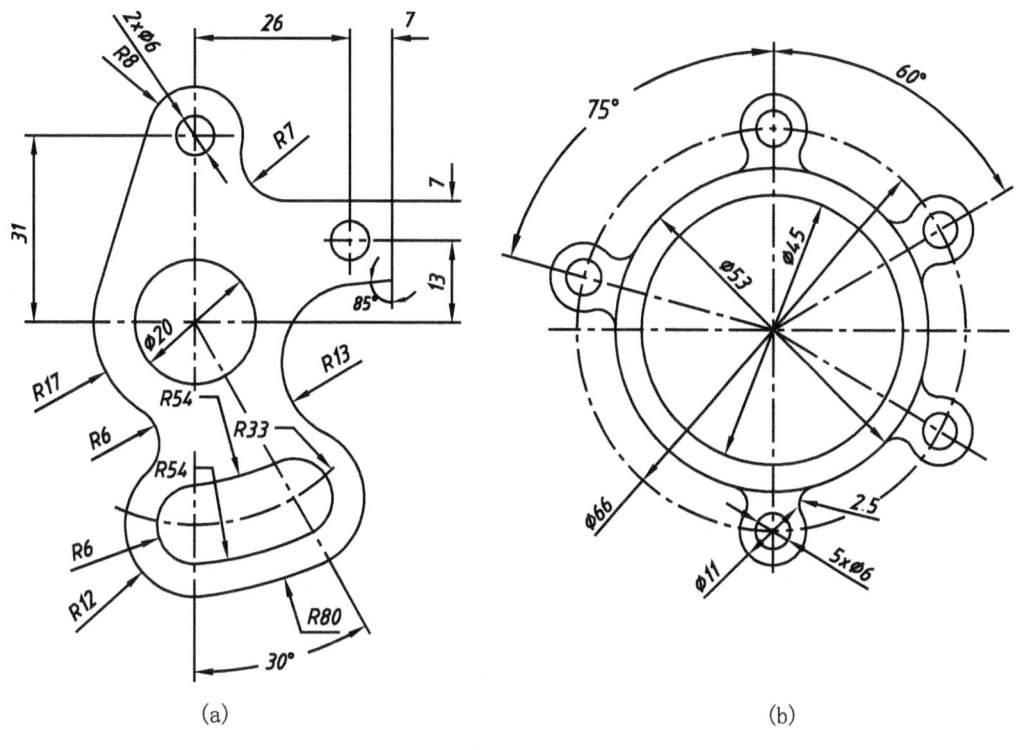

题图 7-22

7-23 绘制表面粗糙度符号,将其定义为带属性的图块,属性包含的内容是:标记为 Ra,提示值为"请输入粗糙度值",默认值为12.5。

7-24 按题图 7-24 所示尺寸绘制图形,要求按轮廓线、中心线、剖面线、尺寸、文字等分图层控制。

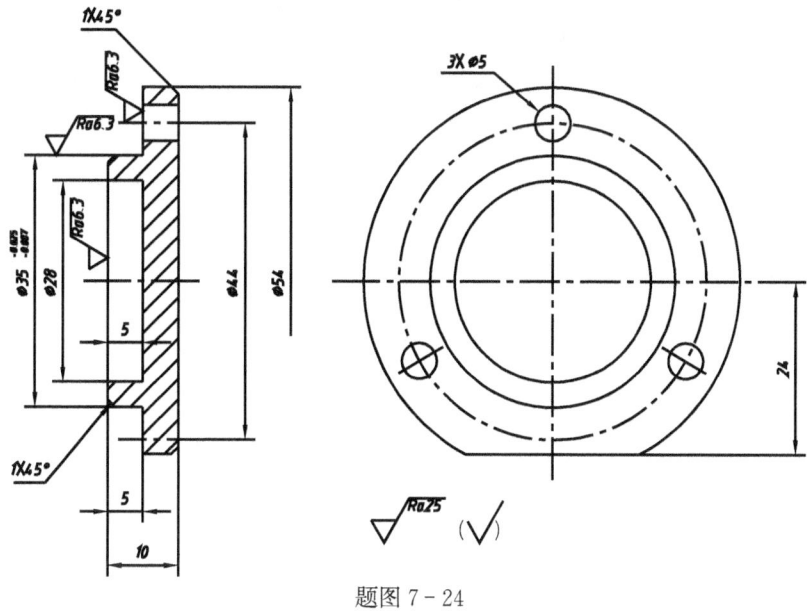

题图 7-24

7-25　按图示尺寸将题图 7-25 的平面图形绘于图框内,要求按轮廓线、中心线、剖面线、尺寸、文字等分图层控制。

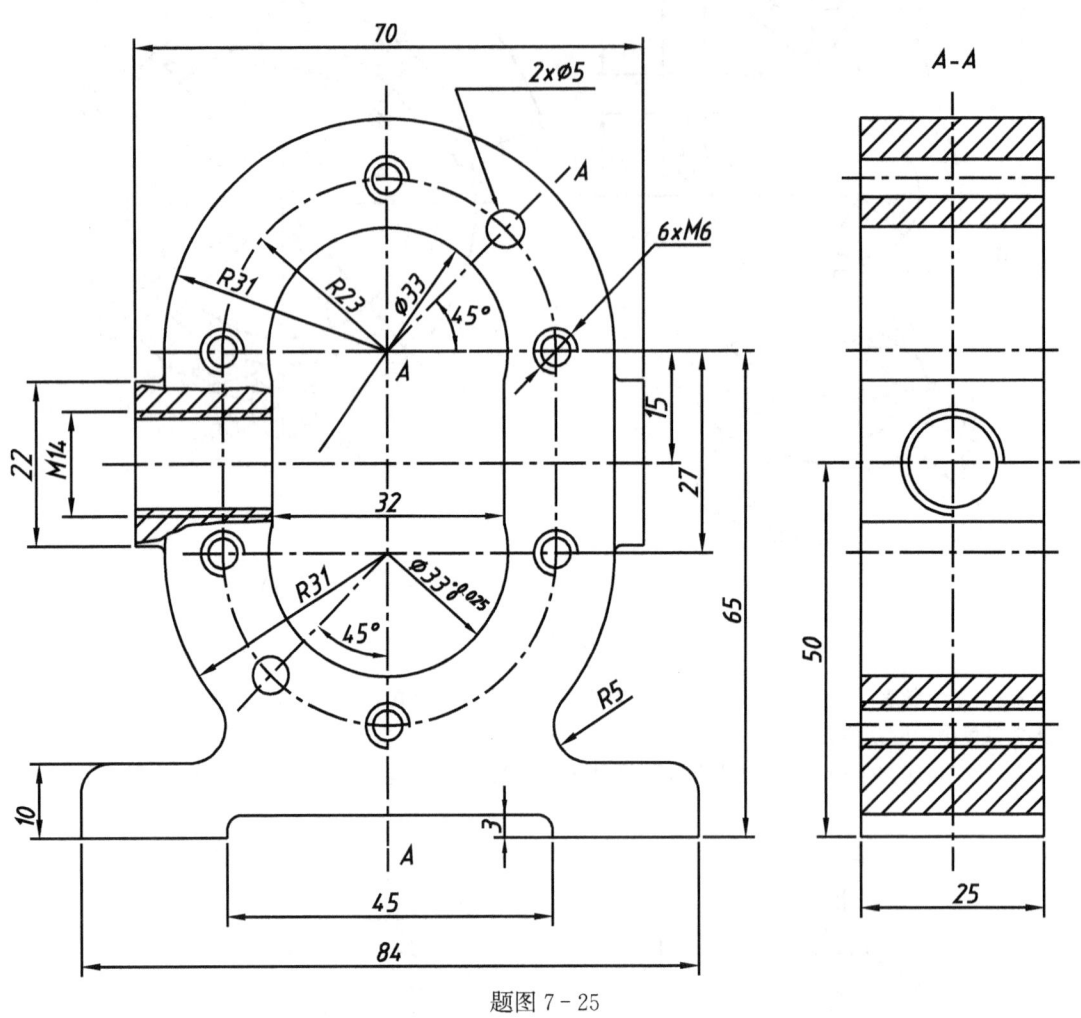

题图 7-25

7-26 按题图 7-26 所示尺寸绘制图形，要求按轮廓线、中心线、剖面线、尺寸、文字等分图层控制。

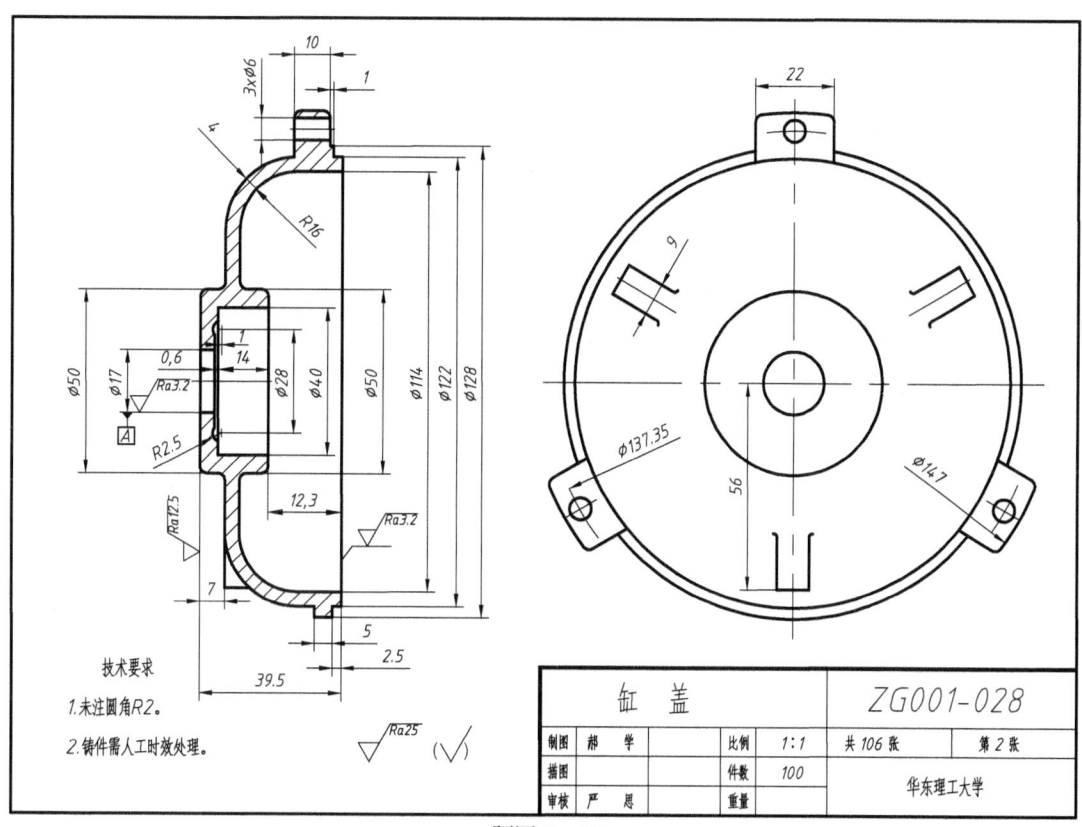

题图 7-26

参 考 文 献

[1] 钱自强,等. 大学工程制图. 上海:华东理工大学出版社,2005.
[2] 杨君伟. 机械制图. 北京:机械工业出版社,2010.
[3] 金大鹰. 工人速成识图培训与自学读本. 北京:机械工业出版社,2007.
[4] 胡建生. 中高级制图员机械类知识测试考生指导. 北京:化学工业出版社,2009.
[5] 迟传兴,胡建军. 机械识图. 武汉:华中科技大学出版社,2010.
[6] 奚旗文. 工程制图的识图与绘制. 北京:清华大学出版社,2010.
[7] 马德兴. 机械图样识读. 北京:化学工业出版社,2010.
[8] 徐建成. 工程制图. 北京:国防工业出版社,2003.